高等职业教育产教融合新形态创新教材

压裂施工作业
虚拟仿真实训

主　编　马　庆　肉孜麦麦提·巴克　刘见通

副主编　胡黎明　张志超　赵志红

参　编　廖作才　刘红现　高则彬　汪　勇

　　　　艾赛提·吾斯曼　马元元　方晓玲

　　　　杨春曦　刘菊泉　卢奕泽

　　　　巴·巴音吉日格力

北京希望电子出版社
Beijing Hope Electronic Press
www.bhp.com.cn

内 容 简 介

本书针对石油工业压裂作业的高危和技术密集特点编写，旨在培养高层次应用型人才。结合实践教学改革，采用虚实结合新模式，内容涵盖压裂施工各环节，强调现场应用。借助虚拟仿真技术，实现数字化转型，提升学生实践性。全书以项目驱动，模块化设计，引入典型实践内容，培养学生综合创新能力。

本书采用工作手册式的编写模式，充分体现校企合作优势，满足企业和学校教学实际需求。

本书适合作为职业院校石油工业压裂作业专业教材，也可作为从业人员培训教材，还可供相关行业人员参考。

图书在版编目（CIP）数据

压裂施工作业虚拟仿真实训 / 马庆，肉孜麦麦提·巴克，刘见通

主编. -- 北京：北京希望电子出版社，2024.10（2025.4 重印）.

-- ISBN 978-7-83002-863-3

Ⅰ. TE357.1-39

中国国家版本馆 CIP 数据核字第 2024ZD5689 号

出版：北京希望电子出版社 封面：汉字风

地址：北京市海淀区中关村大街 22 号 编辑：龙景楠

   中科大厦 A 座 10 层 校对：郭燕春 宋立彪

邮编：100190 开本：787mm×1092mm 1/16

网址：www.bhp.com.cn 印张：17

电话：010-82626293 字数：403 千字

经销：各地新华书店 印刷：北京市密东印刷有限公司

        版次：2025 年 4 月 1 版 3 次印刷

定价：42.00 元

《压裂施工作业虚拟仿真实训》（活页式教材）
编写人员

主　编　马　庆　克拉玛依职业技术学院

肉孜麦麦提·巴克　中国石油集团新疆油田分公司

刘见通　中国石油大学（北京）克拉玛依校区

副主编　胡黎明　克拉玛依职业技术学院

张志超　中国石油集团新疆油田分公司

赵志红　西南石油大学

参　编　廖作才　克拉玛依职业技术学院

刘红现　中国石油大学（北京）克拉玛依校区

高则彬　克拉玛依市三达新技术股份有限公司

汪　勇　西南石油大学

艾赛提·吾斯曼　克拉玛依职业技术学院

马元元　克拉玛依新科澳石油天然气技术股份有限公司

方晓玲　克拉玛依职业技术学院

杨春曦　中国石油集团西部钻探工程有限公司

刘菊泉　克拉玛依职业技术学院

卢奕泽　新疆正通石油天然气股份有限公司

巴·巴音吉日格力　克拉玛依职业技术学院

前　言

　　石油工业中的压裂作业具有技术密集、高危等特点，从业者对该专业技术知识的掌握程度、规范技术动作的熟练程度是油气采集领域安全、平稳、持续发展的基石。为满足培养压裂作业高层次应用型人才对实践应用能力和创新能力的需求，并结合高等职业教育实践教学的新发展和课程教学改革特点，我们编写了这本虚拟仿真实训教材。

　　本书侧重于压裂施工作业虚实结合新模式，体现了石油工程实践教学改革新成果，同时也是对传统石油工程实践教材的传承与发展。本书具有以下特色与创新。

1. 内容紧扣现场实际，应用性强

　　本书主要内容包括压裂施工设备、压裂液与支撑剂、设计方法、操作技术规范、施工工艺、施工作业虚仿操作等。全书遵循理论与实践相结合的教学规律，密切结合各教学环节，以贴近现场应用为原则进行内容组织，图文并茂，形象直观，可操作性强。

2. 虚拟仿真，数字化转型赋能

　　全书融合课程教学改革和数字化转型新成果，采用虚实交替、虚实融合模式实现虚拟仿真实践教学与压裂作业融合应用的无缝衔接，学生沉浸于虚拟实训场景，反复进行训练，更好地增强了实践性。

3. 项目驱动，模块导入

　　本书以项目引导压裂作业实践教学过程，倡导"做中学、学中做"的教育理念。全书共有42个模块，每个模块都引入了典型的压裂作业现场实践内容，便于组织教学与学生训练。综合创新实践项目的导入将压裂作业与虚拟仿真有机结合，引导学生用多学科交叉融合的视角独立思考，起到锻炼学生综合实践创新能力的作用。

本书由马庆、肉孜麦麦提·巴克、刘见通任主编，胡黎明、张志超、赵志红任副主编。绪论由马庆、胡黎明、肉孜麦麦提·巴克编写；项目一由张志超、马庆、马元元、卢奕泽编写；项目二由廖作才、高则彬、刘菊泉、汪勇编写；项目三由刘见通、赵志红、刘红现、艾赛提·吾斯曼编写；项目四由张志超、马元元、方晓玲、巴·巴音吉日格力编写；项目五由肉孜麦麦提·巴克、马庆、杨春曦编写；项目六由马庆、马元元编写；项目七由张志超、马庆、卢奕泽编写。艾赛提·吾斯曼、方晓玲、刘菊泉、巴·巴音吉日格力进行了插图绘制及整理工作；马元元、卢奕泽等参与了书稿的整理和部分研究工作，在此表示衷心感谢。另外，为便于教师教学及学生自学，本书配有丰富的数学化资源，包括教学课件、演示视频等，可通过扫描书中二维码或登录网站浏览。

西南石油大学罗志峰教授审阅了本书，并提出了许多宝贵建议与意见，在此表示衷心的感谢。在本书的编写过程中，得到了诸多同事的关心与支持，也得到了合作企业各方面的大力支持和帮助，在此深表感谢。由于虚拟仿真实训技术的应用发展极为迅速，加之编者水平有限，书中不足之处在所难免，恳请读者批评指正，以使本书日臻完善。

◎学习社区　◎技术精讲　◎压裂工程　◎配套资料

"码"上对话
AI技术实操专家

编　者
2023年10月

目　录

绪 论

在油气田开发过程中，根据油气田勘探、开发、评价调整的需要，按照工艺设计要求，利用一套地面和井下设备、工具，对油气井采取各种井下技术措施，达到提高注采量，改善储层渗流条件及油气井技术状况，提高采油速度和最终采收率的目的。这一系列井下施工工艺技术统称为井下作业，是油田勘探开发过程中保证油气井正常生产的技术手段。井下特种作业以提高油气藏最终采收率为目标，综合一体化的增产措施对整个油气资源的勘探开发起着决定性的作用，其主要分为试油（气）作业酸化压裂作业、修井作业、连续油管作业、带压作业等。压裂作业是油气井增产增注的一项重要技术措施。

近年来，依托地质找矿工程不断取得突破，我国矿产资源家底进一步夯实。特别是找矿突破战略行动实施十年来，我国形成了一批重要矿产资源战略接续区，主要矿产保有资源量普遍增长。这一系列突破，为国人增强底气、注入信心。2021年10月21日，习近平总书记在胜利油田考察调研时指出："石油能源建设对我们国家意义重大，中国作为制造业大国，要发展实体经济，能源的饭碗必须端在自己手里。希望你们再创佳绩、再立新功。"而实现这一目标，需要广大油气开发工作者掌握先进的石油工程科学知识和先进的石油矿场机械。

1. 压裂作业专业简介

压裂作业是一种用于提高石油或天然气井产量的工程技术，广泛应用于页岩气、致密砂岩等难开采资源的开发。其基本原理是利用地面高压泵组将压裂液以大大超过地层吸收能力的排量注入井中，在井底附近造成高压，并超过井壁处的地层闭合应力及岩石的抗张强度，使地层破裂形成裂缝，随着液体的不断注入，裂缝继续向前延伸。然后将带有支撑剂的液体注入裂缝中，使裂缝向外延伸并在缝内填入支撑剂，停泵后地层中形成一定长度、宽度和高度的支撑裂缝，保证了人工裂缝具有较高的导流能力，改善了井筒附近流体的渗流方式和渗流条件，扩大了渗流面积，从而实现油气井增产和水井增注。

2. 基本概念

水力压裂：简称压裂，是油气井增产、注入井增注的一项重要技术措施。它是利用地面高压泵组，将压裂液以大大超过地层吸收能力的排量注入井中，在井底造成高压，并超过井壁处的地层闭合应力及岩石的抗张强度，使地层破裂，形成裂缝。然后将带有支撑剂的液体注入缝中，使此缝向外延伸，并在缝内填以支撑剂，停泵后地层中即形成有足够长度和一定宽度及高度的填砂裂缝。

小型压裂：又称微型压裂、测试压裂。指在进行正式压裂（特别是大型压裂）之前进行的小规模不加支撑剂的压裂。其目的在于取得正式压裂设计必需的压裂参数，如裂缝延伸压力、闭合压力和压裂液的滤失系数等。

破裂压力：指使地层产生水力裂缝或张开原有裂缝时的井底流体压力。地层破裂压力与岩石弹性性质、孔隙压力、天然裂缝发育情况以及该地区的地应力等因素有关，单位为MPa。

裂缝延伸压力：指水力裂缝在长、宽、高三个方向扩展所需要的缝内流体压力。一般地，它比闭合压力大，且与裂缝大小及压裂施工有关，单位为MPa。

裂缝闭合压力：简称闭合应力。指泵注停止后，作用在裂缝壁面上使裂缝似闭未闭的压力。裂缝闭合压力的大小与地层最小水平应力有关，它是影响裂缝导流能力的一个重要因素。单位为MPa。

渗透率：衡量多孔介质允许流体通过能力的一种度量。渗透率越大，多孔介质允许流体通过的能力也越大，反之越小。渗透率是多孔介质的自身性质，与所通过的流体性质无关，单位为μm^2。

泊松比：当岩石受抗压力时，在弹性范围内，岩石的侧向应变与轴向应变的比值，称为岩石的泊松比。

裂缝导流能力：表示填砂裂缝在闭合压力的作用下让流体通过的能力。其值为闭合压力下填砂裂缝的渗透率与裂缝宽度的乘积，单位为$um^2 \cdot cm$。

增产倍数：压裂措施增产效果大小的指标，可用油气井压裂后与压裂前的采油指数之比表示，也可用相同生产条件下，压裂后的产量与压裂前的产量之比表示。

缝内填砂浓度：填砂裂缝内支撑剂的浓度。为了便于研究支撑剂在缝内的排列层数，常用单位面积缝面上填充的支撑剂质量（kg/m^2）来表示。

小型测试压裂：为获取压裂参数，在正式压裂之前使用相同的井下管柱结构、压裂液和泵注排量所进行的一次小规模不加砂的实验性压裂。获取的压裂参数有地层破裂压力、延伸压力、闭合压力、摩阻、压裂液效率等。

裂缝净压力：压裂裂缝内压力与裂缝闭合压力之差，在压开的裂缝中，高于闭合力的流体压力。

瞬时停泵压力：压裂施工排量快速降至零时，储层（层段）中部的压力值。

砂液比：简称砂比，泵注携砂液时，加入的支撑剂体积与纯液的体积之比。

砂浓度：简称砂浓，泵注携砂液时，加入的支撑剂质量与纯液的质量之比。

加砂强度：加砂量与压裂层厚度或压裂段长度的比值。

用液强度：用液量与压裂层厚度或压裂段长度的比值。

前置液：在水力压裂施工过程中，加支撑剂前所用的液体统称为前置液。

携砂液：在水力压裂施工过程中，用于输送支撑剂的液体称为携砂液。

顶替液：在水力压裂施工过程中，用于将携砂液顶替至裂缝入口处的液体。

滑溜水：由减阻剂、其他添加剂和水配成，管流摩阻远小于清水管流摩阻的水基压裂液。

视密度：单位颗粒体积支撑剂的质量称为支撑剂视密度。

体积密度：单位堆积体积的支撑剂质量称为支撑剂体积密度。

压裂施工动态曲线：水力压裂施工过程中，地面记录的泵注压力、施工排量、砂浓度等随时间变化的关系曲线。

压降曲线：压裂施工泵注停止后，井底或井口压力随时间变化的关系曲线。

水平井分段压裂：利用分段压裂技术对水平井进行多级压裂的工艺技术。

桥塞分段压裂：利用电缆输送，辅以水力泵送的方式，将桥塞输送并封隔下部层位，对桥塞上部层位进行压裂改造的工艺。

封隔器分段压裂：是一种分层压裂技术，它利用封隔器与喷砂器、滑套等组成一趟压裂管柱，用封隔器将各压裂层段分开，以达到分层压裂的目的。

工厂化压裂：将压裂设备固定于某一场地，对周边位置较为集中的多口井或丛式井组实施批量压裂作业的施工方式。通过统一的工序控制、标准的施工工艺、连续的物料供给实现效率和效益的最大化。

同步压裂：在同一井场，采用一套或多套压裂机组，对两口及以上相邻井的相同层位（段）同时进行压裂改造的模式。

拉链式压裂：用一套压裂车组对多口相邻水平井进行交替分段压裂的压裂改造模式。

环空压裂：通过油套环空向井筒内注入压裂液的压裂方式。

套管压裂：通过套管向井筒内注入压裂液的压裂方式。

泵送设备：由动力、传动、柱塞泵和控制等系统组成，用于产生高压流体的专用作业设备。

电驱压裂设备：以电动机为动力的压裂设备。

柴驱压裂设备：以柴油机为动力的压裂设备。

◎学习社区　◎技术精讲　◎压裂工程　◎配套资料

"码"上对话
AI技术实操专家

项目一　压裂施工设备

模块一　泵注设备

目前使用的压裂泵注设备主要是压裂泵车和压裂橇两种，按动力传动方式可分为机械传动和液压传动。根据输出功率分为多种型号，2500型压裂泵车现阶段最为常用。机械传动以大马力柴油机→高功率变速箱→压裂泵的形式实现能量输出。其常见配置如下：2500型压裂泵车配置为Cummins OSK60发动机+Twin DiscTA90-8501液力传动箱+SOP2800大泵。

不同类型的压裂泵注设备对安全性能的要求是：均须满足泵控系统自带超压保护功能，液力端高压出口配备机械式安全阀，超压设置为泵阀箱的额定工作压力。

一、2500型压裂泵车

1. 设备概述

产品编号：YL2500Q-140。YL：压裂泵车；2500：压裂车最大输出功率为2 500 hp[①]（1 860 kW）；Q：五缸压裂泵；140：压裂车最高工作压力为140 MPa（20 000 psi[②]）（选用3$_{3/4}$"柱塞）。

2500型压裂泵车是将泵送设备安装在自走式工程型卡车底盘上，用来执行高压力、大排量的油井增产作业（图1.1.1）。该装置由底盘车和上装设备两部分组成。底盘车除了完成整车移运功能外，还为车台发动机启动液压系统提供动力。上装部分是压裂泵车的工作部分：主要由发动机、液力传动箱、压裂泵、吸入排出管汇、安全系统、燃油系统、压裂泵润滑系统、电路系统、气路系统、液压系统、仪表及控制系统等组成。2500型压裂泵车的工作原理是通过底盘车发动机动力驱动车台发动机的启动马达，使车台发动机发动；车台发动机所产生的动力，通过液力传动箱和传动轴传到压裂泵动力端，驱动压裂泵进行工作；混砂车供给

---

① 1 hp ≈ 0.745 kW。

② 1 psi=6.895 kPa。

的压裂液由吸入管汇进入压裂泵，经过压裂泵增压后由高压排出管排出，注入井下实施压裂作业。

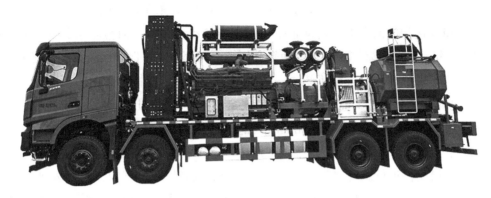

图 1.1.1　2500 型压裂泵车示意图

压裂泵车的操作控制通过机旁控制箱或远程控制箱（以下简称"远控箱"）进行。控制箱（远控箱）对发动机的控制主要包括：发动机启动、油门增减、停机和紧急停机等，同时有发动机高水温、低油压等故障指示灯和实时数据显示；对液力传动箱的控制主要包括：传动箱换挡、闭锁、解锁和刹车操作，同时显示液力传动箱闭锁状态以及对液力传动箱高油温、低油压故障指示灯和实时数据显示等；对压裂泵的控制主要是通过设置压裂泵限压值来控制压裂泵最高工作压力，同时在控制箱上显示压裂泵的实时工作压力和工作排量，并能显示压裂泵润滑油压和润滑油温等故障报警和实时数据等。

2500 型压裂泵车主要用于油气田深井、中深井的各种压裂作业。它可以单机进行施工作业，也可以多台设备组成机组与其他设备实现联机作业。每台设备通过数据线进行连接，设备之间相互串联形成环形网络，各台设备的发动机、传动箱、压裂泵等信号和数据通过网络进行双向传递，从而实现数据共享。联机作业过程中可以对单车或多车进行编组，通过事先对作业流程进行编组并设置各阶段流程，实现各组设备自动排量和自动压力控制流程。施工作业参数可以通过仪表车进行采集和打印，也可以通过任何一台控制箱上的采集数据口，使用笔记本采集施工作业参数。

2. 工作原理

2500 型压裂泵车采用车载结构。底盘车经过加装特殊设计的副梁用于承载上装部件和道路行驶，采用的重型车桥和加重轮胎钢板可以保证压裂车适应油田特殊道路行驶。底盘变速箱和上装发动机取力器驱动液压系统，分别用于启动车台发动机以及为车台发动机冷却水箱提供动力。冷却水箱风扇由液压马达驱动，风扇转速可随发动机水温高低自动实现低速和高速运转，同时还可以采用手动控制方式实现风扇定速控制。整个冷却系统由六部分组成：一是为车台发动机缸套水提供冷却；二是为车台发动机中冷器提供冷却；三是为压裂泵动力端润滑油提供冷却；四是为发动机的燃油提供冷却；五是为液压系统液压油提供冷却；六是为液力传动箱润滑油提供冷却。

车载发动机的额定功率为3 000 hp，为压裂泵提供动力，保证压裂泵的输出功率达到2 500 hp。与发动机配套使用的液力传动箱的功能是为适应不同工作压力和输出排量变换工作挡位，以适应施工作业的要求。液力传动箱润滑油的冷却采用外挂散热器的方式，通过散热器风扇冷却变速箱的润滑油。传动轴主要用于连接动力装置，前传动轴负责液力变扭器和变速箱的连接，后传动轴用于连接变速箱和压裂泵两部分。为保证压裂泵车在施工过程中的安全性，该车设置有两套安全系统：一套采用压力传感器，将施工中的压力变化转化为4 ～ 20 mA电流的变化。施工前首先设定工作安全压力，当工作压力达到设定压力值时，超压保护装置输出信号给发动机，在控制器收到信号后会立即使发动机回到总速状态，并立即使变速箱置于刹车状态，防止压裂泵继续工作；另一套采用机械式安全阀。产品在出厂时根据设备承受的最高值进行调定。其功能是在施工作业或者试压过程中，压力达到调定之后，安全阀会自动开启泄压。当泄压完成后，安全阀会自动关闭。该安全阀的设定是为了保护压裂泵和整个高压管汇系统的安全。固定在整车尾部的吸入管汇采用两路直通结构，施工过程中可以根据现场施工车辆的布置情况灵活接入一根或者两根上水管线。直通斜向结构既有利于液体的吸入，又便于施工完成后的管线清理。排出管汇采用140 MPa或105 MPa的高压直管和活动弯头，施工作业时可以将直管移动到地面并与地面管汇或其他设备进行连接。

压裂车的控制系统采用网络控制方式，通过车台上的网络控制箱进行集中或远程控制。网络控制箱通过设置在压裂车上的各路传感器采集、显示和控制信号，经过数字化处理后可以在压裂机组的每一台设备上进行远程显示和控制。通过随机配置的采集软件采集和分析施工作业状态，并可以通过设备分组和分阶段流程控制，实现整套压裂机组的自动排量控制和自动压力控制。液压系统第一部分是柴油机启动系统，由汽车底盘取力器驱动的液压泵泵送液压油，驱动液压马达实现启动。第二部分是风扇液压系统，通过底盘发动机或台上发动机取力，驱动变量泵进而驱动散热风扇的液压马达。风扇速度可以通过设置在发动机和传动箱上的温控开关实现自动调节。压裂车润滑系统包括动力端和液力端润滑系统。动力端采用连续式压力润滑，通过变扭器取力器驱动的润滑泵提供润滑油。液力端柱塞、盘根采用气压式连续压力润滑设备挂挡后可以自动启动盘根润滑，当传动箱置于刹车挡位时系统将自动关闭液力端润滑系统。

3. 五缸柱塞泵参数

（1）概述

五缸柱塞泵（图1.1.2）是一种往复式、容积式、卧式单作用五缸柱塞泵。其额定最大制动功率为2 088 kW，冲程为203.2 mm，柱塞直径可以在3½" ～ 6¼"范围内选择，以满足对不同压力和排量的要求。所有不同直径柱塞的液力端所配的动力端是相同的。该泵用于间断性油井作业，如酸化、压裂和压井等。

液力端和动力端由12个合金钢拉杆连接，下液力端时，拉杆留在动力端上。柱塞和小连杆之间采用卡箍连接，拆卸和维修液力端很方便。

（2）主要结构部件

五缸柱塞泵由动力端和液力端两部分组成。

图1.1.2 五缸柱塞泵

①动力端由曲轴、连杆、十字头、小连杆、轴承、齿轮、壳体及泵壳盖等组成。具体构成及性能如下：

a.动力端壳体：壳体采用钢质焊接结构，经过消除应力处理。十字头滑套材料为铸造青铜合金。

b.曲轴：整体式，材料为合金钢锻件，经热处理及磨削加工，钻有润滑油道，用6个重型圆柱滚子轴承支撑。

c.大齿轮：双边斜齿轮结构，用以抵消轴向力。整体为焊接齿轮结构，齿圈为合金钢锻件，齿面经淬火处理后磨削加工。

d.小齿轮轴：合金钢锻件。小齿轮与轴为整体结构，齿面经碳火处理，用两个重型圆柱滚子轴承支撑。

e.十字头：球墨铸铁铸件。全圆柱设计，有油槽。半圆青铜瓦片承受连杆负荷。

f.连杆：锻钢结构，专用工装加工。用6个双头螺柱和自锁螺母与连杆轴承座连接。

g.连杆瓦片：铸造青铜，对开式结构。

h.连杆销：球墨铸铁铸件。仅用于带动十字头返回，不承受连杆负荷。装入十字头后用螺钉锁紧。

②液力端由液力端体、凡尔总成、柱塞、盘根、大小拉杆、阀盖和吸入总管等部件组成。具体功能要求及技术指标如下：

a.液力端体：液力端体为合金钢锻件，整体式结构。经过热处理和探伤检验。

b.柱塞：材料为低碳钢，表面喷涂耐磨合金粉末，耐磨耐腐蚀。与小连杆用卡箍连接使拆卸方便。

c.凡尔总成：吸入和排出凡尔总成相同，采用翼型导向锥形凡尔，凡尔密封圈为聚氨酯橡胶，凡尔弹簧为锥形。

d.柱塞盘根：采用精密模制纤维加强的V形盘根，用精加工的青铜环支撑。

e.吸入总管：吸入管内径为152 mm（6"），双入口设计，用钢管加工而成。

f.拉杆：合金钢制造，用以连接动力端和液力端。

（3）动力端润滑系统启动和工作性能参数

整机工作前，应先启动润滑系统，主要步骤如下：

①按当前现有的环境条件，向动力端润滑油箱加注正确等级的极压齿轮油。油箱不要加得过满，正确的油位应在液面上留出约10%的空间。润滑泵内如无润滑油，可卸开润滑油泵吸入口处的润滑油吸入软管，用该软管将齿轮油加入润滑油泵中。重新安装和固定吸入软管。

②柱塞泵传动箱在空挡时，启动发动机并空转。运行几分钟就可将润滑油充满所有管线和滤清器等，在此期间，应对软管连接处进行一次彻底的泄漏检查。待所有的管线充满后，柱塞泵润滑油入口的压力表开始显示系统压力。发动机运行5 min以上，以便排出系统中的空气。关闭发动机，向油箱里加注润滑油，达到满油位刻度。

③传动箱在空挡时，重新启动发动机，逐渐提高发动机的转速到满速，与此同时，检查润滑油吸入口的真空表和柱塞泵润滑油入口的压力表。如果润滑油温度太高和黏度太低，真空表的读数不会超过0.035 MPa。如果油太冷、太黏，应降低发动机的转速，直到真空计的读数下降到0.035 MPa。油在润滑系统和柱塞泵中流动会产生摩擦，其温度最终会升高。

④当真空表的读数在发动机满速运行时不再超过0.035 MPa时，调整润滑系统的安全阀以使其油压在发动机满速时不超过1.05 MPa。

注：在润滑系统中，滤清器的承压能力通常是最低的。对系统安全阀的设定主要是为了保护油滤器。只要不超过系统中最低压力的部件，其设定值可高于1.2 MPa。检查整个润滑系统的润滑油情况，必要时关掉发动机并向油箱加油。待润滑系统安装和正确运行后柱塞泵才能运转。

（4）动力端润滑系统的工作技术规范

由于齿轮油从冷启动到工作温度的过程中会发生黏度变化，动力端润滑系统的读数将有较大变化。油中的黏度变化会导致系统压力和真空度的变化。典型的例子是SEA90wt型号的齿轮油即使在室温下也非常黏，将在系统中产生很大的阻力，导致系统即使在油很低的流速下也承受很高的压力。同样，在65.6 ～ 79.4 ℃，SEA90wl型号的齿轮油在系统中会变稀，流动通畅，阻力小，从而使系统压力相当低。由于齿轮油的黏度变化，并且润滑系统存在多种设计，为每个系统设定一个高精度、稳定的读数装置是很难的。在柱塞泵满功率或满扭矩运行期间，每个系统特别是在稳定的温度和压力读数方面是略有不同的。在投入使用后，除了遵守每个装置的一般系统特性外，也要遵守此处系统的技术规范。

①柱塞泵工作时，发动机冷启动和满速运行时的最高油压：175 psi。

②柱塞泵工作时的油温：

适中温度，SEA90齿轮油：79.4 ℃。

低温，SEA80齿轮油：54.4 ℃。

高温，SEA140齿轮润滑油：90.5 ℃。

③在稳定的工作温度和发动机满速运行时的正常油压：70 ～ 100 psi；柱塞泵全速运行

和在稳定的工作温度下的任何时候的最小油压：40 psi。

注：在动力端发生损坏前，任何从正常变为异常的真空、压力、温度变化，尤其伴随异常的噪声、振动、油烟时，应停止泵的工作并查明原因。

（5）液力端技术参数

液力端根据配置柱塞的大小可以选用FIG2002或者FIG1502扣型，2"或者3"的排出管汇。当最大排量大于1.5 m³/min时，通常采用3"的排出管汇。为便于排出管汇与压裂泵的连接，通常在泵的液力端出口与高压直管之间通过"50"型（2弯）或者"10"型（3弯）活动弯头进行连接。排出接口可以选择外扣由壬（F）或者内扣由壬（M），扣型为FIG2002或者FIG1502。

在压裂泵的另一端出口装有压力传感器，与控制箱的超压保护装置进行连接。为提高设备的安全性，可选配不同压力等级的安全阀，安全阀在产品出厂前已经根据设备的要求进行调定。

注：安全阀的出厂调定压力为最高工作压力的 ± 5%。

（6）液力端的工作压力建议

压裂泵在额定工作压力90%以上的工作时间宜占整个工作时间的5%以下，在额定工作压力80%以上的工作时间宜占整个工作时间的25%以下。建议：24 h工况，压裂泵负荷控制在45%以下。

4. 设备作业操作规范

（1）启动前的准备和检查工作

①检查各部工作液液面，主要包括车台发动机机油面、冷却液面、传动箱油面、压裂泵动力端润滑油面、柱塞润滑油面、液压油油面达到规定计量区间。检查燃油箱油面达到规定计量区间。

②检查发动机风扇无缺损，冷却管接头、燃油及机油滤清器和空气滤清器无泄漏、缺损。

③检查所有管路无渗漏破损，打开管线上应开启的阀门。

④检查转动部位无障碍物，螺栓连接紧固可靠。

⑤检查五缸泵吸入排出管汇无松动。

⑥检查各仪表无损坏失灵。

⑦检查柱塞和密封完好无渗漏。

⑧检查所有电线无破损断裂。

⑨连接控制电缆，检查所有电缆接头连接可靠。

⑩检查高压管汇、泵液力端、紧急熄火装置安全可靠。

⑪适宜检查储气筒中气压符合设备运行参数要求（0.8 MPa）。

⑫检查机械式安全阀连接牢固、动作有效、泄压管畅通。

⑬底盘采用了停车制动并处于空挡。

⑭台上电气设备接地线桩接地良好。

"码"上对话
AI技术实操专家
◎配 套 资 料
◎压 裂 工 程
◎技 术 精 讲
◎学 习 社 区

（2）启动

①打开搭铁开关。

②打开仪表控制系统各电源开关。

③打开吸入口的蝶阀。

④打开通向井口的高压管汇上的旋塞阀。

⑤检查柱塞泵上的机械安全阀且处于关闭状态。

⑥检查传动箱应处于空挡。

⑦启动底盘发动机，挂合取力器。

⑧启动车台发动机，并让发动机处于怠速状态，摘掉底盘取力器。

⑨检查超压保护系统，检查停机开关和紧急停机开关有无损坏、是否安全可靠。

⑩在怠速情况下，检查所有仪表显示值，总速持续到各系统达到正常工作温度。

⑪检查管线和接头有无渗漏。

⑫当以上项目操作及检查完毕符合规定要求后，即可进行压裂施工作业。

（3）作业

①按压裂施工工艺要求，设定超压保护系统的施工最高压力。

②在正常压裂施工时，车台柴油机的工作转速宜在 1 800 ～ 1 950 r/min。

③在操作时应严格执行所规定的各挡压力值。

④注意检查设备各种仪表读数变化。

⑤如在作业时设备发生故障，应立即让泵脱开动力并检修。

（4）设备停止

①减小油门，发动机降到怠速，将传动箱置于空挡，运行 5 min 左右；将启停开关置于"停车"位置。

②当设置有停车保护的参数达到保护数值时发动机自主回怠速；当发生紧急情况时可按紧急停车按钮断油停机。

③关闭仪表控制系统各电源。

④关闭搭铁开关。

⑤卸下控制电缆，盖好插座护盖。

（5）操作后设备检查与清洗

①项目操作逐项检查。

②检查各处渗漏情况，对渗漏点采取措施进行维修。

③将各管线内和压裂泵内的压裂液排放干净，并冲洗干净。

④打开压裂泵吸入总管的堵盖，排尽压裂泵内和管路的积水。

⑤打开泵阀盖，检查阀密封件、阀体、阀座等的磨损或刺伤情况，对磨损过量或出现刺伤的阀件进行更换。

⑥记录设备运转计时表的读数（表1.1.1）。

表1.1.1　设备正常工作时各仪表参考值

仪表名称	仪表功能	正常工作参考值
车台发动机机油压力表	显示车台发动机机油压力	0.31～0.48 MPa（700 r/min时最低工作油压为0.14 MPa）
车台发动机冷却液温度表	显示车台发动机冷却液温度	75～80 ℃（最高工作温度为95 ℃）
车台传动箱油压表	显示传动箱主油压的大小	1.28～1.45 MPa（急速时） 1.62～1.76 MPa（额定转速时）
车台传动箱油温表	显示传动箱工作油温	80～104 ℃
气压表	显示储气罐内的气压大小	0.8 MPa
压裂泵润滑油压表	显示压裂泵动力端润滑油压的大小	0.49～0.7 MPa（最低工作油压为0.28 MPa，冷启动最高油压为1.2 MPa）
压裂泵油温表	显示压裂泵动力端润滑油温的高低	最高80 ℃
盘根润滑气压表	显示盘根润滑气泵供气压力的大小	0.14 MPa
启动液压油泵压力表	显示启动液压油泵的油压高低	14 MPa

5. 车台发动机及传动箱启停规范

（1）启动前的检查工作：冷却系统检查

①加注冷却液时，应先确定所有冷却系统的阀门都已安装并拧紧，再打开散热器压力控制盖加入所需冷却液。在炎热的环境里，应填加适当的防腐剂。保持冷却液的液位在加注口的底端以便留出冷却液膨胀空间。冷却液冰点应低于当地最低气温5 ℃。

②加注完冷却液后应排尽系统内截留的空气，允许打开柴油机压力盖来暖机。即在传动箱处于空挡时，提高柴油机转速到1 000 r/in，并按需要加入冷却液。

③检查冷却器以及中冷器的前端是否堵塞。

（2）启动前的检查工作：润滑系统检查

新的或最近大修的柴油机，或储存6个月或更长时间的柴油机，在初次启动时应使用润滑油压力预注器进行预注，或者将发动机缸盖拆除，用干净的润滑油冲洗曲轴。冲洗的润滑油应与曲轴箱中使用的润滑油相同。预注润滑油后，添加润滑油使液面达到油尺正常标注油位。

（3）启动前的检查工作：燃油系统检查

加注规定标号的燃油并加满燃油箱，确定燃油截止阀处于全开状态，排尽油/水分离器内所有沉积水。

（4）启动前的预热作业

如果环境温度低于－4 ℃，应使用加热炉对发动机冷却液进行加热（先打开加热管路上的球阀），此时加热炉指示灯亮，水温达到要求以后关闭加热炉开关，加热循环泵停机后关闭加热管路上的球阀。

（5）车台发动机启动（车台发动机两侧均装有液压启动马达，两侧启动马达应定期交替使用）

①柴油机在15 s内未能启动，松开启动器开关并在重新启动前让启动器冷却15 s。柴油机四次启动尝试失败，应停止启动，并检查确定原因。

②发动机启动后，15 s内润滑油压力表开始有所显示，在显示油压正常（0.14 MPa）之前不应提速加载。如15 s内润滑油压力表没有任何显示，发动机停机并查找原因。

③一般从0～60 ℃，暖机时间大约3 min。低于0 ℃暖机时间相应加长。

④如果可能，在怠速和二分之一标定转速空载情况下，检查油、气、水是否泄漏。

⑤发动机怠速运行期间，检查有无液体泄漏，检查曲轴箱和涡轮增压器。

⑥发动机怠速运行时间不应超过10 min。当必须延长空转时间时，在春/夏季至少保持转速达到850 r/min，秋/冬季转速至少达到1 200 r/min。

（6）发动机停机

①降低柴油机转速至怠速，将挡位设在空挡。

②柴油机在空挡、怠速状态运行5 min后，柴油机停机。

（7）传动箱的运行注意要点

①在发动机怠速运转时检查传动箱油位。

②压裂车在正常工作时，传动箱应在闭锁工况下工作。

③传动箱的换挡机构在更换挡位时，应使传动箱解锁后再进行换挡。在更换挡位后应尽快使传动箱闭锁。

④"TWinDISC" TA90-8501传动箱的闭锁转速应大于1 400 r/min。

⑤传动箱在连续工况下的工作温度为80～104 ℃，最高工作温度为121 ℃。

⑥换油滤器后应按油滤器安装固定架上部箭头标识安装管线。

⑦不应随意拔插电路插销。

⑧不应碰撞变矩器上的压力传感器。

⑨使用过程中应定时检查油位、油温、油压，定期更换传动油和油滤器。

⑩开机时应将挡位放置在空挡位置。

二、压裂橇

1. 设备概述

压裂橇压裂型号根据压裂的最高工作压力和最大输出功率两个参数确定，其中最高工作压力是压裂泵采用最小柱塞时的额定压力，型号：SYL2500Q-140Q型。SYL：压裂；2500：最大输出功率2 500 hp；Q：卧式五缸压裂泵；140：压裂橇最高工作压力为140 MPa；Q：橇装。

压裂橇将动力系统和压裂泵分别安装在两个独立的底座上，工作时将两个底座固定在一个整体式底座上，橇座之间的液、气路管线采用快速接头连接，设备用于泵送带支撑剂压裂液的水力压裂、酸化压裂、高压泵入不同液体以及压力测试等。设备由动力橇和柱塞泵橇两部分组成，整体设计结构拆装方便。其中动力主要由立式水箱、水箱管路、发动机、液力传动箱、燃油系统、电路系统、气路系统、仪表及控制系统、底座等组成；压裂泵橇主要由传动轴、压裂泵、压裂泵润滑系统、吸入排出管汇、安全系统、座等组成。

2. 设备组成

压裂橇主要由橇座总成、动力系统、冷却系统、传动轴、压裂泵总成、排出管汇、吸入管汇、安全系统、燃油系统、气路系统、润滑系统（包括压裂泵动力端和液力端润滑）、电路系统、仪表控制系统等几大部分组成。

（1）橇座总成

橇座总成包括动力橇座、柱塞泵座和底座三部分，采用V形连接块进行快速连接。动力橇座主要用于安装动力系统、散热器、气罐、电瓶箱和燃油箱等部件；柱塞泵座主要用于安装柱塞泵、动力端润滑油箱、液力端润滑油箱、传动轴等部件。动力橇座和柱塞泵座分别设置有吊装耳板，方便吊装和运输。底座配有接油盘，出口配内六方堵头。

（2）动力系统

动力系统主要由发动机和液力传动箱、消音器、空滤器、传感器、发动机和液力传动箱附件以及安装支座等组成。整套系统通过发动机前后支座和变速箱前后支座与底盘副梁连接。发动机和变速箱两部分通过传动轴进行连接。

（3）传动轴及刹车装置

变速箱与压裂泵之间采用后传动轴连接；变扭器与变速箱之间采用前传动轴连接。为保证操作者的安全，每个传动轴周围均安装有可拆卸的护罩。刹车装置内置于传动箱的内部，通过控制系统进行控制。

（4）冷却系统

压裂的冷却系统采用立式散热器系统。每次作业前应检查散热器冷却液液位，保证液位不低于最低液位或者液位最高位置离膨胀水箱顶部（不含加水口）距离不超过10 cm。

（5）压裂泵

压裂泵是整个压裂橇的心脏，SYL2500Q-140Q型压裂所使用的是SOP2800型五缸柱塞泵。

3. 工作原理

①压裂橇的工作原理是通过储气罐（或外接气源）的气源驱动发动机的气启动马达，使发动机工作。发动机所产生的动力，一部分通过液力传动箱和传动轴传到压裂泵动力端，驱动压裂泵进行工作；另一部分通过前轴取力驱动冷却水箱风扇进行工作。混砂设备供给的压裂液由吸入管汇进入压裂泵，经过压裂泵增压后由高压排出管排出，注入井下实施压裂作业。压裂车的操作控制通过机旁控制箱或远控箱进行。控制箱（远控箱）对发动机的控制主要包括：发动机启动、油门增减、停机和紧急停机等，同时有发动机高水温、低油压故障指示灯和实时数据显示，发动机转速显示等；对液力传动箱的控制主要包括：传动箱换挡、闭锁、解锁和刹车操作；同时显示液力传动箱闭锁状态以及液力传动箱高油温、低油压故障指示和实时数据等；对压裂泵的控制主要是通过设置压裂泵最高工作压力值来控制，同时在控

制箱上显示压裂泵的工作压力和工作排量，并能显示压裂泵润滑油压和润滑油温等故障报警和实时数据等。

②压裂橇采用分体块式结构，主体包括动力和柱塞泵橇。橇块之间的液、气路管线采用快速接头连接。橇块定位快捷、设备各挡位运行安全可靠，每个橇块配备相应的吊装防碰架、吊耳和吊索。施工时，散热器、动力橇与泵橇固定在同一橇座上（该橇座具有快捷定位、安装安全的功能），座配有接油盘，出口配有内六方堵头。

③发动机通过橇上配置的储气罐或外接气源气启动，为润滑系统、冷却水箱和压裂泵提供动力。冷却水箱风扇由发动机曲轴皮带轮驱动。冷却系统由五部分组成：发动机缸套水冷却、发动机中冷器冷却、压裂泵动力端润滑油冷却、发动机燃油冷却和液力传动箱润滑油冷却。

④发动机的额定功率为3 000 hp，它为压裂泵提供动力，保证压裂泵的输出功率达到2 500 hp。与其配套使用的液力传动箱的功能是为适应不同工作压力和输出排量变换工作挡位（改变输出轴的速度），以适应施工作业的要求。液力传动箱润滑油的冷却采用外挂散热器的方式，通过散热器风扇冷却变速箱的润滑油。传动轴主要用于连接变速箱和压裂泵两部分。

⑤为保证压裂橇在施工过程中的安全，该设备配备了自动超压保护安全系统。采用压力传感器将施工中的压力变化转化为4～20 mA电流的变化，施工前首先设定工作安全压力，当工作压力达到设定压力值时，超压保护装置输出信号给发动机，控制器得到信号后会立即使发动机回到怠速状态，并立即使变速箱置于刹车状态，防止压裂泵继续工作。吸入管汇设置在泵橇尾部，采用两路直通结构。吸入口为4"由壬接头，施工过程中可以根据现场施工车辆的布置情况接入一根或者两根上水管线。直通斜向结构既有利于液体的吸入，又便于施工完成后的管线清理。吸入管线采用304不锈钢制造。

⑥排出管汇采用140 MPa的高压直管和L形弯头，排出口设置在泵橇尾部，配置有减震装置，可以直接通过地面管汇进行连接。

⑦气路系统用于柴油机启动，启动气源来自储气罐。发动机带有空压机，为储气罐充气，为盘根润滑提供气源。

⑧压裂橇润滑系统包括动力端润滑系统和液力端润滑系统。动力端采用连续式压力润滑，通过变扭器取力器驱动的润滑泵提供润滑油。液力端柱塞、盘根采用油脂润滑。压裂橇的控制系统采用网络控制方式，通过网络控制箱进行集中或远程控制。网络控制箱通过各路传感器采集、显示和控制信号，经过数字化处理后可以在压裂机组的每一台设备上进行远程显示和控制，通过随机配置的采集软件采集和分析施工作业状态，并可以通过设备分组和分阶段流程控制，实现整套压裂机组的自动排量控制和自动压力控制。

三、大国重器

本世纪初期，世界多数国家主要购置美国等国家生产的压裂设备，如哈利伯顿、道威尔等。如今，我国已跻身该领域世界领先水平，美国等国家纷纷采购我国生产的压裂设备。原因就是中国在这一领域已经领先西方，产品不但具有价格优势，而且性能先进，效率更高，耐用性更好。例如，阿波罗1号压裂车是中国研发的全球体积最小、单机功率最大的压裂车，可谓全球最尖端同类产品。它运用了大量尖端先进技术，成功解决了"压裂车体积小，开采功率就不能变大"的世界性难题（图1.1.3）。

图1.1.3　全球单机功率最大的压裂车（国产）

◎学习社区　◎技术精讲　◎压裂工程　◎配套资料

"码"上对话
AI技术实操专家

模块二　混　砂　车

混砂设备主要用于加砂压裂作业中将液体、支撑剂、添加剂按一定比例均匀混合，向施工中的压裂车组泵送压裂液进行压裂作业。

一、混砂车简介

1. 设备概述

混砂车主要用于加砂压裂作业中将液体（可以是清水、基液等）、支撑剂（石英砂或陶粒）和添加剂（固体或液体）按一定比例均匀混合，可向施工中的压裂车（组）以一定压力泵送不同砂比、不同黏度的压裂液进行压裂施工作业，适用于中、大型油气井的压裂加砂施工作业（图1.2.1）。

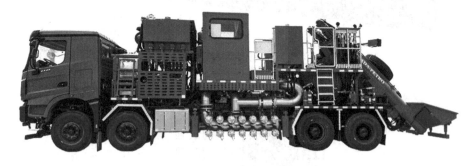

图1.2.1　混砂车示意图

SHS20型混砂车全部动力由两台"CUMMINS"OSX15电喷柴油机提供，所能提供的总功率为1 200 hp，传动系统采用全液压电控的方式实现混砂车各个执行部件的操作。施工过程中可以根据作业流量的要求配置10台以上的压裂车进行联合施工，可以根据现场情况进行"左吸右排""右吸左排""双吸双排"等九种不同的管线连接。混砂车的操作控制设备集中在装有冷暖空调的操作室内，控制系统采用网络通信传输方式，可以通过混砂车台上或仪表车内的操作屏实现混砂车各个系统的手动和自动控制，也可以通过车台进行全手动控制。施工作业参数可以通过仪表车进行采集和打印，也可以通过任何控制台上的采集数据口，使用笔记本电脑采集施工作业参数。

2. 工作原理

混砂车采用车载结构。底盘车经过加装的副梁用于承载上装部件和道路行驶。混砂车底盘在实际作业过程中可以停止工作。

混砂车的全部动力由两台车台发动机提供。发动机输出动力驱动分动箱，每个分动箱的四个输出口驱动四组油泵。前发动机驱动右输砂和液添Ⅱ供液泵、风扇和液添Ⅲ供液泵、搅拌和补油泵、吸入和液添Ⅳ供液泵；后发动机分别驱动左输砂和液添Ⅰ供液泵、综合供液泵、中输砂绞龙和补油泵、排出供液泵等。整套系统的操作通过设置在仪表台上的电控旋钮或者计算机进行。地面罐配制好的压裂液经吸入供液泵送至混合罐内，与输砂系统、液添系统和干添系统所提供的其他压裂所需的辅助介质混合后，经排出砂泵排至压裂车。混砂车的最大排出流量可达 20 m³/min（清水性能）。吸入和排出管汇可以根据现场布置情况通过倒换控制阀门实现混砂车的"左吸右排"和"右吸左排"操作。

混合罐的功能是为不同的介质提供搅拌的空间，混合罐为双层结构，液体从内层入罐通过上、中、下的三层出口流入外层，双层搅拌装置和罐内的扰流板可以实现液体的均匀搅拌。混合搅拌好的液体通过罐底由排出砂泵吸出。

输砂装置通过设置在工作台面上的控制阀进行上下起升，以实现输砂装置的连续加砂作业。为保证输砂器在作业中不出现卡死现象，输砂装置设计有反转机构。三个输砂器的上端通过计数齿轮计量在不同转速下的输砂量的大小。

车台发动机的控制机构、指示仪表、各油泵压力表以及显示混砂车工况的计量仪表均安装在仪表台上，这样就能实现发动机的启动、调速、停机以及掌握发动机与油泵的运转情况。在仪表台上还可同时控制混砂车各部位，了解其工况，实现集中控制。该混砂车安装有自动控制系统，可以通过计算机实现添加剂、密度、混合液面和砂泵压力的自动控制。控制系统采用数字控制技术，施工数据可以通过仪表车或笔记本进行采集。

3. 主要参数

最大流量：20 m³/min（清水性能）

最高工作压力：0.7 MPa

输砂器输砂量：480 m³/h（8 m³/min）

混合罐容积：1.16 m³

吸入管路阀门：4" 蝶阀 10 个

排出管路阀门：4" 蝶阀 10 个

整车外形尺寸：（长 × 宽 × 高）13 000 mm × 2 500 mm × 4 000 mm

整车总重：35 000 kg

4. 设备组成

SHS20型混砂车主要由装载底盘、动力系统、管路系统、混合罐、螺旋输砂器、液压系统、气压系统、仪表控制台、液添系统、干添系统和液面自动控制系统等几大部分组成。

（1）装载底盘

SHS20型混砂车装载底盘可选用"Mercedes-Benz"或"MANTCS"。

（2）动力系统

动力系统主要由车台发动机和分动箱组成。车台发动机选用"CUMMINS"QSX15或

"DDC"S60，混砂车的动力全部由两台车台发动机提供。发动机输出动力驱动分动箱，每个分动箱的四个输出口驱动四组油泵。

（3）管路系统

管路系统包括吸入泵及管路和排出泵及管路。

吸入泵及管路系统由吸入供液泵、吸入管汇、蝶阀及流量计等组成，由其完成压裂液的吸入。主要管线为10″，配10″涡轮流量计或电磁流量计。10″出口管线与混合罐入口间安装10″蝶阀，液动控制。吸入口有11个，进口为10个4″外扣（FIG206）由壬和1个10″外扣（Tr300×8）由壬。

排出泵及管路系统由排出泵、排出管汇、蝶阀及流量计等组成，由其完成压裂液的排出，主要管线为10″，配10″电磁流量计，排出口有11个。排出口为10个4″外扣（FIG206）由壬和1个10″外扣（T300×8）由壬。

（4）混合罐

混合罐采用罐中套罐的结构，其设计理念是保证在高砂比砂浆的情况下能完全和连续地混合。搅拌系统安装在混合罐的中心，它能完全不断地将砂浆搅拌成匀质的混合液，在内腔底部排出口与排出砂泵之间最大限度地减少气体产生。排出砂泵从内腔底部吸入混合好了的混合液并排到排出管汇中。混合罐中设有自动液面控制系统，通过调节供液量来控制液面。

（5）螺旋输砂器

螺旋输砂器由绞龙外壳、左右砂斗、绞龙轴、支承台、输砂管支座、油缸分开导轨盒固定架总成、液马达支架及联轴器、起升油缸和左右分开油缸等组成。

（6）液压系统

液压系统由液压泵、液压马达、油箱、滤清器、冷却器等组成。液压泵动力由车台分动箱取力，通过静压传动，分别驱动各液压马达，带动排出砂泵、吸入砂泵、螺旋输砂泵综合泵等。

（7）液添系统

液添系统由四台液添泵、四台油马达、四套联轴器、两个液添方罐、四个升降式止回阀、马达支座以及管汇件等组成。液添系统工作可靠、计量准确，能方便地向混合罐中输送各种液体添加剂；同时液添系统也能直接向排出管汇输送添加剂而不经混合罐混合，从而方便油田现场作业。

（8）干添系统

干添系统，根据所需干粉的量有效地向混合罐中加入干粉混合液，以保证压裂施工的质量和工艺要求。施工时，将干粉加入加料斗中，由干添马达带动绞龙。再由来自吸入管汇的清水与干粉在混合器中混合后，经漏斗到混合罐与砂混合。这种混合方式能将干粉和水混合得比较均匀而没有结块现象出现。

（9）液面自动控制系统

液面自动控制系统由比例控制阀、连接板及导波雷达变送器组成。其控制流程由液位反馈控制、流量反馈控制两部分组成。

二、混砂车操作规范

1. 行车前后的检查工作

①按汽车操作说明书启动汽车发动机，检查离合器的操作是否可靠。

②检查底盘车和车台发动机的燃油箱、机油箱油位，加足燃油、机油。

③检查接头、软管、工具。

a.吸入软管（输送化学添加剂、胶凝剂用的软管）。

b.吸入接头：尺寸合适，数量满足施工需要，固定或者安装合理。

c.工具：将进行施工所需的合适规格的工具装到工具箱内。

④检查液压泵、液压马达、阀件和软管。

⑤检查所有裸露的气管线是否有破裂、磨损、泄漏等情况，气管线连接件或接头是否有松动现象，必要时更换。

⑥检查所有裸露的电线、电缆是否有绝缘层磨损、破裂、接触不良或断线等情况。

⑦检查液体化学添加剂泵。

⑧检查螺旋输砂绞龙。

a.检查砂斗排砂口盖的垫圈密封。

b.检查砂斗排砂口盖。

c.检查砂斗的里面（如需要应清洗干净）。

d.检查螺旋输砂绞龙外筒。

e.检查砂斗滤网。

f.检查绞龙支架与混砂车大梁的焊接处。

⑨检查吸入管汇。

⑩检查排出管汇。

⑪检查混合罐。

2. 施工前的准备工作

①接好吸入端上水管线，确保与地面罐正确连接，上紧由壬接头，保证软管和接头无渗漏。连接好后，应保持软管平直。

②接好排出端管线，确保压裂车吸入口正确连接，上紧由壬接头，保证软管和接头无渗漏。连接好后，应保持软管平直。为保证混砂车的吸入性能和排出性能达到最佳，使用软管的数量应超过最低要求的数量。

3. 车台发动机启动

①确认仪表台系统压力表、显示仪表、电位计、控制阀、控制旋钮和开关处于正常位置，各油温油压表显示正确后方可运行。

②关闭仪表台上的液添、干添、左输砂、右输砂、吸入、排出、搅拌电位计旋钮。关闭混合罐放水蝶阀、干添气阀。离合器控制手柄处于放气位置，液面自动控制系统打到手动。

③车台发动机预热。

接通总电源,操纵启动按钮,观察发动机的水温和机油压力表,看发动机工作是否正常(按发动机的操作使用说明书进行正确操作)。

操纵油门控制手柄,并调定发动机转速在700 r/min左右。在工作转速下旋转液添、干添输砂、吸入、排出、搅拌各电位计,这时候可观察到各液压系统对应的压力表指示的系统压力。

4. 启动螺旋输砂器

①加大发动机油门,使转速达到1 900 r/min左右,观察螺旋输砂器液压马达转动情况及对应的油压表。待运转正常后,先将输砂器停止运转后,再将发动机转速降至700 r/min。

②下放螺旋输砂器:下放螺旋输砂器前,检查下放位置是否平整。下放时,拔开车尾部的砂斗插销,操作位于平台栏杆上的控制阀手柄。操纵升降手柄,使输砂器慢慢下放,落地后,将手柄拉回,此时该位置为螺旋输砂器的工作状态。

③转动混合罐搅拌:旋转搅拌电位计控制旋钮,顺时针为增速,观察液压系统压力。

④吸入排出砂泵启动:操作吸入或排出电位计控制旋钮,调整吸入或排出砂泵的转速,顺时针为增速。

⑤液添和干添系统启动:操纵液添和干添电位器控制旋钮。根据作业要求,调整转速,顺时针为增速。

⑥液压油风扇马达启动:操纵风扇马达电位器控制旋钮,观察液压油油温。

⑦液面自动控制系统:根据作业需要,可将面板上的吸入泵控制开关打到手动状态。液面自动控制系统可在自动控制/手动控制两种控制形式之间进行切换,观察液面自动控制系统的二次显示表是否正常。

⑧各系统调试:

a.接通气源,扳动混合罐上排气用的气动蝶阀开关,检查混合罐底部的排液气动蝶阀是否能正常工作,然后将阀关闭。

b.挂合车台发动机系统,在油泵开始转动时,将发动机转速调至1 900 r/min左右,观察排出砂泵压力表,压力达0.3 ～ 0.5 MPa,吸入供液泵油压最大为34.5 MPa,查看各管路有无泄漏,并及时排除故障。

c.车台发动机转速降为700 r/min左右。输砂器下放到工作位置,车台传动系统、吸入供液泵、排出砂泵、各油泵都停转。

d.作业开始,发动机转速由700 r/min左右逐渐升至1 900 r/min左右。

e.车台传动系统、吸入供液泵、排出泵、各工作油泵开始转动,各液压系统工作正常,排出砂泵压力为7MPa,需要哪个系统转动,可通过仪表台上的电位计对所需系统进行操作,并调整到施工要求的转速、排量。

f.为了精确地控制液面,建议在作业开始和结束阶段,采用手动方式,而在作业过程中采用自动方式。

g.待作业完毕后,关闭各液压系统电位计、控制阀,排出砂泵、供液泵卸荷,升起输砂器，最后摘开车台发动机离合器，使发动机全转并逐渐降速，待油温、水温降至60～70 ℃时熄火停车，关闭电源。

5. 作业后清洁程序

①打入清水，冲洗混合罐及排出管汇中的残留化学液。

②打开液体添加剂系统的入口旁通管路进行冲洗。

③将液添系统中的各路阀门打开，清水通过液添泵打入液添系统的各路管汇中及液添罐中。

④清洁干净干添系统中的干粉残留物。

⑤清洁干净输砂系统中的残留砂液。

⑥清洗完后，打开阀门，排放干净各路系统残留的液体。

⑦若需要，需将各涡轮流量计拆下清洗。

三、日常维护与检查

1. 分动箱

分动箱是整个传动系统中的关键部件，对它的维护与保养尤为重要。分动箱的维护见进口分动箱操作指南。分动箱常见故障原因及排除方法见表1.2.1。

表1.2.1　分动箱常见故障原因及排除方法

序号	故障形式	故障原因	排除方法
1	分动箱传动有异样响声	润滑油不干净	更换润滑油，检查吸油滤芯是否堵塞
2	分动箱上体油温过高	（1）润滑油道堵塞 （2）轴承干磨 （3）密封网损坏 （4）润滑油泵损坏 （5）管路堵塞 （6）呼吸帽堵塞，不能及时将热量散发出去	（1）清洁油道 （2）清洁油道并更换轴承 （3）更换密封圈 （4）更换油泵 （5）清洁管路 （6）清洁呼吸帽上的滤网
3	分动箱轴头漏油	密封圈损坏	更换密封圈

2. 砂泵

该设备安装有吸入供水泵和排出砂泵。

砂泵常见故障检修见表1.2.2。

表1.2.2　砂泵常见故障检修

故障形式	噪声/振动	无流量	流量不足	压力不足	所需功率过高	间断流量	轴承寿命缩短
泵启动时未灌水		×	×				
速度过低			×	×			
超压		×					
可用NPSH不足	×	×	×			×	

续表

故障形式	噪声/振动	无流量	流量不足	压力不足	所需功率过高	间断流量	轴承寿命缩短
叶片被阻		×	×			×	
旋转方向错误			×	×			
吸入或排出管线被堵	×	×	×				
底阀或吸入管浸入深度不足		×	×			×	
叶片磨损		×	×	×			
轴的盘根或密封不好			×	×			
叶片直径过小			×	×			
叶片直径过大				×			
液体所含空气或气体太多				×		×	×
转速过高					×		×
总压头低于设计值					×		
密度或黏度过高			×		×		×
轴弯曲	×				×		×
旋转件被束	×				×		×
吸入管或轴上密封泄漏		×	×			×	
未校正	×				×		×
轴承被磨损	×						×
叶片不平衡	×						×
吸入或排出管未固定	×						
底座固定不牢	×						
排出压力不足	×			×	×	×	×
润滑或油位不合适							×
叶片间隙过大			×	×	×		

3. 液压系统

液压设备通常采用日常检查和定期检查的方法，以保证设备的正常运行（表1.2.3、表1.2.4）。

表1.2.3 液压设备日常检查项目和内容

检查时间	项目	内容
在设备运行中监视工况	压力、噪声、振动	系统压力是否稳定，在规定范围内有无异常
	油温	是否在35～55 ℃，不得大于60 ℃
	漏油	全系统有无漏油
在启动前的检查	油位	是否正常
	行程开关和限位块	是否紧固
	手动、自动循环	是否正常
	电磁阀	是否处于原始状态

表1.2.4 液压设备定期检查项目和内容

定检项目	内容
螺钉及管接头	定期紧固： （1）10 MPa以上系统，每月一次 （2）10 MPa以下系统，每两个月一次
过滤器、空气滤清器	定期检查：一般系统每月一次
油箱、管道、阀板	定期检查：大修时
密封件	按环境温度、工作压力、密封件材质等具体规定
油污染度检验	对已确定换油周期的设备，提前一周取样化验；对新换油，经500 h使用后，应取样化验

4. 调整

使用期间做好对设备各部位的调整（表1.2.5）。

表1.2.5 设备调整参数推荐

序号	调整部位	调整方式	调整量
1	离心泵叶轮侧隙	调整垫片和垫圈	前侧隙1～2 mm
2	液压系统压力调定	在一般情况下，按产品说明书要求调好的压力进行工作，只有液压系统大修时再调整	见产品说明书

5. 设备例行保养

①每次施工后定期检查砂泵等填料密封的损坏情况，及时更换损坏件。

②定期检查螺旋输砂器绞龙轴下端密封圈的损坏情况，及时更换损坏件。

③累计加砂500 h以后，应拆开砂泵，检查叶轮、泵体和定子的磨损情况，在不影响泵体涡线、叶轮曲线情况下，允许补焊修复，补焊后应清除焊渣，打磨光滑。

④及时检查液压系统、管汇系统、电气系统是否有渗漏现象，或是否存在短路、断路等情况并及时排除故障。

⑤每作业两次后，应给发动机离合器加足润滑脂。

⑥应在每次作业后检查液压系统中的电磁阀等，注意电磁阀的防潮。

⑦汽车及车台发动机的维护、保养按相应说明书进行。

6. 其他注意事项

①若设备在一定时期不使用，应将砂泵内、管路内、混合罐内的残液放光并清洗放掉发动机中的冷却液。

②车上转动部位，应涂上润滑脂，注好润滑油。

③擦净仪表表面，关好门、盖、阀门等。

④存放处应干燥，短时露天存放应覆盖防雨罩，不得长期露天存放。

⑤注意事项：

a.油箱中的液压油液应保持在正常液位。

b.每天检查液压油箱的液位是否合适，是否存在水（通过液压油出现雾状至乳状现象以及液压油箱底部是否有游离水存在来辨认），液压油是否腐败变质（表明过热）。

c.每工作500 h更换一次液压油，每工作70 h清洗一次油滤器，每工作500 h更换一次滤清器。如果液压油受外部物质如灰尘、水、润滑脂等的污染或者受高温的作用，要经常更换液压油。更换液压油的同时要更换滤清器。

d.换油时的要求：

更换的新油液或补加的油液必须符合本系统规定使用的油液牌号，并应经过化验，符合规定的指标。

换油液时需将油箱内部的旧油液全部放完，并且冲洗合格。

新油液过滤后再注入油箱，过滤精度不得低于系统的过滤精度。更换工作介质的期限与使用条件、使用地点的不同而有很大差异。一般来说，大概一年更换一次；在连续运转，以及高温、高湿、灰尘多的情况下，需要缩短换油周期。

e.油温应适当，油箱的油温一定不能超过82 ℃。

f.油温过高，常见原因如下：油的黏度值太高，油质变坏，阻力增大，冷却器管道内有水垢，或者冷却器的风扇运转不正常。

g.回路里的空气应完全清除掉，因为空气是造成油液变质和发热的重要原因，所以应特别注意下列事项：防止回油管回油时带入空气，入口滤油器堵塞后吸入阻力大大增加，溶解在油中的空气分离出来，产生空蚀现象。管路、泵及液压缸的最高部分均要有放气孔，在启动时应放掉其中的空气。

h.野外液压系统使用时应注意：随着季节的不同室外温度变化比较剧烈，因此尽可能使用黏度指数大的油。由于气温变化，油箱中的水蒸气会凝成水滴，在冬季应每星期进行一次检查，发现后应立即除去。在野外因为脏物容易进入油中，因此要经常换油。

i.在寒冷地带或冬天启动液压泵时，应该开开停停，反复几次使油温上升，液压系统运转灵活后，再进行正式运转。用其他方式加热油箱，虽然可以提高油温，但这时泵等装置还是冷的，仅仅油是热的，很容易造成故障，因此需引起我们的格外注意。

j.在液压泵启动和停止时，应使溢流阀泄荷。溢流阀的调定压力不得超过液压系统的最高压力。液压泵常见故障分析及排除方法见表1.2.6。

表1.2.6 液压泵常见故障分析及排除方法

故障现象	故障分析	排除方法
不出油、输油盘不足、压力上不去	（1）转向不对 （2）吸油管或过滤器堵塞 （3）轴向间隙或径向间隙过大 （4）连接处泄漏，混入空气 （5）油液黏度太大或油液温升太高	（1）检查转向 （2）疏通管道，清洗过滤器，换新油 （3）检查更换有关零件 （4）紧固各连接处螺钉，避免泄漏，严防空气混入 （5）正确选用油液，控制温升
噪声严重，压力波动厉害	（1）吸油管及过滤器堵塞或过滤器容量小 （2）吸油管密封处漏气或油液中有气泡 （3）油位低 （4）油温低或黏度高 （5）泵轴承损坏	（1）清洗过滤器使吸油管通畅，正确选用过滤器 （2）在连接部位或密封处加点油，如噪声减小，可拧紧接头处或更换密封圈；回油管口应在油面以下，与吸油管要有一定距离 （3）加油液 （4）将油液加热到适当的温度 （5）检查（用手触感）泵轴承部分温度

四、一般故障排除方法

混砂车在液压系统正常工作条件下一般故障原因及排除方法见表1.2.7。

表1.2.7 混砂车一般故障原因及排除方法

序号	故障形式	故障原因	排除方法
1	混合罐搅拌轮转动不灵活	（1）交联液黏结在转轮上 （2）轴承密封不严 （3）轴转动时受阻	（1）清洗转轮和轴上的交联液 （2）更换密封圈 （3）加润滑脂
2	输砂器不出砂	（1）输砂绞龙遇卡阻不转 （2）进、出砂口堵塞	（1）清除卡阻；检查轴承处润滑脂是否加够 （2）清除堵塞物
3	输砂器起升油缸和分合油缸操作不灵活	（1）油缸滑道上无足够的润滑脂 （2）油缸滑道上混进砂或堵塞物 （3）液路不畅通或二联阀操作手柄受阻	（1）在滑道上加足润滑脂 （2）清除砂和堵塞物 （3）清除液路中的异物；检查二联阀操作杆处是否堵塞，并清除
4	液添系统计量不准确，或管路排液不流畅	（1）流量计中有异物 （2）管路中的交联液黏结在管壁上 （3）作业完后，交联泵和管路中的液体没有及时排放	（1）将流量计拆下，清洗残液里面的残渣和异物 （2）清除管路中的残留物 （3）作业后，及时将交联泵上的排液阀打开，清洗残液，清除堵塞物
5	干添系统下灰不畅通，或下灰中有结块	（1）气路管线堵塞，干粉没有及时与水混合搅拌 （2）料盖上残留物没有清除干净	（1）清除气路中的异物和堵塞物 （2）清除盖上的残留物
6	液面自动控制系统灵敏度下降，达不到理想的液面稳定控制功能	（1）传感器探头处被异物堵塞或交联液黏结在探头上 （2）信号线接触不良	（1）清除探头上的异物和堵塞物 （2）重新连接信号线

模块三　压裂仪表

一、概述

仪表设备通常有仪表车或橇。仪表车作为压裂机组的核心车辆，是为了满足在油气田压裂酸化施工中，对压裂车进行集中控制和压裂酸化数据实时采集、处理和检测的一种主要设备。

目前发展的智能化仪表橇装设备，具有计算机数据采集分析系统、泵车控制系统、混砂车控制系统、混配车控制系统、低压全流程系统、闸板阀远控系统、电缆监测系统、通信系统、冷暖系统等。由外部电源为整个压裂机组提供电源，通过内部的控制系统集中控制压裂机组设备，能够实时控制、采集、显示、记录压裂作业全过程数据，并能够对数据进行相关处理。

仪表车控制系统包括硬件和软件系统。硬件系统包括交/直流照明系统、冷暖空调系统、视频监控系统、语音对讲工频监控系统、语音对讲应答等；软件系统包括压裂车控制系统、混砂车控制系统、数据采集系统等。

二、主要组成

1. 远控控制装置

远控装置应准确可靠地控制压裂作业时各项目。远控项目如下：

①超压报警及自动停机。

②传动锁定指标。

③传动箱换挡、空挡。

④动力机故障报警。

⑤动力机启动、正常停机和紧急停机。

⑥动力机转速。

⑦井口压力、流量、密度。

⑧压裂泵故障报警。

2. 计算机系统

①计算机系统应满足压裂作业时各个通道数据的采集、记录、显示及分析的需要并能实时监控和保存采集的数据。计算机系统配置的软件应能提供包括但不限于压裂作业过程以下曲线。

a.压力曲线。

b.流量曲线。

c.砂浓度曲线。

d.添加其他曲线，如添加剂曲线等。

②计算机系统配置的软件应能调整传感器的取值范围、数据归零处理及校准输入。

③配置的无线通信系统应满足压裂作业的通信需求。

④远程数据采集系统：配置网络远程传输施工作业参数，并通过数据采集软件实现远程采集施工作业参数。软件数据通道32路，软件同时具备CPRS通信功能，实现数据实时在线共享。

三、操作流程

1. 仪表车巡回检查点（日检点）

①发电机机油油质、油量。

②发电机启动、熄火装置。

③电源（UPS）。

④检查各路配电盘。

⑤数据采集系统。

⑥检查各信号线及接口。

⑦检查各传感器。

⑧检查前机显示。

⑨打印机。

⑩通信系统。

学习社区 技术精讲 压裂工程 配套资料

"码"上对话
AI技术实操专家

2. 出车前的准备工作

①按上述巡回检查点检查设备。

②压裂机组标准校验标定一次，以确保记录灵敏、准确。

③压力传感器安装固定必须符合安全规定。

④仪表车、监控仪、计算机、打印机、压裂泵车及远控操作台应性能良好，由压裂泵车、地面高压管汇、井口、混砂车传来的信号及数据应可靠准确。

⑤对讲机充足电且工作正常。

3. 施工过程操作及要求

（1）施工前的准备工作

①穿戴好符合规定的劳动安全防护用品（安全帽、工作服、工作鞋、劳保手套等）。劳动安全防护用品齐全才能上岗。

②施工现场设立安全标志。

③施工人员参加安全会，进行安全教育。

（2）施工中的操作规程

①连接好各路线路、传感器，进行循环试运转，走泵试压，检查仪表是否正常工作。

②严格按设计程序进行施工，未经现场施工人员许可不得变更。

③启泵平稳，逐台启动，合理调节泵车挡位，在压力允许的情况下，排量逐步达到设计要求。

④密切关注设备运行情况，发现问题及时向带队领导和现场施工人员汇报，服从指挥。

⑤施工压力若超出限压，应及时采取措施，停车锁定挡位。

⑥施工中用对讲机讲话，吐字清楚，语言表达简洁、准确。

（3）施工完毕

①打印报表，整理上报资料，签名。

②回收电缆线、传感器，发电机熄火。

③清理仪表车厢，保持整洁、无杂物、无易燃易爆物品等。

模块四　电动力设备

为了满足清洁低碳环保节能的要求，近年来电驱压裂设备得到了快速发展和广泛应用。电驱压裂设备是由电网或发电机组的电力驱动电动机作为动力源。常见的电驱压裂设备有变压整流设施、电驱压裂泵、电动混砂橇、电动仪表、电动混配、电动输砂罐等设备。

一、电力压裂橇

1. 设备概述

电驱压裂的工作原理是通过电机驱动压裂泵工作，电机所产生的动力，通过传动轴传到压裂泵动力端，驱动压裂泵进行工作；混砂供给的压裂液由吸入管汇进入压裂泵，经过压裂泵增压后由高压排出管排出，注入井下实施压裂作业。压裂橇的操作控制通过机旁控制箱或远控箱进行。控制箱（远控箱）对电机的控制主要包括：电机启动、停止，同时有电机报警、变频器报警、大泵报警以及系统报警。控制箱可以控制风机、加热器、液力端润滑、动力端润滑的启动和停止。

2. 工作原理

①电驱压裂橇采用橇装结构，型号为SYL 5000Q-140DQ，橇架用于承载上装部件。电机的最大功率为4 100 kW，为两台压裂泵提供动力，保证压裂泵的输出功率达到5 000 hp。由于电机采用双轴输出，连接了两台压裂泵，因此与电机配套使用的离合器的功能是为了脱开电机和压裂泵，使一台压裂泵停止工作时，另一台压裂泵能够正常工作。离合器（或联轴器）主要用于连接动力装置，输入端连接电机，输出端连接压裂泵。

②为保证压裂橇在施工过程中的安全，该设备有两套安全系统。第一套安全系统采用压力传感器，将施工中的压力变化转化为4 ~ 20 mA电流的变化。施工前首先设定工作安全压力。当工作压力达到设定压力值时，超压保护装置输出信号给电机，使电机停机，压裂泵停止工作。第二套安全系统采用机械式安全阀或马丁表。机械式安全阀产品在出厂时根据设备的承压最高值进行调定，其功能是在施工作业或者试压过程中，压力达到调定之后，安全阀自动开启泄压，当泄压完成后，安全阀会自动关闭。该安全阀的设定是为了保护压裂泵和整个高压管汇系统的安全。马丁表可以根据要求进行最高压力的设定，当达到最高压力时，会给发动机信号使其回到怠速状态。

③吸入管汇固定在尾部，施工过程中可以根据现场施工的布置情况接入两根上水管线。排出管汇用140 MPa或105 MPa的高压直管和L形弯头固定在架上，施工作业时可以将直管与地面管汇或其他设备进行连接。压裂的控制系统采用网络控制方式，通过网络控制箱进行集

中或远程控制。

④网络控制箱通过设置在压裂橇上的各路传感器采集、显示和控制信号，经过数字化处理后可以在压裂机组的每一台设备上进行远程显示和控制，通过随机配置的采集软件采集和分析施工作业状态，并可以通过设备分组和分阶段流程控制，实现整套压裂机组的自动排量控制和自动压力控制。

⑤液压系统采用电驱的形式驱动液压泵，主要包括离合器控制系统。

⑥压裂橇润滑系统包括动力端和液力端润滑系统。动力端采用连续式压力润滑，通过电机驱动的润滑泵提供润滑油。液力端柱塞、盘根采用油脂润滑系统。

3. 设备组成

①电驱压裂主要由橇架、电机、传动轴、冷却系统、压裂泵润滑系统、管汇系统（吸入、排出管汇）、安全管汇、仪表控制系统、安全保护装置等几大部分组成。

②电驱压裂橇由电机提供动力，电机安装在架上，通过传动轴和压裂泵连接，驱动压裂泵，为压裂泵提供动力。

③电驱压裂橇通过传动轴连接电机与压裂泵。

④卧式五缸柱塞泵由一个动力端总成和一个液力端总成组成。可以更换不同的泵头体以适应安装不同规格的柱塞以获得不同压力和排量。

⑤压裂泵的润滑系统包括动力端润滑系统和液力端润滑系统。动力端采用连续式压力润滑。由电机驱动的润滑泵进行润滑。动力端润滑系统包括卸压阀、滤子、油压表、油泵管路和润滑油冷却器及储油箱等组成。

⑥液力端柱塞、盘根采用气压式连续压力润滑。主电机启动后可以自动启动盘根润滑系统，当主电机停止后会自动切断气源，润滑气泵停止工作。该系统包括所有为柱塞提供润滑的机油池和所必需的附件。在液力端之下，装有回收润滑油的滴液盘。通过一个带阀门的三通，可以使回收的润滑油流向润滑油罐或流向外接放油口。液力端润滑油箱内部通过隔板分为净油侧和污油侧两部分，隔板顶部开口，通过过滤网将净油侧和污油侧连通气动润滑泵从净油侧吸油；回收的污油流回污油侧的底部，经沉淀过滤后从隔板顶部流向净油侧。

⑦压裂根据配置柱塞的大小可以选用FIG2002或者FIG1502扣型，2"或者3"的排出管汇。当最大排量大于 1.5 m^3/min 时，通常采用3"的排出管汇。在压裂泵的另一端出口装有压力传感器，与控制箱的超压保护装置进行连接。

⑧吸入管汇每台泵连接一个接口。每个接口包括4"蝶阀和外扣或者内扣由壬接头。扣型根据不同的用户要求确定，通常统一为FIG206F扣型。

⑨电驱压裂橇配有自动超压保护装置和机械超压保护安全阀两套系统。自动超压保护装置采用电控形式，施工作业前根据现场作业的压力需要设定压力保护值。当实际工作压力超过设定值时，超压保护装置给出控制信号，并在控制箱上发出超压报警，电机自动停止。当超压设定解除后，可以重新启动电机进行工作。机械超压保护安全阀是根据压力泵橇的最高

工作能力预先设定的最高压力保护值，在自动超压保护装置失效、工作压力达到设备最高压力的情况下，机械式安全阀卸压，起到安全保护的功能。机械式安全阀在卸压完成后，可以自动进行关闭。

4. 作业前的准备工作

①作业前应按照SCF 5000Q-140Q型电驱压裂橇巡回检查点内容，做好车台部分的巡回检查。

②通过吸入软管将压裂车吸入口与低压上水管汇连接。

③通过高压直管、活动弯头将压裂车排出口与高压管汇连接。

④通过黄色网络信号线将整个电驱压裂机组进行环网连接。

⑤从10 kV开闭所处引入的10 kV电源，需从VFD房10 kV进线柜接入高压进线柜中并采用M12的螺栓进行电缆与进线柜处铜排的紧固。

⑥将电缆通过接线盒上的格兰与铜排用螺栓紧固，完成6根3 300 V电机电缆电连接器安装（VFD房为一拖二结构，一台VFD对应两台电驱压裂），包括VFD房输出柜一侧和压裂橇主电机主接线盒一侧接线。

⑦完成两根380 V压裂电源电连接器安装（每台压裂橇1根），包括VFD房输出柜一侧和压裂橇电控箱一侧接线。

⑧完成两根外部急停电连接器安装（每台压裂1根，压裂一侧已在压裂电控箱内安装）；外部急停接线位置位于VFD房输出柜内。

⑨完成两根远程通信电连接器安装（每台压裂1根），包括VFD房输出柜一侧和压裂橇电控箱一侧接线。

⑩检查各个手（气）动阀门，其转动应灵活，按要求打开或关闭相应的阀门。

⑪根据作业要求打开或关闭排出管线的旋塞阀。

⑫核实主电机是否已经做过绝缘检测。

⑬运行前进行VFD房房体安全检查。

a.检查核实10 kV线路到进线柜是否已紧固，摇晃不松动，确认安全。

b.绕房体检查外壳地线是否已经压接，并核实确认地线两头压接完好。

c.检查核实电控房"3 300 V输出柜"外部快接头是否都已经插接到位（注意：输出柜到电机的电缆线序必须按标牌依次对应）。

⑭运行前VFD房变压器安全检查。

a.上电前检查变压器是否受到雨雪侵袭，是否有进水痕迹。

b.投运前应检查所有紧固件、连接件是否松动。若有松动现象，应紧固；需要调整高压分接时，调整后检测三相直流电阻应与出厂值一致，以确保分接端子接触良好。

c.投运前应检查变压器主体接地是否满足要求和有效接地。

d.投运前应检查温控仪三相温度显示是否正常、定值是否符合要求、各信号接点是否引入中控室、变压器冷却风机是否运转正常，且其转向是否与标识一致，若有异常应及时检修或更换。

e.停机后再次投运前，应检测变压器绝缘电阻（尤其受潮后）和外观是否有异常，若有异常则应进行相应处理；应保持变压器室内良好通风（其进出风口温度差小于10 ℃）。

⑮运行前VFD房变频器安全检查。

a.检查变频器内部器件是否紧固，是否有杂物。

b.检查各器件上的接线是否有松动情况。

c.检查各接线端子处，接线是否紧固，主要注意X31、X32、X33、X34外部接入部位。

d.检查输入接触器和输出接触器部位线鼻子螺栓压接是否紧固。

e.检查变频器主控盒盖板螺丝是否紧固。

⑯运行前VFD房水冷却系统安全检查。

a.检查控制部分各部件及接线是否紧固，是否有杂物。

b.检查端子部分接线是否紧固。

c.检查各进出管道处是否漏水。

d.注意：风冷器电机接线口朝向下，接线口防水接头必须拧紧，必要时涂抹玻璃胶；电源线弯曲点必须低于电机接线口，防止水滴沿着电源线流入电机接线盒发生短路。

e.线路连接好后，点动风冷器电机，观察电机旋向是否与旋转标识一致。若电机旋向与旋转标识不一致，则关闭电源，调换电机接线中任意的两根线重新点动，直到电机旋向与旋转标识一致。水泵电机接线后暂不点动，系统注水排气后再点动电机确认转向，避免水泵轴承干转。

⑰运行前压裂橇MCC柜（低压配电柜，位于电控箱内）安全检查。

a.MCC柜内部接线是否紧固。

b.各断路器是否处于断开状态。

c.用万用表通过挡位测量各出线端接线WW之间，确认无短路现象。

⑱高压柜操作说明。

a.本地高压开关柜送电：

（a）在接高压进线之前应打开高压开关柜侧房体大门检查设备是否完好，确认后将进线侧上的绝缘挡板打开，先用2 500 V摇表测量接线端，确认相与地、相与相之间的摇绝缘大于500 MΩ（断路器断开位置），再将进线电缆连接牢固，检查确认相序正确，接线安全牢固，挡上绝缘挡板。

（b）变压器投运前用2 500 V摇表检查变压器一次线圈对地、一次线圈对二次线圈，次线圈对第三线圈的绝缘，1 000 MΩ以上为合格；用2 500 V摇表检查二次线圈各组间、二次线圈对地、二次线圈对第三线圈的绝缘，500 MΩ以上为合格；需要进行50 Hz交流耐压试验时，试验值为0.8倍的出厂测试电压22.4 kV（28×0.8=22.4 kV），满足1 min无击穿发电现象为合格。

（c）检查所有高压隔离开关是否在合闸位置且所有断路器在分断位置，确定低压室微断控制开关在合闸位置，确认后将所有开关柜低压室小门和房体大门关好。

（d）联系进线高压送电，送电正常后先将房体控制箱UPS电源转换开关打到接通位置再按UPS开机按钮（小绿钮）2 s以上便会开机，UPS开机后按进线柜合闸按钮（如不能正常启动，请打开高压计量柜低压小门查看UPS电源，指示灯如闪烁说明电量不足，请在进线柜按手动合闸按钮进行手动储能）。

（e）送变频器高压按房体控制箱变频器高压合闸按钮，延迟3 s（可设定）听到断路器合闸声音，则变频器高压送电完成。送电后可以检查风机是否反转，是否有异响，空调、照明等辅助设备是否正常。

b.远程操作：当需要远程操作时将高开柜上的转换开关转换到远程位置，合闸操作参照本地高开柜送电步骤执行。分闸操作参照本地高开柜停电步骤执行。

c.转场操作：当需要转移场地时按上述停电步骤操作，请注意将UPS关机，再将转换开关打到断开的位置，检查确认进线没有高压后拆卸高压进出线电缆，检查所有高压隔离开关都在合闸位置，防止转场时因强烈震动造成隔离开关刀口变形使用困难或不能使用，转场过程中严禁野蛮装卸牵引，转到另一场地使用时请先检查设备是否完好，经检验测试合格后参照送电步骤进行操作。

d.变频系统操作：系统上电时，第一步断开整流断路器；第二步闭合10 kV进线断路器；第三步通过MCC柜给控制系统上电；第四步等到控制柜HMI启动完成后，合闸整流断路器（注意：装置为高电压危险设备，任何操作人员进行操作时都必须严格遵守操作规程）。设备安装后，应已进行合理的参数设置，未经厂家许可，不得随意修改和设置系统参数。变频装置运行中，不要打开柜门，不得进行配线工作，以免发生危险。未经培训的值班人员不得在触摸屏上进行操作。

⑲压裂橇试运行。

a.按照高压操作柜说明进行操作，VFD房高压送电。

b.打开压裂橇MCC柜总断路器。

c.打开配电柜直流电源开关。

d.打开控制系统电源开关；在本地控制屏或远程控制系统屏界面上点击"备机开始"键，从而启动辅助电机（注：在潮湿环境下，设备启动前，应打开主电机加热系统进行除湿）。

e.在本地控制屏或远程控制系统屏界面上点击"电机启动"键，启动主电机，电机转速可通过相应按键进行设置。

注意：作业过程中，如遇紧急情况，需要立即停止作业，操作步骤为：打开控制面板上的紧急停机开关，主电机紧急停止；进入计算机运行界面，按"电机急停"键，主电机紧急停止。

⑳压裂橇停机。

a.在本地控制屏或远程控制系统屏界面上点击"电机停止"键，停止主电机。

b.在本地控制屏或远程控制系统屏界面上点击"备机停止"键，停止辅助电机。

c.关闭照明灯电源开关。

d.关闭控制系统电源开关。

e.关闭直流电源开关及总断路器。

f.进线柜需要停电时按房体控制箱进线柜高压分闸按钮即分断。

g.关闭UPS，按下关机按钮（小红钮）2 s以上便会关机。

注意：停主电机后3～5 min待主电机绕组、轴承温度降下来后，才能关闭辅助电机。

㉑压裂泵运行前的检查。

a.检查动力端润滑油面，应在规定尺度范围内。

b.检查气动增压油泵油箱油面，不足时应添满。

c.检查压裂泵与传动轴的连接，应牢固。

d.检查各紧固件，应无松动。

e.检查高压管线、高压活动弯头的密封圈，应完好。

f.检查柱塞和柱塞密封组件盒，应上紧。

g.检查吸入管线卡，应卡牢，胶管无破裂。

㉒压裂泵试运行。

a.检查压裂泵润滑油温度，应为40～50 ℃。

b.检查压裂泵润滑油油压，应为0.5 MPa。

c.检查压裂泵动力端和传动部分，应无异响。

d.检查压裂泵液力端，应无走空泵声响。

e.检查传动箱所挂挡位的压裂泵排量、压力，应相符合。

f.检查压裂泵各密封部位，应无刺漏。

g.检查高、低压管线，以及压力传感器连接部位，应无刺漏。

h.检查柱塞润滑情况，根据柱塞运行速度，转动润滑气压开关手柄调整气动增压油泵供油量大小。

i.压裂泵停车后，应立即用清水循环清洗管线及泵体。

5. 设备启动

①打开低压上水管线的阀门。

②打开高压排出管汇的旋塞阀。

③VFD房高压送电，检查各仪表及指示灯应处于正常工作状态。

④在本地控制屏或远程控制系统屏界面上点击"备机开始"键，从而启动辅助电机；在本地控制屏或远程控制系统屏界面上点击"电机启动"键，启动主电机，电机转速可通过相应按键进行设置。

6. 设备运转

①参照压裂橇试运行步骤。

②根据现场作业情况，选择相应的转速。

③观察电驱压裂橇仪表箱各仪表盘显示值应在规定范围内，否则应停机检查。

7. 设备停车

①参照压裂橇停机步骤停机。

②停主电机3～5 min后，待主电机绕组、轴承温度降下来后才能关闭辅助电机。

8. 作业后检查与清洗

①每次压裂作业后，及时填写运转记录，并按操作前的检查项目逐项检查。

②检查压裂泵、油路、电路系统管线，应无渗漏、破损现象。

③每次压裂作业后，清洗管路、压裂泵内的压裂液，以及清除橇体上的脏物。

④每次压裂作业后，将管路内和压裂泵内的清水排尽。

⑤每次压裂作业后，应进行拔泵，检查压裂泵。

9. 维护分级与运转周期

①维护分为例行维护、一级维护、二级维护。

②维护运转周期：例行维护每施工作业一次；一级维护运转240～300 h；二级维护运转800～1 000 h。

10. 压裂泵维护

（1）压裂泵例行维护

①清洁压裂泵外部。

②检查压裂泵紧固件，应牢固。

③检查压裂泵润滑油和气动增压泵油箱油面。

④检查泵阀体、泵阀座、泵阀、泵阀弹簧、吸入排出盖密封圈，应无破裂、断开和损坏。

（2）压裂泵一级维护

①完成例行维护工作内容。

②检测润滑油油质。

③检查柱塞密封组件。

④检查柱塞磨损情况。

⑤检查柱塞润滑油管，应无破裂，接头应无损坏。

（3）压裂泵二级维护

①完成一级维护工作内容。

②更换润滑油。

③更换压裂泵润滑油滤芯。

④根据磨损情况更换柱塞及柱塞盘根。

⑤检查气动增压泵工作情况。

⑥检查润滑油溢流阀的开启压力。

11. 主电机维护

①检查电机各处螺栓有无松动现象，如有则应对螺栓进行紧固。

②由于电机的工作环境差，在电机的内外表面会有灰尘、污垢，这不仅会影响电机的

散热，也容易吸潮，导致金属件腐蚀与绝缘性能下降。因此，建议定期吹扫一次电机的内外表面。如用0.6 MPa左右的压缩空气吹扫电机的外表面，拆下出风罩，将高压风管（软管）从电机进风口伸进电机内部吹扫内表面。同时拆洗风机进风网和电机出风罩，晾干后再安装。

二、电力混砂橇

电力混砂橇（图1.4.1）主要用于压裂作业中将液体和支撑剂、添加剂按一定比例均匀混合，向压裂车以一定压力泵送不同砂比、不同黏度的压裂液进行压裂作业。区别于传统柴油机带分动箱、液压泵结构，电力混砂橇主要部件使用电机直驱，互不干扰，保证更大的动力输出并集成供液泵，满足更多作业需求。

图1.4.1　电力混砂橇

1. 施工前的检查

①检查油位和液位应在规定范围内，且无变质现象。

②检查各转动部件及连接处的润滑脂加注应符合要求。

③检查确认液添泵腔内已充满介质，不应无介质时空转。

④检查确认混合罐、砂斗内无异物。

⑤检查所有管汇及添加剂系统外壳应无渗漏、破损。

⑥检查各阀门处于正确的开闭状态。

⑦检查各仪表及控制开关应灵敏，仪表应齐全完好，计量标志正确。

2. 施工中的检查

①关闭各部件系统的自动控制旋钮，且各控制系统处于手动控制的正确位置。

②打开仪表台上的电源开关，启动控制系统，检查各电机工作是否正常。

③检查仪表系统各数值显示是否正常。

④打开混砂装置的吸入阀门进行上液和排液。

⑤检查输砂系统是否工作正常。

⑥启动添加剂系统，检查上液正常后停止。

3. 施工后的要求

①回收混砂设备混合系统及各管路中的残液。

②打开输砂筒底部放砂板，回收输砂系统中剩余的支撑剂。

③拆卸混砂装置与外部设备的供液管线。

④收回控制系统的连接电缆并加盖防护罩。

⑤收回混砂设备的供电线缆及接地线。

4. 维护保养

整机润滑点主要在液压站、液干添泵、输砂器、搅拌轴、离心泵及电机。整机易损件主要在输砂器、搅拌轴、离心泵及控制系统。

设备维护类别及周期如下：日常维护，每个工作班次；一级维护，每250 h；二级维护，每500 h；三级维护，>1 000 h。

（1）吸入排出供液系统维护

①日常维护工作内容：检查吸入、排出泵壳体、管汇有无裂纹、渗漏。检查管汇连接处有无渗漏，若出现渗漏情况应调整或更换密封件。检查盘根密封处渗漏情况，压紧螺栓。对油杯润滑式的离心泵，应及时加注补充油液。

②一级维护工作内容：完成日常维护作业内容。对轴承密封圈润滑处需加注黄油。

③二级维护工作内容：完成一级维护作业内容。检查排出泵叶轮，若磨损严重，应进行更换。更换叶轮时，应调整砂泵叶轮和前后盖板的间隙，保持量为1～2 mm。

④三级维护工作内容：完成二级维护作业内容。检查管汇是否有渗漏，若出现渗漏情况，应及时更换。

（2）输砂系统维护

①日常维护工作内容：清除输砂器及砂斗内残留的支撑剂或杂物。检查输砂绞龙上下轴承处的润滑情况，并及时进行加注补充。检查减速机的润滑情况，若有泄漏及时进行加注补充。

②一级维护工作内容：完成日常维护作业内容。检查输砂系统下部有无渗漏，若有渗漏情况应更换输砂系统下部的密封件。

③二级维护工作内容：完成一级维护工作内容。检查绞龙轴及叶片变形、磨损情况，若影响正常使用，应进行更换。输砂器累计工作500 h或12个月，应更换输砂系统下部挡砂的密封件。

④三级维护工作内容：完成二级维护工作内容。当工作超过5 000 h后，建议更换螺旋输砂绞龙。

（3）混合系统维护

①日常维护工作内容：清除混合罐内外残留的污垢、杂物。检查罐体有无渗漏、破损现象，若出现渗漏、破损情况，应及时处理。检查轴承处的润滑情况，并进行加注补充。

②一级维护工作内容：完成日常维护工作内容。检查紧固搅拌轴上下搅拌叶片及罐体内部连接件。检查搅拌轴转动是否平稳，并及时进行调整。检查液位计的腐蚀、磨损情况并进

行清洁及更换。

③二级维护工作内容：完成一级维护工作内容。更换混合罐搅拌轴处的密封垫圈。检查搅拌轴叶片磨损情况，若影响正常使用，应进行更换。

④三级维护工作内容：完成二级维护工作内容。当工作超过5 000 h后，建议更换罐体。

（4）添加剂系统维护

①日常维护工作内容：清除液体添加剂泵腔中的残液，清除干粉添加剂料斗中的残留干粉、污物，清除液添罐内的残液、杂物。各传动件应运转良好，联轴器无轴向窜动。

②一级维护工作内容：完成日常维护工作内容。检查管路中单流阀的密封情况，若关闭不严及破损，应更换。

③二级维护工作内容：完成一级维护工作内容。检查系统减速箱轴承处的密封垫圈及减速箱的齿轮磨损情况。检查系统传动情况，若传动部件出现损坏，应更换。

④三级维护工作内容：完成二级维护工作内容。累计工作5 000 h或出厂达5年，应更换全部液添胶管。

（5）控制系统维护

①日常维护工作内容：清除仪表台污物及灰尘。清除混合系统液位计上的污物。紧固流量传感器、压力传感器、液位传感器、转速传感器等电缆接头。紧固插线板各插线接头。检查电缆进入控制台处的密封件。检查各控制系统的电缆是否破损、连接是否松动。检查流量、压力、液位、密度、温度等传感器信号是否正常。检查各电路熔断器、各系统开关、调速旋钮的按键灵敏度。

②一级维护工作内容：完成日常维护工作内容。

③二级维护工作内容：完成一级维护工作内容。检查各调速旋钮灵敏度、线性度、重复性。

④三级维护工作内容：完成二级维护工作内容。累计工作1 000 h或每1年需对传感器进行重新标定。

◎配 套 资 料
◎压 裂 工 程
◎技 术 精 讲
◎学 习 社 区

鼠"码"上对话
AI技术实操专家

模块五　其他设备

一、混配车

1. 概述

连续混配车（图1.5.1）是一种重要的油田压裂作业配套设备，它改变了过去压裂液只能在混配站（配液站点）集中混配，再装车运往井场的模式；现在在作业现场即可进行实时的按需混配。

图1.5.1　连续混配车

随着装备能力的发展，针对中国工况、路况研发的主流装备，可以搭载的可使加粉精度达到±1%的混配系统，混配排量在1.5 ～ 12 m^3/min之间可自由调控；一般配备旋流预混和高压喷射双重混合技术，新技术的应用使混配液的粉水质量比达到0.2% ～ 0.6%，从根本上杜绝了水包粉问题。同时，智能控制系统的应用在降低人员劳动强度的同时，进一步提高了作业的精准性和舒适性。

随着混配的灵活性和压裂液品质都较以往装备有较大的提升，连续混配车在压裂施工设备中的地位越来越重要。下面着重讲述CSCT-480型连续混配车工作原理及组成部分。

2. 工作原理

①清水泵提供清水，螺旋输送机提供胍胶，高能混合器按配比进行混合。清水通过流量计计量，胍胶通过电子秤计量输送，计算机自动控制配比。

②高能混合器喷射出来的混合液经扩散槽进行除气后，进入混合罐接受高速搅拌。

③混合罐内的混合液被传输泵抽出，经静态混合器混合后进入水合罐。

④混合液在水合罐中进行水合搅拌后由混砂车吸入泵吸入或被排出泵泵至储液罐。

⑤计算机启动液添泵，根据排出流量，按比例或按总量加入液体添加剂。

3. 设备主要技术参数

工作流量：额定流量 $2.0 \sim 8.0 \text{ m}^3/\text{min}$，最小下粉排量为 $2.0 \text{ m}^3/\text{min}$，最大工作流量为 $8 \text{ m}^3/\text{min}$。

最大配液浓度：0.6%。

出口黏度：在水温为 20 ℃时，0.4% 的特级胍胶溶胀程度不低于 85%。

混配系统：高能恒压混合器，旋风式扩散槽，先进先出的混合罐，增黏搅拌器。

清水泵：$260 \text{ m}^3/\text{h}$，P=0.7 MPa。

传输泵：$270 \text{ m}^3/\text{h}$，P=0.3 MPa。

发液泵：$260 \text{ m}^3/\text{h}$，P=0.7 MPa。

混合罐（有效容积）：6.0 m^3。

水合罐（有效容积）：6.5 m^3。

储粉罐：2.5 m^3。

液添泵：5 个液添泵（$10 \sim 40 \text{ L/min}$，4 个；$40 \sim 400 \text{ L/min}$，1 个）。

计算机全自动控制，配比和混配速度可实时调节，配液参数可以储存、回放；根据混砂车的瞬时变化实时改变混配流量与仪表车通信，仪表车可控制混配车。

4. 混配装置主要部分

底盘车、动力系统、液压系统、混合系统、粉料输送计量系统、罐体总成、操作平台总成、搅拌系统总成、液添系统、气路系统、润滑系统、自动控制系统。

5. 操作步骤

（1）施工前的准备工作

①支起千斤顶，将插板取下，让电子秤受力进行称重。向粉罐中加入胍胶。

②连接进水、排液管线，并将进水、排液管线上的阀门打开，保持进水、排液管线畅通。打开清水管汇上的排空球阀，对清水泵进行排空。

③启动发动机，让发动机怠速运转。气压完全起来以后，首先打开油水分离器旁边的气路阀门，再打开油桶上的进气阀门，高压气体不断进入油桶，油桶上的气压表指针不断上升，最终稳定在 $55 \sim 60 \text{ psi}$。若气压完全起来后，油桶上的气压表指针却不在 $55 \sim 60 \text{ psi}$，则需调节油压阀，将压力调节至 $55 \sim 60 \text{ psi}$。

④检查高能混合器（简称混合器）：拆下高能混合器的进粉管，检查白色喷嘴及中心管内部有无堵粉，若有堵粉应把喷嘴及中心管的胍胶块（团）状物清理干净，清理后应保持喷嘴干燥。重新安装中心管时，应参考混合器的总成图，保持两锥面一致。高能恒压混合器正常工作是顺利完成作业的重要保证。检查高能恒压混合器让其处于正常状态是混合器正常工作的唯一方法。

⑤检查连续混配车内部流程管线上的阀门开闭状态，应将连续混配车内部流程上的全部阀门置于打开状态。这些阀门包括气动流量调节阀、传输泵排出阀、排出泵吸入阀等。

⑥批混时，须将水合罐的旁通蝶阀关闭。现配现用时，须将水合罐的旁通蝶阀打开以便充分供液。

⑦将发动机速度提升至额定转速，并设定干粉配比、液添配比、清水流量、液位等作业数据，进行手动或自动作业。

（2）作业过程

作业过程中应注意以下问题：

①若万一发现过渡斗溢罐，可能是混合器堵塞。

②批混时：可将螺旋输送机停机，抽开过渡斗底部的插板，使堆积的粉料排空，再插好插板，重新开机运行。

③现配现用时：为不影响作业，快速拆下与混合器相连的抽粉软管，用混合器专用清理工具沿混合器中心通几下，将堵塞疏通，快速连上抽粉软管后继续作业；若继续溢罐，须抽开过渡斗底部的插板，使堆积的粉料排空，再插好插板工作。因为过渡斗溢罐，混合器无法抽吸空气，胍胶只有随空气方可抽走。

④启动液添时应打开液添排空阀门，当有液体从阀门排出后再关闭阀门，以确保液添泵可正常吸液。

（3）作业完成

正确地清洗和保养设备将帮助确保连续混配车在准备下次作业时能保持良好的状况。在每次作业之后，请按照以下清洗规程进行操作：

①关闭油水分离器旁的气路阀门，关闭油桶上的阀门，对油桶上的阀门进行进气、放气处理。

②拆卸进水管线及排出管线，关闭连续混配车内部管线上的相应阀门。

③打开气瓶（位于液压油箱旁）底部的球阀，进行放水、排气处理。

④支起千斤顶，装上插板，装上销子。

⑤将搭铁开关以及各电源开关调整到关闭位置。

⑥清洗罐并将罐、管汇和各种离心泵中的残留液彻底排空（注意：在冬天必须将离心泵蜗壳中的残留液排空）。

⑦清洗并排放液添系统。残留的化学物品可能损坏液添泵或有可能在下次作业中碰到和其性质相反的物品而导致堵塞。

二、二氧化碳（CO_2）增压泵车

二氧化碳增压泵车（图1.5.2），即二氧化碳供液增压装置，其目的是将二氧化碳储罐的低压液态二氧化碳转化为具有一定供液压力的液态二氧化碳，为二氧化碳泵车提供稳定供液，完成二氧化碳的泵注施工。

图1.5.2 二氧化碳增压泵车

1. 概述

二氧化碳增压泵车是用于井上作业的车载式、大功率设备。该设备装在2032A4×4卡车底盘上，包括吸入和排出管汇、187 gal（708 L）液气分离器、8"叶片式高压泵、液压系统及20 gal（76 L）油箱。设备适合恶劣的油田环境使用，能在 –40 ～ 50 ℃环境温度范围长期工作。

2. 设备构成

该装置包括以下系统和元件：柴油机驱动的液压动力系统，泵送单元，气液分离瓶吸入、排出和蒸发管汇，集中操作控制室。

（1）CO_2泵送系统

排出泵单元使用叶片泵泵送液态CO_2，该单元主要由溢流阀、高压液力端和低温密封等组成。液态CO_2由8点式吸入管汇经8"管进入液气分离器，再进入CO_2泵，以便高效泵送。8"管组成了排出管汇。排出管汇在底盘的两侧分布，吸入管汇在底盘的后侧分布，便于在井场连接管路。排出管汇包括一个8"的单流阀和一个8"的排出流量计。

排出泵由装置的液压系统驱动，具备以下特性：

最大流量：4.65 m^3/min。

最大工作压力：2.41 MPa。

最大压差：0.69 MPa。

最大转速：350 r/min。

最大功率：100 hp（75 kW）。

CO_2工作温度范围：–80 ～ –50 ℃。

（2）液压系统

液压系统的动力元件是一个压力补偿、斜轴式液压泵。该泵由卡车底盘发动机/变速箱动力输出轴驱动，安装在底盘下面。驱动CO_2排出泵的液压马达由液压泵驱动，液压油由一个76 L的油箱提供。油箱和液压系统包括目视表、吸口和出口滤器、溢流阀和控制阀、高压钢管和软管。一个温度感应控制的油冷器安装在系统中，以确保工作寿命和合适的油液黏度。

液压泵从油箱吸油，油液需经过一个安装在油箱中的过滤器。在泵的出口，泵压得到监控并显示在表盘上。管式过滤器安装在该系统中。

液压泵装有内部调节装置，通过回路冲洗阀维持工作压力，允许多余的油液离开回路。该位置的油液压力显示在表盘上。油液会流经回油管，并通过油冷器回到油箱。

（3）排出管汇

排出泵系统与排出管汇相连，排出管汇安装在底盘两侧，每侧4个管口。8个4"CO_2专用蝶阀和4"油壬安装在排出管汇上。每个排出口均装有溢流阀、放气阀。一个2"的循环/泵送管安装在排出管汇上。CO_2从排出管汇泵送回分离器。循环/泵送管包括一个CO_2球阀和溢流阀。

（4）吸入管汇

吸入管汇安装在装置的后侧。吸入管汇包括8个4"CO_2专用球阀和4"油壬。吸入管汇直接与CO_2分离器的8"吸入管相连。每个吸入口均装有溢流阀、放气阀。

（5）CO_2分离器

CO_2分离器工作压力为350 psi。分离器从吸入管汇得到液态CO_2后分离出其中的CO_2气体，并传送液态CO_2到排出泵系统。分离器装有涡轮等装置可最大限度地将气相从液相中分离出来。

（6）控制面板

一个适应各种环境的控制面板采用嵌入式安装在控制平台中间，面板为操作液压系统和远程发动机控制提供各种控制和仪表。所有仪表采用英制和公制，已经校准，并贴上标签。控制面板包括以下表盘和控制：发动机正常启停；发动机紧急停机；发动机油门；CO_2排出泵液压速度控制；发动机转速；发动机油压油温表；液压油压和油温表；CO_2排出泵排出压力表；CO_2排出泵吸口压力表；温度表。

操作者可通过控制面板从分离器中放气。安装在控制面板一侧的数据口用于将CO_2、流量信号传送到DAS系统（数据采集系统）。

3. 操作步骤

①连接罐车与增压泵车两根管线（粗的管线为进液，细的管线为气相平衡压力）。

②慢慢打开罐车平衡压力管线为增压泵管汇充压（控制气相平衡压力为1.2 MPa左右），然后打开二氧化碳增压泵车两排阀门及两侧排空阀，排空车上管线内的空气和水分，完成后关闭平衡压力管线阀门（关上排空阀门）。

③发动底盘发动机，挂上PTO。

④慢慢打开罐车进液阀门，然后观察二氧化碳分离器上的罐顶压力表，打开罐上的三个液面阀门（随开随关）。

⑤当中间阀门大量排出二氧化碳液体且压力在0.8 MPa以上（最好1 MPa以上）时方可施工。如果压力小于0.8 MPa，管线内液态二氧化碳存在结成干冰风险。

⑥将转速提到1 500～1 800 r/min，慢提排量直至正常工作。

⑦作业中注意随时观察压力表，二氧化碳压力不能低于0.8 MPa，要随时注意罐车压力

和液量；三个排空阀门要勤开勤闭，时刻保证分离器液位符合要求。

三、液氮泵车

液氮泵车用于水力压裂设备完成液氮伴注压裂施工，油气井的气举排液及各类大型氮气置换、气密、试压施工等。根据液氮转化氮气的能量来源不同，可以分为液氮泵车热回收式和直燃式。

（一）直燃式液氮泵车

1. 概述

直燃式液氮泵车（图1.5.3），其整车装置包括卡车以及台上发动机、变速箱、液氮三缸柱塞泵、增压离心泵、直燃式蒸发器、液压系统、1000加仑液氮储罐、所有必需的管件和控制器等。

图1.5.3　直燃式液氮泵车

2. 工作原理

台上发动机通过变速箱驱动三缸泵的输入轴。台上发动机将驱动液压泵给增压泵、直燃式蒸发器提供液压动力。台上发动机同时驱动液压泵，该液压泵为三缸泵的动力端润滑油泵的液压马达提供液压动力。施工作业中，储罐中的液氮经由增压泵加压后进入三缸泵的进液管汇。三缸泵排出的液氮经过直燃式蒸发器而转变为气体。

3. 设备构成

氮泵设备安装在8×8的卡车底盘上。通过操作设备将低压液氮转化成高压气态氮。氮泵设备的主要组件有液氮储罐、氮泵动力链、离心增压泵、高压三联液氮泵、直燃式蒸发器、控制系统、自动蒸发器控制。

（1）液氮储罐

液氮储罐为一个双层真空保温罐，用于运输和存储供给泵出系统的液氮。在液氮输送到管道前必须将储罐加压。

（2）氮泵动力链

氮泵动力链由一台柴油发动机和一台液力变速箱组成，并通过一传动轴与高压三联液氮泵的动力端相连。传动系统与发动机油门调节功能相配合，为高压三联液氮泵在不同速度下的运行提供必要的控制。泵出动力链提供旋转动力以驱动高压泵的动力端，该端将旋转运动转变为冷端的往复运动。传动系统的顶部和侧部装备有取力器，驱动蒸发器风扇的液压泵由顶部取力器驱动。侧面安装的取力器驱动液压泵，由液压泵向管汇供油。该管汇用于将此泵的输出分配给三联液氮泵的润滑泵驱动马达、三联液氮泵刹车系统、开启和关闭液氮排出阀的液压执行器及增压泵驱动马达。

（3）离心增压泵

离心增压泵将液氮压力由罐压增加到 80 ～ 120 psi，以确保输出到液氮泵吸入端管汇的压力为正压。采用正确的方法使增压泵以及与之相连的管路冷却及增压泵在运行前完全充满液态氮是非常关键的。为避免增压泵产生气穴现象，必须在吸入口保持 100 psi 的吸入压力。

（4）高压三联液氮泵

高压三联液氮泵采用三个独立的 63.5 mm（2.5"）直径活塞型流体泵（冷端）将液氮泵送到蒸发器。在活塞的吸入行程中，液氮通过吸入阀被吸进各冷端中。在活塞的泵出行程中，液氮通过排出阀被挤出冷端向蒸发器供给高压液氮（压力可达 103.4 MPa）。

（5）动力端润滑

三联泵动力端及动力端齿轮箱的润滑系统是由位于三联泵内的润滑油箱提供润滑油为防止系统污染，润滑油需经过 10 pm 等级的过滤。在过滤器上安装有旁通支路，若过滤器被杂质堵塞，油可从支路流走。此时，控制台上的过滤器状态指示灯就会显示，以引起操作者的注意。三联泵润滑回路中配备一个温度控制系统，并由两个恒温阀监控。该阀可根据温度状态控制流量。在较低温度时，多数润滑油流经一个设定在 48.9 ℃的恒温阀进入热交换器。该热交换器使用发动机冷却剂的热量加热润滑液。当润滑液温度升高后，48.9 ℃恒温阀的出口开始变位将更多的润滑液排进设定在 60 ℃的恒温阀。该阀的输出在主润滑回路和一个安装在液压油箱下面的换热器之间被隔开，散热器的设计用于把系统中的热量散发到空气中。随着润滑液温度的持续升高，将有更多的润滑液在进入主回路前先进入换热器。当温度在 65 ℃时，从 60 ℃恒温阀排出的所有润滑液在进入液氮泵供给回路前将先进入换热器冷却。

系统的润滑油温度和压力通过仪表监测。系统还安装了超温警报和低压警报。如果润滑系统的作业温度或压力超出了安全操作范围，这些警报就会向操作员报警。

（6）蒸发器

氮泵设备配备有一台高效、自动直燃式蒸发器。柴油被喷进蒸发器燃烧室并在压力下充分雾化，随后在被控制的条件下点燃以提供热量。液压控制的风扇所产生的气流促进雾化燃油的燃烧，同时将火焰吹向含有液氮的盘管管束，同时在火焰和管束间形成一缓冲区，风扇的转速与燃油喷嘴协调运转。如果风扇未运行，那么蒸发器不会启动。

直燃式液氮泵车使用了一个蒸发器自动控制系统。操作员可以预设氮气排出压力并控制排量。蒸发器自动控制系统会调节进气、燃油和液压控制以满足预设的排出温度要求。风扇速度和燃油流量是自动控制的，以保证氮气的排出温度可以在三联液氮泵的全排量范围内可靠地进行调整。在燃烧炉上安装了一个熄火传感器，这个传感器可以关闭通向喷嘴的流体燃料，以防止未燃烧的柴油涌向蒸发器，并防止燃烧炉重新点燃后熄火。火焰信号将显示在控制面板上而且警报解除。如果火焰熄灭，系统会自动亮灯。

4. 操作注意事项

①液氮为深冷液体（沸点为−196 ℃），在储运、施工过程中必须注意安全防护，应避免与之接触，若皮肤裸露处不慎溅沾液氮，按烧伤迅速处理。

②氮气虽无毒性，但能引起窒息，液氮泵车的停放及工作场所必须通风良好。

③该车操作程序比较复杂，必须对操作人员进行专门培训，操作人员应严格遵循操作保养规程，并加强安全措施的监督工作。

④由于该车为直燃式，车台上有明火，在井场压裂施工或者其他配合作业时一定要注意空气中可燃气体的含量，防止燃烧或爆炸。

⑤高压三缸泵启动前必须充分预冷，冷却过程中注意观察冷端结霜是否均匀。应缓慢运行三缸泵柱塞，以便三个冷端均匀冷却。

⑥行车前确保各阀处于正确位置，打开行车安全阀。

⑦液氮泵车排出管线与压裂管汇交接处，应安装可靠的单流阀。作业中，液氮泵冷端以外管汇处于高压状态，操作人员不应无故进入。凡有刺漏处，必须停泵泄压后再整改。

四、砂罐

单井小型压裂多采用砂罐车拉运加砂方式。大型压裂采用砂漏装砂，卡车转运至现场利用吊车、行吊或者传输带装至砂漏内。单套能够满足装砂80～180 m³和3～4种不同规格的支撑剂。目前智能储砂、供砂设备已普遍使用（图1.5.4和图1.5.5），其主要特点如下：

安全：将人员从高空吊装作业中解放，可在夜间或雨雾天气正常使用，彻底消除安全隐患。

经济：仅需一人即可完成所有操作，无须租赁大型吊车，从而大幅降低综合作业成本。

图1.5.4　砂罐

图1.5.5　智能储砂、供砂设备

高效：具备"一键定位"自动卸料功能，操作简单，供砂效率是传统吊车作业的2倍。

环保：配有专业的除尘装置，可有效避免扬尘污染。

容量：实现施工现场储砂大容量、连续供砂双重功能。

自动化：砂满自动报警，自动停止。

1. 三仓式砂罐

①2×90 m³砂罐及连续供砂装置（螺旋式）由2组90 m³立式砂罐、连续供砂装置、电控系统组成，其中单组90 m³立式砂罐由上罐体Ⅰ、下罐体Ⅱ、底座、钢基础及附件护栏、梯子、爬梯等组成。上、下罐体之间的连接采用拉杆固定，上、下罐体采用箱式结构设计，底座采用框架式结构设计。

②连续供砂装置由地面双破袋立式砂斗、斗提机、螺旋输送机（3套）组成。

③电控系统由砂罐电控系统、连续供砂装置电控系统两部分组成。

④通过叉车或者挖机将压裂砂砂袋（吨包）移运到地面双破袋立式砂斗上进行破袋。通过地面双破袋立式砂斗底部的闸板阀控制压裂砂的流量，压裂砂通过重力自流到斗提机进口内，斗提机提升压裂砂到顶部罐间螺旋输送机中，再由罐间螺旋输送机输送压裂砂到罐面螺旋输送机（2套），最后由罐面螺旋输送机将压裂砂分别输送到砂罐的6个仓内。

2. 主要技术参数

①双组立式砂罐整体外形尺寸（长×宽×高）：8.5 m×8.4 m×8 m（不包括护栏、笼梯爬梯、破袋器等）。

②双组立式砂罐占地面积：8.5 m×8.4 m=71.4 m²。

③双组理论容积：2×90（m）=180 m³。

④单组砂罐装置单出砂口最大出砂速度：4～6 m³/min。

⑤出砂采用无动力自流方式，通过电动闸板阀控制出砂量。

⑥单组罐分为3仓，每仓设1个出砂口。

⑦连续供砂装置设计输砂量：3 m³/min（180 m³/h）。

⑧电源采用三相五线制供电（TN–S接地方式），系统采用外接380 V电源供电方式，防爆电机防爆等级ExdIIBT4，系统装机功率不大于70 kW。

3. 安装和拆卸流程

①首先将5块钢基础拼成整体摆放在地基上，通过双锥销进行连接定位。

②将底座通过经纬仪找平后吊上钢基础。

③将下罐体Ⅱ吊上底座，安装固定拉杆并固定到位。

④将护栏安装在上罐体Ⅰ上，翻转放倒固定，挂好防坠器；安装爬梯平台，用撑杆固定；根据上罐体Ⅰ顶部进砂口的位置将螺旋输送机固定在罐顶；再将上罐体Ⅰ吊到下罐体Ⅱ上面，安装固定拉杆并固定到位。

⑤安装罐间固定拉杆并固定到位。安装罐顶走道（4件）到上罐体顶部，立起护栏。

⑥安装破袋器，将斜爬梯安装在罐体外侧，用销轴固定。

⑦将斗提机安装在钢基础上，注意吊装方向，安装完成后连接销轴及顶部斜拉杆固定斗提机。

⑧安装罐间螺旋机。

⑨安装地面立式砂斗，将砂斗出口与斗提机进砂口连接好。

⑩安装各附件，如地面立式砂斗的走道及梯子、砂罐出砂管、防坠器立柱及防坠器、防雨棚、避雷针、电控柜插接件、供电电缆等，并将各处连接紧固。完成全部砂罐组件的安装。

⑪拆卸设备时，按安装顺序逆向拆卸。拆卸前清除余砂和场地异物。

五、液罐

目前液罐有立式罐、上下套罐、柔性水罐和拼装式液池等多种类型，其容积大小由各公司根据自己实际需求定做，可根据场地及供水能力选择合适的罐体。下面对比较典型的柔性水罐和拼装式储液池进行介绍。

低压自动化供给系统，每个罐体上安装有投掷式液位计或雷达液位计，液罐及缓冲罐配置有电动阀，其操作装置集中在主控制箱，目前已能够实现无人控制自动供液。

1. 柔性水罐

柔性水罐是一种用于大量存储液体的容器，目前广泛应用于压裂现场。柔性水罐外层为钢质罐架，中层为柔性网，最内层与介质直接接触的为柔性囊。柔性水罐整体为四罐并排结构，即含四只相对独立的圆筒形柔性网与柔性囊。四罐进出液口位于底部，通过底座上管汇连接至底座侧面便于与外界管线连接。四罐两两一组，分别配有控制蝶阀，可独立控制其通断，见图1.5.6。

图1.5.6 柔性水罐

该柔性水罐起升方式为吊车起升，方便可靠；装满水时总高度达9.8 m，理论总容积达210 m³。在转换到运输状态时，需要使用吊车将锁紧装置解锁，使柔性水罐罐架、柔性囊、柔性网以及栏杆收缩到2.9 m的运输高度范围内。这样既可以最大化地增加容水量，又可以满足一般标准道路的运输要求。

由于装满水时高度较高，建议成对并排连接使用，即两个以上210 m³柔性水罐并排安装使用以增大抗倾覆的能力。另外，对于罐安装位置的地面也有一定要求：承压不小于0.2 MPa（1 m²内承载20 t），地表应整理平整，倾斜度达到要求。根据地基情况，必要时应铺设钢木基础。

柔性水罐本体由顶部自动锁紧装置、X支架组、折叠框架、柔性网、柔性囊、底部锁紧装置、底座总成（含管汇系统）、上水泵总成、软爬梯和顶部吊装钢丝绳等主要部分组成。

（1）产品特点

①大容积：单个罐组容积是常规钢制储罐的4倍。

②节省空间：相同容积罐体组，柔性水罐占地面积为常规钢制储罐的1/2。

③节省运输成本：折叠运输，运输成本缩减为常规钢制储罐的1/4。

④安装便捷：管线连接少、残液少、维护简单、可靠性高。

⑤远程自动控制：可远程集中监控液面，自动控制管汇阀门避免溢罐。

⑥应用范围广：低温环境可加热。

（2）主要技术参数

①液罐总容积：210 m³。

②出水口通径：4×4"（DN100，PN1.0蝶阀），占地面积：33 m²。

③运输外形尺寸（长×宽×高）：13 m×2.8 m×2.9 m；工作外形尺寸（长×宽×高）：13 m×2.8 m×9.8 m；质量：23 t（含上水泵）。

比压（容水后）：≤0.2 MPa（容水后对地面的压强）。

工作温度：–40～70 ℃（0 ℃以下加装加热保温系统）。

2. 拼装式储液池

拼装式储液池优势如下：

①建设周期短，快速拼装完成，安装拆卸方便（图1.5.7）。

图1.5.7 拼装式储液池

②结束撤场即可复垦，恢复地貌，使用后无泄漏零污染，更加环保安全。

③结构稳定，占地面积小，可变容性设计理念，可根据现场条件进行组合搭配。

④池体钢结构塑性好，防渗层有柔性，不受地基沉降因素影响，有防渗保护，池体稳定安全。

⑤系统化的设计和制造，适应各地区、各季节的全天候服务运行。

⑥全程监测，可实现温度、气压、液位、进出水口流量监测等。

⑦根据施工需求可满足 500 ～ 3 000 m³ 各类型大小。

⑧现场低压配套智能化无线设备，信号传输距离远，抗干扰性强。全井场无线布局减少井场布线烦琐，可远程实时监测。

⑨真正降低现场工人劳动强度和提升设备运营安全及稳定性。

六、高压管件

压裂高压管件主要为105 MPa及140 MPa两种类型的高压管件（图1.5.8）。高压管汇是指由刚性直管、活动弯头、旋塞阀、单向阀、安全阀、活接头总成、各种异形整体接头（包括刚性弯头、三通、四通、六通、八通）等组成的管汇系统，按额定工作压力分为105 MPa和140 MPa管汇。压裂分流管汇主要用于多井口压裂。该设备可设置多个通道，通过分流管汇形成多个流通通道。可通过压裂阀的开关控制，实现各通道之间的切换，通常用于多井口的拉链式压裂作业。目前主要使用的是整体管汇（图1.5.9和图1.5.10）。

| 高压弯头 | 手动旋塞阀 | 岐型三通 |

| 飞镖式单向阀 | 挡板式单向阀 | L型接头 | 涡轮蜗杆式旋塞阀 |

图1.5.8 高压管汇元件

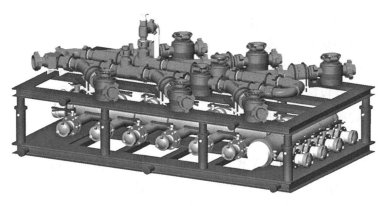

图1.5.9　三通高压管汇

图1.5.10　大通径管汇及分流管汇

液动阀门控制系统通过对高压管汇液动阀门、液动旋塞阀、分流管汇液动阀门等远程控制操作，实现阀门监控及开关操作。

压裂管汇系统是实施压裂施工的必备设备之一。目前使用的主要有法兰式高低压组合管汇，整锻式延长管汇和各型分流管汇。压裂大通径高压管汇特点如下：

①高压部分之间通过法兰进行连接，标准的法兰短节、四通等部件可轻易实现替换。

②单橇长度可自由组合，便于运输。其组装简单，可减少高压管件的使用，降低人员劳动强度。

③多种不同结构形式的分流管汇可满足不同施工现场以及不同的井口布置需求。

④大通径管汇有效减少管汇底座下沉，确保连接安全、可靠。

⑤整体物件大，有利于整体减震。

⑥通径大，摩阻小，减少了冲蚀及压力损失。

⑦进液侧面通道水平对齐，高压进液相互冲击对消，有助于缓解震动。

⑧延长管件使用寿命，节约费用。

⑨减少管汇刺漏及爆裂的风险。

⑩配备远程控制系统，实现远程监控和控制。

高压管汇元件主要包括活动弯头、旋塞阀、单向阀、安全阀、整体直管和整体接头，其可按压力等级、结构形式等进行进一步细分。

1. 高压管件使用原则推荐

①施工限压不应超过管汇额定工作压力的90%，即使用105 MPa井口和管汇时，最高设计限压为94.5 MPa；使用140 MPa井口和管汇时，最高设计限压为126 MPa。设计限压高于94.5 MPa时，应选择额定压力为140 MPa的高压管汇。

②安全施工压力不宜超过管汇额定工作压力的80%，即使用105 MPa井口和管汇时，安全施工压力为84 MPa；使用140 MPa井口和管汇时，安全施工压力为112 MPa。当施工压力达到井口和管汇额定工作压力的80%～90%时，应控制在此压力下的工作时间，每段不宜超过1 h。

③由壬式高压管汇元件内液体流速应符合SY/T6270的附录A要求不大于12.2 m/s。应根据施工工艺设计选择合适规格的高压管汇及数量。关于大通径管汇的使用规范没有明确规定。

④高压管汇接口形式应与压力级别匹配，同一套管汇中有FIG1502接口，同时存在FIG2002接口，压力级别选择应遵循"就低不就高"原则，即整套管汇以低压压力级别计算施工限压。

⑤管汇应选用检测合格、全新产品或经过评估可用产品，不能选择存在故障、未经检测合格、超过寿命期限的产品。

⑥大规模压裂主压设备及高压管汇区域宜使用水泥或铺设管排、钢板等方式硬化地面，避免因地面沉降致使高压管汇连接部位承受额外拉力而失效。尤其是大通径压裂管汇橇、法兰管线连接、压裂机组及高压管汇区域地面应硬化，确保使用安全。

2. 安装及使用要求

（1）安装使用前的要求

①根据预施工井的压裂工艺选择满足施工条件的管汇类型、管汇配置，建立管汇使用台账。

②根据井口分布及现场设备摆放设计管汇布局方案，管线应尽量横平竖直，避免产生过多的流体转向。

③根据连接的管汇类型选取适合的工具。安装工具包括吊装工具、棍、敲击扳手、榔头、液压扭矩扳手、卷尺等工具。

④由壬连接管汇安装前应进行检查，主要包括：

a.外观检查，外表面应无裂纹。

b.接口密封面及橡胶密封件应无磨损、腐蚀、划伤、碰伤现象。

c.流道孔壁及各部应无严重冲蚀损伤现象。

d.活动弯头旋转灵活，旋塞阀开关正常，试压无泄漏。

e.由壬管汇各部件应无缺失或损伤。

f.翼形螺母检测合格，锤击位置无严重变形。

g.有专业第三方检测机构出具的检测合格报告，各项检查无误后才可开始安装。

⑤法兰连接管汇安装前应进行检查，主要包括：

a.内、外表面应无裂纹。

b.密封环槽面应无磨损、腐蚀、划伤、碰伤现象。

c.流道孔壁应无严重冲蚀损伤现象（尤其应注意螺柱式多通的内壁）。

d.连接面、螺栓孔等无明显损伤现象。

e.检查旋转法兰管各部件应无缺失或损伤，检查螺纹法兰盘应紧固到位，螺纹无损伤。

f.密封件应完好。

g.双头（栽丝）螺栓、螺母的螺纹无损伤、无变形。

h.有专业第三方检测机构出具的检测合格报告，各项检查无误后才可开始安装。

⑥所有阀门应有清晰的开关标识，且与阀门开关状态相一致。

（2）高压管汇安装

①在连接过程中，吊装、搬运等不得损伤管汇件密封表面及连接接口。密封面、连接螺纹、由壬端面、密封图等应清理干净。由壬管汇安装时应更换全新由壬密封圈。

②泵排出管汇安装连接。使用5～7件管汇元件组成排出管汇，应使用"柔性"连接释放活动节的自由度；排出管汇长直管应贴近压裂车尾部，另一端在液力端排出法兰斜对角处落地，形成"Z"字形结构；落地管线宜贴近地面，落地处至少两点支撑。

③活动弯头不允许使用三个或三个以上连续串接，不应在连续旋转、摆动和承受轴向负荷的工况下工作，应采用固定或地面垫实的方法来消除摆动及轴向负荷。

④所有接口连接处不应强行对接安装。

⑤与管汇橇单车控制阀连接的弯头或直管短接悬空处必须用橡胶垫块支撑。管汇单车控制阀应支撑固定稳固，旋塞阀两端固定，如采用U形螺栓锁紧固定等。大通径高低压管汇橇单车控制阀（旋塞阀或平板阀）与大通径高低压管汇高压部分连接方式宜使用法兰连接方式。

⑥由壬管线应贴近地面连接，管路走向清晰、有序；管线各部应有橡胶垫支撑，支撑应稳固。直管段长度超过6 m，用地锚或水泥基墩及地脚螺栓固定，配合胶垫块支撑。

⑦法兰连接应遵循以下要求：

a.螺母紧固应遵循法兰连接基本准则，对称均匀紧固，循序多次紧固到位，确保密封钢环均匀压紧。6BX法兰端面凸台面应均匀贴紧，螺母紧固完成后，法兰贴合面之间不应有缝隙或不应露出密封钢环。

b.管汇各部须做好支撑和固定，法兰管支架应靠近法兰盘均匀放置，使承重均匀，避免法兰连接处于悬臂状态。

c.法兰管线安装时应使用水平尺，配套高度可调的螺杆支架支撑，保证法兰管线同轴线或中心高度一致。

d.大通径法兰管线安装前应检查密封环槽是否有损伤，应清理干净环槽，配套正确的密封钢环，6BX钢环不能重复使用。

⑧检查单向阀安装方向，确保标识方向与流体方向一致。直线挡板式单向阀应水平放置。

⑨由壬式高低压管汇安装后首次试压前应检查紧固各部翼形螺母和旋塞阀支撑情况，确保各部由壬连接无松动。

⑩大通径压裂高低压管汇首次试压前应检查各部螺栓和螺母是否连接紧固。

⑪井口单通道全法兰压裂管汇连接应按其使用说明书或由厂家专业技术人员指导进行安装。禁止井口法兰线安装操作不当对压裂井口装置造成偏载。

⑫井口八通由壬管线宜对称安装，每条管线与地面的安装角度应大于30°，由壬管线落地部分应进行支撑，且与井口方向应有活动量。

⑬管汇安装完后应进行全面检查，确保各部支撑固定稳固，螺栓和螺母以及翼形螺母紧固到位，检查阀门处于正确的开关状态。

⑭管汇安装且检查后，应进行静水压试验，试压无泄漏。

⑮管汇阀门应悬挂开关状态标识，在投入使用前应进行注脂保养。

⑯液控旋塞阀、液控闸板阀应在管汇安装后进行液压驱动开关试验，确保开关指令与阀门实际开关状态保持一致。

⑰高压管汇连接完毕后，应采用专用安全绑带系牢固定。

⑱管汇中压力未完全清零前，不得拆卸高压管汇。

⑲每次使用后应用清水充分冲洗，将残留在高压管汇中的液体冲洗干净，在螺纹及密封面涂抹防锈油并套上螺纹保护套。

⑳应对管汇各部件建立管理台账，及时填写记录，包括使用时间、砂量、液量、压力等参数。

（3）高压管汇维护与保养

①维护保养应在非工作状态下进行，严禁带压操作。

a.每3段（根据施工实际情况选择时间间隔）施工完后，专人检查各部（大通径高低压管汇橇、压裂井口及其他法兰管线）螺母紧固和法兰密封情况，发现松动或渗漏及时整改。

b.带可调支架的大通径高低压管汇，每施工3段应检查可调支架的锁紧螺母（带缺口）、调节螺母（带手柄）是否松动；可调支架下部螺杆限位锁紧螺钉是否松动；可调支架和橇架之间的连接螺栓螺母是否松动、缺失，发现松动应及时紧固整改。

c.法兰管线可调支架支撑是否稳固，非硬化地面支座是否有沉降，法兰管线确保有两个支架支撑；法兰管线可调支架锁紧螺母是否松动；每施工3段应检查一次，有问题及时整改。

d.管汇橇与压裂泵之间的连接管线，若地面沉降明显，定期拆解排出管汇重新连接。

①每施工9段应检查整改。

②每施工3段应安排专人对井场由壬连接各部翼形螺母进行检查，确保由壬各部连接紧固无松动。

③每施工5段应对旋塞阀进行注脂保养。每施工10段应对闸阀进行注脂保养。泄压流程中的旋塞阀使用200 h后应更换阀内所有密封件，避免因阀门泄漏造成施工事故。

④每次作业后，应对管汇元件进行常规维护保养。进行常规维护保养时，应对管汇元件内外表面进行目视检查，不应有可见裂纹、冲蚀损伤等。

⑤长期存放的高压管汇、元件应每6个月维护保养一次，启用前应进行维护保养。

⑥橡胶密封件的存放需按照生产厂家的规定进行存放。

⑦维护保养后，应进行防腐处理。对于裸露的螺纹、密封面和密封环槽应涂抹防锈油，以及安装相应的保护套或保护盖，防止生锈或损坏，并及时填写使用保养记录。

⑧有缺陷的管汇元件，应停止使用。

⑨高压管汇使用后应进行内部清洗，清除残存的压裂液、压裂砂等。

⑩单件高压管汇解体保养后，投入使用前应进行静水压试验。

⑪维护保养及维修后应填写维修保养记录，主要包括维保时间、维保内容、更换配件情况、维保人员等信息。

思考题

1. 泵注设备的操作规范须注意什么？

2. 混砂车常见故障都有哪些，该如何解决？

3. 简述压裂仪表w在施工作业中的作用。

4. 电动力设备相较于柴油驱动设备的优势有哪些？

5. 简述混配车与混砂车的区别。

6. 简述压裂高压管件的使用原则。

"码"上对话
AI技术实操专家
◎配 套 资 料
◎压 裂 工 程
◎技 术 精 讲
◎学 习 社 区

项目二　压裂液与支撑剂

模块一　压　裂　液

压裂液是储层改造中的工作液，其主要作用是压开地层，形成人工裂缝，并携带支撑剂进入裂缝。

一、压裂液的作用

压裂施工中按不同泵注阶段的作用，压裂液可分为预前置液、前置液、携砂液、顶替液等，其各自作用见表2.1.1。

表2.1.1　不同泵注阶段中压裂液的作用

序号	名称	作用	组成	用量
1	预前置液	主要用于降低高温、超高温储集层近井地带的温度，或处理敏感性储集层的岩石表面，或处理射孔孔眼。如不存在这些状况，可以省略预前置液	加有表面活性剂、黏土稳定剂和破乳剂等低黏度未交联的原胶液	前置液量的1/3
2	前置液	压开地层，延伸扩展裂缝，为裂缝准备充裕的填砂空间，等待支撑剂的到来	不含支撑剂的压裂液	占压裂液总量的30%～55%
3	携砂液	进一步扩展裂缝；缝中输送和铺置支撑剂；形成具有设计要求的导流能力和几何形状的支撑剂填充裂缝（有效裂缝）	根据储集层特征和工艺要求，确定选用的压裂液体系	压裂液总用液量的45%～70%
4	顶替液	将井筒中的携砂液全部替入储集层裂缝，以免井底沉砂或砂卡井下工具	由加有破胶剂、黏土稳定剂和助排剂的活性水或低黏度未交联的原胶组成	应小于或等于井筒容积，不应进行过顶替

二、压裂液性能要求

压裂液性能关系到压裂施工的成败与作业效果的好坏。在压裂设计阶段选择压裂液类型、筛选压裂液添加剂和确定压裂液配方，都要从储集层特征、工艺要求和工程条件三个方面去考虑。不同储集层特征和不同工艺目的对压裂液的性能要求不同。总体而言，选用的压裂液应对储集层的伤害最小，可实现工艺要求，便于现场配置。压裂液的选择及性能要求主要考虑以下因素。

1. 储层特征

（1）黏土矿物类型及其含量

黏土矿物主要有蒙脱石、伊利石和伊蒙混层等，其具有强水敏性。当与外来流体接触时，黏土矿物会发生膨胀、运移、生成某种沉淀，从而堵塞储层油气渗流通道，造成储层渗流能力下降，损害储层。通常黏土矿物含量越高，对储层损害程度越大。

（2）储集层的五敏特征

①速敏性：指因流体速度变化引起地层微粒运移、堵塞喉道，导致渗透率下降的现象。

②水敏性：指与地层不配伍的外来流体进入地层后引起黏土膨胀、分散、运移，导致渗透率下降的现象。

③酸敏性：指酸液进入地层后与地层中的酸敏性矿物发生反应，产生沉淀或释放出颗粒物，导致渗透率下降的现象。

④碱敏性：指碱性液体进入地层后与地层中的碱敏性矿物及地层流体发生反应而导致渗透率下降的现象。

⑤盐敏性（盐度评价）：利用地层岩样在地层水或现场用盐水的盐度不断变化的条件下渗透率下降的过程，找出渗透率明显下降的临界盐度。

（3）储集层物化性质

①储集层孔隙和天然裂缝要求压裂液应具有造壁防滤失性能，需要重新选择适当的降滤失剂。

②针对孔喉发育、毛细管压力高和压力系数低的储集层，要尽可能选择低残渣、低残胶和低表面、低界面张力的压裂液，以减缓其对储集层孔喉的堵塞和发生水锁情况，压裂液配方应选用恰当的助排剂。

③针对储集层所含黏土矿物组成特征，压裂液应具有较好的黏土稳定性能，优选防膨剂或（和）黏土稳定剂的类型及用量。

④根据储集层的润湿性要求，优选活性剂改善润湿性。

2. 压裂工艺

①压开裂缝并使之延伸。压裂液应具备以下特性。

a.较低的管路沿程摩阻压降。

b.较低的黏度降落。

c.较高的压裂液效率。

②携带支撑剂进入人工水力裂缝，完成在缝内输送和铺置支撑剂的任务。压裂液应具备以下特性。

a.较高的黏弹性，能携带高浓度支撑剂。

b.较好的耐温、耐剪切能力。

3. 压裂工程条件

①高温天气、水质和配制后长时间放置要求水基植物胶压裂液基液具有一定的抗菌能力，防止压裂液降解变质。

②施工设备能力会限制油基压裂液、乳化压裂液和泡沫压裂液的应用。

③在压裂管柱和井下工具液流摩阻较高时，需要压裂液有更好的降摩阻性能。

三、常用压裂液添加剂

确定压裂液类型后，根据储集层特征和工艺设计要求选择用于改善压裂液性能的化学剂称为压裂液添加剂。不同压裂液体系选用的添加剂也各不相同。下面主要介绍水基压裂液常用添加剂。

水基压裂液添加剂主要有稠化剂、交联剂、破胶剂、助排剂、黏土稳定剂、pH值调节剂、杀菌剂、破乳剂、降滤失剂和其他辅助性添加剂，其中稠化剂、交联剂、破胶剂、助排剂、黏土稳定剂和pH值调节剂是常用的几种添加剂。

1. 稠化剂

稠化剂（表2.1.2）是水基冻胶压裂液的主体，用以提高水溶液黏度、降低液体滤失悬浮和携带支撑剂。

表2.1.2　常用稠化剂类型及其优缺点

稠化剂类型	优点	缺点	常用类型
植物胶及其衍生物	增黏效果显著；易于交联，性能易于控制；成本低，易于配制；耐温性能好，造缝能力强；降阻能力强	水不溶物高，易造成储集层伤害	瓜尔胶、羟丙基瓜尔胶、羧甲基羟丙基瓜尔胶、香豆胶、魔芋胶和田普胶
纤维素衍生物	水不溶物含量低	不易交联；耐温耐剪切性能差；降阻能力差；对盐敏感	羧甲基纤维素（CMC）、羟乙基纤维素（HEC）和羧甲基羟乙基纤维素（CMHEC）
生物聚多糖	水不溶物含量低；用料少，增稠效果好；对地层伤害小	制备工艺的技术含量高；成本高	黄胞胶（黄原胶）
合成聚合物	可以通过控制合成条件，改变聚合物性质，满足施工需要；降阳性能好；耐温性能好；无残渣，伤害小	耐盐性能差；残胶存在吸附堵塞	聚丙烯酰胺和甲叉基聚丙烯酰胺

2. 交联剂

交联剂是通过交联离子将溶解于水中的高分子链上的活性基团以化学链连接起来形成三维网状冻胶的化学剂。比较常用且形成工业化的交联剂为硼砂、有机硼、有机锆、有机钛等。延迟交联性能是获得最佳交联效果的重要技术指标。其优点如下：

①避免管道内高剪切对压裂液黏度性能的影响。

②降低管路中的沿程摩阻，提高泵注排量，降低设备所需功率，提高压开裂缝的概率。

③高温下延迟交联压裂液具有更好的长期稳定性。

控制延迟交联原则如下：

①控制延迟交联时间应为压裂液在井筒管道中滞留时间的1/2～3/4。

②压裂液在井筒中滞留时间较短，则不应使用延迟交联技术。

③影响交联速度的因素主要有温度、交联剂类型及压裂液基液的pH值等。

3. 破胶剂

破胶剂是使黏稠压裂液有控制地降解成低黏度压裂液的添加剂。其主要作用是使压裂液中的冻胶发生化学降解，由大分子变成小分子，有利于压后返排减少对储集层的伤害。常用的破胶剂包括酶、氧化剂和酸。水基压裂液常用的破胶剂是氧化破胶剂，也有生物酶体系和有机弱酸等。常用氧化破胶剂是过硫酸盐，其通过热分解的方式产生硫酸根与高分子聚合物发生化学反应而降低聚合物分子量，从而减小压裂液黏度。

4. 黏土稳定剂

使用水基压裂液易引起黏土膨胀、分散、运移。黏土稳定剂主要是利用黏土表面化学离子交换的特点，改变结合离子从而改变其理化性质，或破坏其离子交换能力，或破坏其双电层离子之间的斥力，以达到防止黏土膨胀、分散、运移的效果。常用黏土稳定剂有NaCl、KCl、NHCl等。

5. 杀菌剂

用于抑制和杀死微生物，使配制的基液性能稳定，防止聚合物降解，同时阻止储集层内的细菌生长。水基压裂液都应加入杀菌剂，以保持胶液表面的稳定性，阻止地层内的细菌生长。油基压裂液中不用杀菌剂。甲醛、乙二醛、戊二醛具有良好的杀菌防腐作用，是常用的杀菌剂。

6. 表面活性剂（破乳剂、助排剂）

用于阻止某特定原油与处理液乳化作用的表面活性剂，它能在地层温度下保持其表面活性，在与岩石接触时不易因吸附作用而从溶液中分解出来。水基压裂液的表面活性剂具有压后助排和防乳破乳作用。

7. 降滤失剂

水基线性胶与冻胶压裂液由于具有较高的表观黏度和能形成滤饼的特性，可控制压裂液降解的速度，通常天然裂缝发育的储集层应加入降滤失剂。常用的降滤失剂有柴油、油溶性树脂、聚合物和硅粉等。

8. pH值调节剂

压裂液的交联要在一定的pH值环境中进行。用无机或有机酸碱，以及强碱弱酸盐或强酸弱碱盐都可以调节溶液的pH值，使压裂液保持一定的pH值缓冲能力和范围。在水基压裂液中，通常用pH值调节剂控制稠化剂水合增黏速度、所需的pH值范围和交联时间以及细菌的生长。常用的pH值调节剂为碳酸氢钠、碳酸钠、柠檬酸、福马酸和氢氧化钠等。

压裂液中还有其他添加剂，如温度稳定剂、起泡剂、减阻剂、转向剂、消泡剂等，应根据工艺的不同选择添加相应的添加剂。

四、常用压裂液类型及配方

常用压裂液主要有水基压裂液、油基压裂液、聚合物压裂液等多种类型，需根据储层特征确定相应的压裂液配方。

1. 水基压裂液

典型配方：稠化剂（香豆胶0.4%～0.6%，胍胶0.3%～0.6%，羟丙基胍胶0.2%～0.5%）+杀菌剂（甲醛0.2%～0.5%）+黏土稳定剂（KCl 1%～2%）+破乳剂（0.1%～0.2%）+助排剂+降滤失剂+pH值调节剂+温度稳定剂。交联剂采用硼砂、有机硼、有机锆、有机钛等，视交联比和交联性能确定交联液浓度。

2. 油基压裂液

油基压裂液适用的温度范围一般小于100 ℃。

油基压裂液的配方组成见表2.1.3。

表2.1.3　油基压裂液配方（50～100 ℃）

压裂液	添加剂类型	添加剂名称	用量/%
基液（油相）	稠化剂	磷酸酯	1.0～2.0
交联液（水相）	交联剂	偏铝酸钠	0.8
	破胶剂	乙酸钠	0.1～1.0
交联比（基液：交联液）		100：5	

3. 泡沫压裂液

泡沫压裂液是指在水力压裂过程中，以水、线性胶、水基冻胶、酸液、醇或油作为分散介质（溶剂），以CO_2、N_2或空气作分散相（不连续相），与各种压裂液添加剂配制而成的压裂液。常用配方：稠化剂（0.5%～0.6%）+杀菌剂（甲醛0.1%～0.2%）+黏土稳定剂KCl 1%～2%）+起泡剂（0.5%～1%）+助排剂+pH值调节剂。视交联比和交联性能确定交联液浓度。

4. 乳化压裂液

乳化压裂液是一种液体分散于另一种不相混溶的液体中所形成的两相分散体系。水相有水或盐水、聚合物稠化水、水冻胶和酸类及醇类，油相有现场原油、成品油和凝析油。最常用的是聚乳状液，其典型组成是：1/3稠化盐水（外相）+2/3油（内相）+成胶剂表面活性剂。内相百分比越大，黏度越高，内相浓度低于50%则黏度太低，高于80%则乳化液不稳定或黏度太高。

乳化压裂液常用于具有一定水敏性的低压、中低温油井中。其主要特点是：乳化剂被岩石吸附而破乳，故排液快，对地层污染小；摩阻特性介于线性胶和交联液之间；随温度增加，聚状乳化压裂液变稀，因而限制了其在高温井中的应用；成本高（除非油相能有效回收）。水包油乳化压裂液的性能和水基压裂液性能相近，具有良好的耐温耐剪切能力、控制滤失性能、低伤害、低成本等优点；与水基压裂液相比，摩阻偏高，存在破乳困难的问题。油包水乳化压裂液性能与油基压裂液性能相近，与地层原油配伍性能好、滤失低，但摩阻高、操作困难。

5. 清洁压裂液

清洁压裂液是以盐水为分散介质，加入表面活性剂，配制成一种具有黏弹性的流体，也称为无聚合物压裂液或者黏弹性表面活性剂压裂液（VES）。其优点是具有独特流变性，液体效率高；弹性好，造缝能力强，携砂性能好，无残渣，与地层原油或天然气接触即可破胶，易于配制。缺点是黏度较低，耐温性能差，成本比较高。清洁压裂液一般用于温度低于100 ℃的高渗油气层压裂改造。其常用配方：稠化剂（不饱和季铵盐1% ～ 3%）+KCl（3% ～ 4%），破胶剂为地层流体或者原油。

6. 滑溜水压裂液

滑溜水压裂液具有伤害低、黏度低、摩阻低、成本低等特点，在很多低渗透致密气、页岩气、煤层气藏储层压裂改造中取得很好的应用效果。滑溜水一般由减阻剂、杀菌剂、黏土稳定剂及助排剂等组成，与清水相比可将摩擦阻力降低50% ～ 80%，同时具有很好的防膨性能和动态悬浮性。减阻剂是滑溜水压裂液的核心添加剂，最常用的减阻剂是部分水解丙烯酰胺聚合物，减阻剂分为固体及液体两种类型。

滑溜水一般配方：（0.1% ～ 0.2%）高效减阻剂 +（0.3% ～ 0.4%）复合防膨剂 +（0.1% ～ 0.2%）助排剂。

7. 乳液体系

乳液体系主要有一体化可变黏压裂液体系、自交联压裂液、多功能乳液、耐盐一体化压裂液等，通过调整添加比例，使其可变黏的独特性质，实现滑溜水、线性胶和交联液的实时转换。其优点是现场应用中可直接将变黏乳液泵入混砂车配制成滑溜水、线性胶、胶液，节省混配车和罐群的占地；现场操作灵活，只需通过调节加量改变性能；抗盐性能好，可采用返排液直接配制，降阻率稳定；使用温度范围广，摩阻低，砂性好，易于施工。

（1）可变黏压裂液体系常见配方（具体比例根据不同产品性能及现场进行调整）

①滑溜水：0.15%的低分子稠化剂 +0.3%的黏土稳定剂 +0.3%的助排剂 +0.05%的破胶剂

②低黏液：0.3%的低分子稠化剂 +0.3%的黏土稳定剂 +0.3%的助排剂 +0.1%的破胶剂

③中黏液：0.65%的低分子稠化剂 +0.3%的黏土稳定剂 +0.3%的助排剂 +0.15%的破胶剂

④高黏液：1.0%的低分子稠化剂 +0.3%的黏土稳定剂 +0.3%的助排剂 +0.2%的破胶剂。

（2）抗盐型压裂液体系配方（具体比例根据不同产品性能及现场进行调整）

①滑溜水配方：0.1%的乳液降阻增稠剂（抗盐）+0.4%的高温黏土稳定剂。

②低黏液配方：0.3%的乳液降阻增稠剂（抗盐）+0.4%的高温黏土稳定剂 +0.08%的液体

破胶剂。

③中黏液配方：0.5%的乳液降阻增稠剂（抗盐）+0.4%的高温黏土稳定剂+0.1%的液体破胶剂。

④高黏液配方：0.6%的乳液降阻增稠剂（抗盐）+0.3%的高温黏土稳定剂+0.15%的液体破胶剂。

⑤胶液配方：0.65%的乳液降阻增稠剂（抗盐）+0.3%的高温黏土稳定剂+0.25%的乳液用有机锆交联剂+0.2%的液体破胶剂。

五、压裂液性能评价

1. 基液性能

压裂液基液性能评价参数指标主要包括表观黏度和pH值两项。表观黏度是保证压裂液具有良好耐温、耐剪切性能的基础；pH值是控制交联时间的重要依据，它们都是现场施工时质量控制的关键参数。使用六速旋转黏度计在实验温度条件下，以$170 \, s^{-1}$的剪切速率测定基液的表观黏度；pH值用pH试纸测定。

2. 交联性能

压裂液交联性能评价参数主要包括交联时间和交联后挑挂性能，它们是现场施工时压裂液质量控制的关键。现场测定交联时间常用挑挂法。交联状况是目测交联后形成冻胶的外观是否光滑、是否挂壁。

3. 流变性能

压裂液流动和变形的能力称为压裂液的流变性能。它是考察在压裂施工条件下，温度场、剪切历史和施工时间等因素对压裂液黏度影响的一个指标，主要是耐温性能及耐剪切性能。耐温性能通过测定压裂液表观黏度随温度的变化情况，而确定压裂液体系的黏度一般借助RV20旋转黏度计或类似具有密闭测量系统的旋转黏度计来进行，以$3.0 \, ℃ /min ± 0.2 \, ℃ /min$的增量增温，同时以$170 \, s^{-1}$的剪切速率测定压裂液的表观黏度，直到表观黏度低于$50 \, mPa·s$为止，以此确定压裂液耐温能力。

耐剪切性能通过测定压裂液表观黏度在恒定剪切速率下随时间的变化情况，确定压裂液在恒定剪切速率下，表观黏度随时间的变化。借助RV20旋转黏度计或类似具有密闭测量系统的旋转黏度计以$3.0 \, ℃ /min ± 0.2 \, ℃ /min$的增量升温至测定温度（一般为储集层温度）。升温过程中剪切速率恒定在$3 \, s$，达到测定温度后，再以$170 \, s^{-1}$的剪切速率连续剪切至压裂液黏度低于$50 \, mPa·s$或达到设计要求的施工时间为止。

4. 破胶性能

压裂液破胶的好坏直接影响压后压裂液的返排和增产效果，是评价压裂液体系的关键参数。通过对破胶性能的测定评价，可以确定压裂施工破胶剂的用量和压后关井所需时间。将交联好的压裂液冻胶装入破胶罐中，在试验温度下恒温至设定的破胶时间，测定压裂液破胶剂黏度。

5. 滤失性能

滤失系数是用来评价压裂液滤失性能的一个参数。某一压裂液滤失系数由该液体特性即压裂液黏度、储集层岩性、储集层所含流体及造壁性能来控制。压裂液滤失系数越低，说明在压裂过程中的滤失也越低。影响压裂液滤失的主要因素包括压差、剪切速率、温度和支撑剂等。

6. 黏弹性能

压裂液是一种具有黏弹特性的流体。尽管黏弹性能参数在压裂液的工程应用中尚属少见，但作为评价压裂液悬浮支撑剂能力的理论性研究以及对压裂液微观结构的研究，已得到公认，主要测定的参数是储能模量、松弛时间和支撑剂的静态沉降速率等。通过控制应力流变仪测定压裂液的黏弹性能，而支撑剂静态沉降可用支撑剂静态沉降测试仪进行评价。支撑剂沉降则是考虑在试验温度与静态条件下支撑剂的沉降速率，支撑剂的沉降高度与沉降时间具有线性关系，其斜率即为该支撑剂的静态沉降速率。

7. 配伍性能

压裂液与储集层的配伍性能是选择压裂液类型的根本依据，其主要根据压裂液与储集层岩石的配伍性和压裂液与储集层流体的配伍性来选择合适的压裂液。

① 与储集层岩石的配伍性：通过分析储集层的五敏（速敏、水敏、酸敏、碱敏和盐敏）实验结果，确定选用压裂液的类型、各种添加剂和用量。

② 与储集层流体的配伍性：为选择适宜的添加剂及其用量，必须测定压裂液与储集层流体（地层水和原油）的配伍性能，包括压裂液与地层水混合后是否出现沉淀、悬浮物或浑浊，与原油混合后是否发生乳化等现象，以及在不同混合比例下破乳所需的时间和破乳率。

8. 压裂液对储层的伤害与保护

压裂液对地层的伤害机理包括压裂液与储层岩石和流体不配伍、压裂液残渣对储层孔喉的堵塞以及压裂液的浓缩。

① 黏土水化与微粒运移。储层含有蒙脱石、伊利石及伊/蒙混层，黏土的水化膨胀引起地层伤害。另外，碱性滤液能促使黏土矿物裂解、溶解胶结物造成黏土矿物分散，高岭石、云母片和水化堆积物随压裂液一起流动、分散和运移，堵塞在毛管孔喉处引起地层伤害。用岩心测试评估地层条件下压裂液对储层的伤害程度，加入2%的KCl可有效防止黏土水化。

② 压裂液在孔隙中的滞留。滤液进入储层后与地层原油或地层水形成油水乳化液，难以返排。水基压裂液破胶不好，或地层油将高黏油基压裂液中的轻质馏分提取出来，都可以引起压裂液滞留于低渗低孔隙度地层。加入表面活性剂可降低液体表面/界面张力、注入 CO_2 或 N_2 均有利于增加液体返排能力。

③ 润湿性。砂岩油藏岩石表面一般是亲水的，油相在大孔隙中流动阻力小。另外，保持地层岩石小颗粒、压裂砂的亲水性可以减少乳状液而利于返排，对后续生产也有好处。根据储层特征正确使用表面活性剂类型保护地层。

④ 基液或成胶物质的不溶物、降滤剂或支撑剂中的微粒、压裂液对地层岩石浸泡而脱

落下来的微粒，以及化学反应沉淀物等固相颗粒。一方面形成滤饼后阻止滤液侵入地层更远处，提高了压裂液效率，减少了对地层的伤害；另一方面它又要堵塞地层及裂缝内的孔隙和喉道，增强了乳化液的界面膜厚度使之难以破胶，降低了地层和裂缝渗透率。配制压裂液时应加强质量控制，优先选用低水不溶物稠化剂和易降解破胶的体系等以减少固相造成的污染。

⑤压裂液浓缩。压裂液的不断滤失和裂缝闭合，导致交联聚合物在支撑裂缝内的浓度提高（浓缩）。支撑剂铺置浓度对压裂液浓缩因子影响较大。随着铺砂浓度降低，压裂液浓缩因子提高，此时不可能用常规破胶剂用量实现高浓缩压裂液的彻底破胶，形成大量残胶而严重影响支撑裂缝导流能力。提高破胶剂用量有利于减轻压裂液浓缩引起的地层污染，但将严重影响压裂液流变性，甚至失去压裂液造缝携砂功能，胶囊破胶剂可解决此问题。

"码"上对话
AI技术实操专家
◎配 套 资 料
◎压 裂 工 程
◎技 术 精 讲
◎学 习 社 区

模块二　酸　液

一、酸的分类

目前酸化施工应用的酸液主要有盐酸、氢氟酸、氟硼酸、硼酸、磷酸、甲酸（蚁酸）和乙酸（醋酸）。这几种酸的主要理化和使用性能如下：

1. 盐酸

分子式：HCl，相对分子质量：36.46。

性状：无色或者淡黄色透明液体，在空气中发烟，有刺激性酸味。溶于水、乙醇和乙醚，并能与水任意混溶，是一种具有强腐蚀性的强酸和还原剂。常用的工业盐酸的质量分数为 30% ～ 32%。

适用范围：盐酸是酸化作业最常用的酸，适用于碳酸盐地层及含碳酸盐成分较高的砂岩储层酸化和酸压处理。

2. 氢氟酸

分子式：HF，相对分子质量：20.1。

性状：无色透明液体，具有强酸性。对金属和玻璃有强烈的腐蚀性。

适用范围：氢氟酸与盐酸的混合酸称为土酸，主要用于解除淤泥、黏土和钻井液等物造成的堵塞及进行砂岩储层的酸处理。

3. 氟硼酸

分子式：HBF，相对分子质量：87.33。

性状：无色液体，溶于水和乙酸。

4. 硼酸

分子式：H_3BO_3，相对分子质量：61.84。

性状：白色结晶粉末，可溶于水和乙醇。

5. 磷酸

分子式：H_3PO_4，相对分子质量：98.04。

性状：无色浆状液体，溶于水。

6. 甲酸

分子式：HCOOH，相对分子质量：46.03。

性状：无色液体，有刺激性气味。能与水、醇醚和甘油任意混溶。

适用范围：与盐酸配合用作高温井的缓速酸。

7. 乙酸

分子式：CH_3COOH。

性状：无色透明液体。有酸味，能与水、乙醇、乙醚等有机溶剂相混溶，不溶于二氧化碳。

二、常用酸体系

因储层条件、矿物成分及储层流体性质不同，对酸液组成及其物理、化学性质的要求不同，从而产生了不同的酸液体系。

1. 常规盐酸体系

适用条件：碳酸盐岩类油气层的解堵酸化。

典型配方：（15%～28%）HCl+（2%～3%）缓蚀剂+（1%～3%）表面活性剂+（1%～3%）铁离子稳定剂。

2. 稠化酸体系

在常规酸液中加入一定数量的增稠剂，可使酸液黏度提高到40～80 mPa·s，称为稠化酸。

适用条件：碳酸盐岩地层酸压施工或天然裂缝发育地层的深穿透处理。

典型配方：（20%～28%）HCl+2%的酸液增稠剂+（2%～3%）缓蚀剂+（2%～3%）表面活性剂+（2%～3%）铁离子稳定剂。

3. 乳化酸体系

在常规酸液中加入一定比例的乳化剂后，按规定的配比混入原油或成品油，充分搅拌即可形成分散均匀的稳定乳化酸。

适用条件：碳酸盐岩储层酸压。其优点是配制方法简单、成本较低、乳液稳定性较好，是一种优质缓速酸体系；缺点是油包酸型乳液，其摩阻较大。

典型配方：（20%～25%）HCl+（1%～3%）缓蚀剂+（2%～3%）铁离子稳定剂+（1%～3%）乳化剂+30%的原油或成品油。

4. 泡沫酸体系

使用一种或几种特殊的表面活性剂作起泡剂，使酸液与气体（一般多用氮气或二氧化碳）在强烈搅拌的情况下混合，并形成以酸为连续相、气泡为分散相的泡沫体系。该体系中气相体积占泡沫总体积的百分数称为泡沫质量。

5. 常规土酸体系

适用条件：碎屑岩储层的解堵酸化施工。

典型配方：（8%～12%）HCl+（3%～5%）HF+（2%～3%）缓蚀剂+（2%～3%）表面活性剂+（1%～3%）铁离子稳定剂+（1%～3%）黏土稳定剂。

6. 氟硼酸缓速体系

氟硼酸水解速度较慢，水解生成氟化氢才能与矿物发生反应，故为缓速酸。适用于砂岩油气层的深穿透酸化施工或高温井的酸化施工。

7. 自生土酸缓速体系

将一种酯（一般使用甲酸甲酯）与氟化胺在井口混合后，以较低排量泵入地层。酯分解生成有机酸，有机酸再与氟化铵反应生成氢氟酸。从理论上讲，这种工艺可将酸注入地层很深的部位进行酸化。

三、主要酸液添加剂

添加剂是指那些为了改善酸液性能，防止酸液在地层中产生有害影响而加入的化学物质。目前酸化中常用的酸液添加剂包括缓蚀剂、铁离子稳定剂、助排剂、减阻剂、增黏剂、防乳破乳剂、防膨剂、缓速剂以及暂堵剂等。在使用添加剂时，必须遵循不能对储层造成新的伤害的原则。为实现酸化增产的目的，常常需要改变酸液的某些物理、化学性质，以满足酸化工艺要求，为此一般需要在酸液中加入酸液添加剂。

1. 缓蚀剂

缓蚀剂是能够减缓酸化过程中酸对其接触的钻杆、油管和其他金属腐蚀的化学物质，是一种最为重要的酸化添加剂。盐酸对钢的腐蚀程度比甲酸强，而甲酸又比乙酸强。缓蚀剂通过影响腐蚀电池中阳极和阴极的反应而起到防腐蚀作用。

2. 铁离子稳定剂

酸化作业时，酸溶解地层中的含铁矿物，同时也溶解井下管柱中的铁。被溶解出的铁以 Fe^{3+} 或 Fe^{2+} 形式存在，为防止其沉淀造成地层堵塞，酸液中要加入多价络合剂或还原剂。多价还原剂可以使 Fe^{3+} 还原成 Fe^{2+} 而防止氢氧化铁沉淀的产生。

3. 助排剂

酸化后的返排直接关系到酸化的效果，尤其是对低渗透或低能量气井。加入助排剂的酸液可降低酸液（残酸液）的表面张力，同时增大接触角，使地层毛细管压力降低，保证残酸液的顺利返排。

4. 减阻剂

酸液中加入减阻剂，能充分发挥泵注设备的能力，提高酸化施工泵压和排量。

5. 增黏剂

增黏剂又称增稠剂、稠化剂、胶凝剂。加入增黏剂的酸液具有高而稳定的黏度，能有效抑制氢离子的传质速度，从而降低酸岩反应速度，达到深穿透的目的。此外，加入增黏剂还可降低酸液的滤失，并降低泵送摩阻。

6. 防乳破乳剂

在酸液中加入防乳破乳剂，通过防乳破乳剂的高表面活性降低残酸的表面张力及与原油等地层流体的界面张力，达到防破乳目的。防乳破乳剂多为表面活性物质，有阳离子型（如有机胺和季铵盐等）和阴离子型等。

7. 防膨剂

防膨剂又称黏土稳定剂。在酸化作业时，水敏性强的黏土矿物（蒙脱石、绿泥石）与酸液接触就会膨胀，进而分散、运移，降低了地层的渗透率，并堵塞井眼通道。酸液中加入防膨剂，可有效防止地层中黏土矿物的膨胀和运移。

8. 缓速剂

在酸液中添加缓速剂，可以改变岩石表面的润湿性，降低酸岩的反应速度，延长酸液的作用距离。即缓速剂在岩石表面形成一层油膜，使岩石变为油润湿，从而降低了酸与岩石的反应速度；另外，缓速剂中的有效物质可捕获酸液中的质子氢，降低离子的传质速率，从而达到减缓酸岩反应速度的目的。

"码"上对话
AI技术实操专家
◎配 套 资 料
◎压 裂 工 程
◎技 术 精 讲
◎学 习 社 区

模块三 支 撑 剂

压裂支撑剂是在压裂过程中被压裂液携带进入裂缝，用来支撑裂缝，使之不再闭合的一种固体颗粒。它的作用是在裂缝中铺置排列后形成支撑裂缝，从而在储集层中形成高于储集层渗透率的支撑裂缝带，达到提高单井产量的目的。常用的支撑主要包括石英砂、陶粒、覆膜砂。目前在页岩油气井压裂中主要使用石英砂和陶粒。

一、支撑剂类型

压裂用支撑剂分为天然支撑剂和人造支撑剂两大类型。前者以石英砂为代表，后者通常称为陶粒。树脂涂层砂介于两者之间。

（一）石英砂

石英砂多产于沙漠、河滩和沿海地带，如国内的兰州砂、承德砂、内蒙古砂等，取自天然自生的石英砂经水洗、烘干后可筛析成不同规格（尺寸）的压裂用石英砂支撑剂。现场使用大多为耐压 28 MPa，粒径为 100/140 目、70/140 目、40/70 目三种。

天然石英砂的化学成分是氧化硅，伴有少量的氧化铝、氧化铁、氧化钾、氧化钙和氧化镁。天然石英砂矿物组分以石英为主，其含量是衡量石英砂质量的一个重要指标。压裂用石英砂中石英含量在 80% 左右，伴有少量长石、燧石和其他喷出岩、变质岩等岩屑。石英砂的视密度一般在 2.65 g/cm^3 左右，体积密度一般在 1.45 ~ 1.65 g/cm^3。石英砂成本低，但强度差，当闭合压力超过 35 MPa 时，石英砂会大量破碎。

1. 化学成分、矿物组成与微观结构

（1）化学成分

天然石英砂的主要化学成分为二氧化硅（SiO_2），并伴有少量其他氧化物。

（2）矿物成分

天然石英砂的矿物组分以石英为主。石英含量（质量分数）的高低是衡量石英砂质量的一个重要指标。我国石英砂中的石英含量一般在 80% 左右，石英砂破碎率是石英砂质量好坏的另一个重要指标。

（3）微观结构

微观结构分析，石英砂中的石英组分分为单品石英和复晶石英两种品体结构。

2. 石英砂优缺点

（1）石英砂优点

①石英砂具有一定的抗压强度，可以满足部分井层的压裂增产要求，大多就地取材，价

格便宜。

②天然裂缝发育的压裂目的层，100目粉砂可作为压裂液的固体防滤剂，用来充填那些与主裂缝沟通的天然裂缝，降低压裂液的滤失。

③圆度与球度好的石英砂破碎后呈小碎块，但仍能保持一定的导流能力。

④石英砂的颗粒密度较低，便于施工泵送。

（2）石英砂缺点

①石英砂抗压强度低，开始破碎压力约为20 MPa，当闭合压力超过35 MPa后，开始大量破碎而呈粉末状，其有效使用范围有限。

②石英砂质硬、性脆，一旦压碎即呈微粒和粉末状，极大地降低了裂缝的导流能力，从而影响到压后的累计增油量和增产有效期。

（二）陶粒

陶粒大多数是以铝矾土（氧化铝）为原料，添加其他组分物质，按照比例混合烧结而成的人造支撑剂。其具有耐高温、耐高压、耐腐蚀、高强度、高导流能力、低破碎率等特点，广泛应用于中、深井的压裂。氧化铝含量基本决定陶粒质量，一般而言氧化铝含量越高，密度越大，抗压强度越高。

1. 陶粒分类及指标

陶粒按照密度分为低密度、中密度、高密度三类，见表2.3.1。目前已有超低密度陶粒产品，但生产成本过高，很少用于压裂井。陶粒在不同压力级别下的破碎率是衡量陶粒质量的重要指标，表3-3-5中列出了陶粒支撑剂破碎率测定压力及指标。

表2.3.1　支撑剂密度指标

支撑剂类型	体积密度范围/g·cm^{-3}	视密度范围/g·cm^{-3}
低密度支撑剂	< 1.65	≤ 3.00
中密度支撑剂	1.65 < pb ≤ 1.80	3.00 < pa ≤ 3.35
高密度支撑剂	> 1.80	> 3.35

注：判定支撑剂类型应同时满足体积密度和视密度两项指标的要求。如不能同时满足，则选取密度类型大的作为该支控剂的密度类型（如体积密度值为1.63、视密度值为3.04，则该支撑剂类型为中密度陶粒）。

2. 陶粒优缺点

（1）陶粒优点

①粉陶亦可作为压裂液的固体防滤剂。

②陶粒抗压强度大，导流能力高。

③陶粒的破碎率低，随时间导流能力的递减率慢，能获得更高的初产量、稳产量和更长的有效期。

④陶粒适用于各类储集层性质、深度和闭合压力的压裂增产，适应能力强。

（2）陶粒缺点

①陶粒的颗粒密度高。因此，对压裂液的性能（如黏度、流变性、黏弹性等）及泵送条

件（如泵注排量、设备功率等）都提出了更高的要求。

②制造陶粒的物料选择与加工工艺过程要求严格，且环保要求较高。

③相对石英砂而言，陶粒价格较贵。

（三）树脂砂

树脂砂是将树脂薄膜包裹到石英砂的表面上，经热固处理制成。在低应力下，树脂砂性能与石英砂接近；在高应力下，树脂砂性能远远优于石英砂。中等强度低密度或高密度树脂砂可承压 55～69 MPa，它适应了低强度天然石英砂和高强度铝土支撑剂间的强度要求，其相对密度较低，便于携砂和铺砂。

树脂砂分为可固化砂和预固化砂两种。可固化砂是事先包裹相匹温度的树脂，作为尾砂泵入地层，在地层温度下固结，起到压裂防砂的作用。预固化砂是在地面已形成完好的树脂包裹的砂子，其优点是提高了抗压强度，即使包层内的砂子已被压碎预固化，包层也能将碎屑包裹在包衣之中，从而提供了一个通畅的油气流通道。

二、支撑剂主要性能

支撑剂的物理性质包括支撑剂的粒度组成、圆度与球度、酸溶解度、浊度、密度和抗破碎能力。

支撑剂球度：指支撑剂颗粒接近球形的程度。

支撑剂圆度：指支撑剂棱角的相对锐度或曲率的量度。

支撑剂酸溶解度：在规定的酸溶液及酸溶解时间内，一定质量的支撑剂被酸溶解的质量与支撑剂总质量的百分比，称为酸溶解度。

支撑剂浊度：在规定体积的蒸馏水中加入一定体积的支撑剂，搅拌后液体的浑浊程度称为支撑剂浊度。

支撑剂密度：视密度指单位质量的支撑剂与其颗粒体积之比；体积密度指单位质量的支撑剂与其堆积体积之比。

抗破碎能力：对一定体积的支撑剂，在额定压力下进行承压测试，确定的破碎率表征了支撑剂抗破碎能力，破碎率高，抗破碎能力低。

1. 支撑剂性能指标

（1）支撑剂的粒径

支撑剂的粒径范围经常使用的有 0.106～0.212 mm（70/140 目）、0.212～0.425 mm（40/70 目）、0.425～0.850 mm（20/40 目），0.3～0.6 mm（30/50 目）、0.85～1.18 mm（16/20 目）。可以根据筛目进行检测，落在公称直径范围内的样品质量不低于样品总质量的 90%；小于支撑剂下限的质量不应超过总质量的 2%；大于顶筛的样品质量不应超过总质量的 0.1%；落在支撑剂下限筛子的样品质量不低于样品总质量的 10%。

（2）支撑剂的球度、圆度

天然石英砂的球度、圆度应大于 0.6，人造陶粒的球度、圆度应大于 0.8。

（3）支撑剂酸溶解度

各种支撑剂允许的酸溶解度数值（表3-3-6），天然石英砂和人造支撑剂的酸溶解度数值应符合同一标准，一般<7%。

（4）支撑剂的浊度

支撑剂的浊度应低于100°。

（5）支撑剂的破碎率

石英砂、陶粒的抗破碎能力应符合在不同压力级别下的破碎指标。

2. 支撑裂缝导流能力影响因素

支撑裂缝导流能力是指裂缝传导储集层流体的能力，并以支撑带的渗透率与宽度的乘积来表示。影响支撑剂导流能力的因素主要有支撑裂缝承受的作用力、支撑剂的物理性质、支撑剂的铺置浓度，以及支撑剂对岩石的嵌入、承压时间和压裂液的伤害等。

（1）地应力与地层孔隙压力对导流能力的影响

对于压裂井，压裂后形成的支撑带中的支撑剂承受着裂缝闭合压力，支撑剂的导流能力随着闭合压力的增加而降低。

（2）支撑剂物理性能对导流能力的影响

支撑剂物理性能包括粒径、圆度与球度、强度、浊度、酸溶解度、密度，其中对裂缝导流能力影响比较敏感的是粒径、圆度与球度、强度。

①粒径大小及其均匀程度影响着支撑裂缝的孔隙度和渗透率。在低闭合压力下，大粒径支撑剂可提供高导流能力，但输送比较困难，要求裂缝有足够的动态宽度。粒径相对集中，比较均匀的支撑剂可提供更高导流能力。

②圆度与球度好的支撑剂能承受高的闭合压力。在低闭合压力下，带有棱角的支撑剂比圆球度好的支撑剂具有更高的导流能力。

③由于破碎率低，导流能力高，通常根据支撑剂的破碎率选择支撑剂。

（3）支撑剂铺置浓度对导流能力的影响

支撑剂铺置浓度指单位裂缝壁面积上的支撑剂量，导流能力随铺置浓度增加而增加，多层铺置可以降低支撑剂的破碎程度，提高裂缝宽度，从而提高导流能力。

（4）支撑剂压碎和嵌入对导流能力的影响

当裂缝闭合在支撑带上时，支撑剂颗粒将由裂缝壁面嵌入岩层或被压碎，两者都影响缝宽和渗透率，导致导流能力下降。这与岩石硬度有重要关系，当岩石杨氏模量大于28 000 MPa时，对支撑剂的压碎影响起主要作用；当岩石杨氏模量小于28 000 MPa时，对支撑剂的嵌入影响起主导作用。支撑剂在裂缝中多层排列有利于减缓嵌入的影响。铺置浓度越大，嵌入影响就越小。

（5）支撑剂的选择

①通常使用的支撑剂是石英砂、覆膜砂和陶粒，特别是小尺寸支撑剂（100目、40/70目）较常使用，较大尺寸的支撑剂如30/50目或20/40目常用在储层需要较高的导流能力等情形

中。在埋藏较深的页岩中，石英砂在较高应力条件下破碎率高、长期导流能力较小。此情形下通常需要高强度的支撑剂，如陶粒、覆膜砂等。较小粒径的支撑剂如100目砂常用来作为支撑剂段塞使用，一方面，可阻止微裂缝过度延伸，降低滤失，特别在减少前置液的体积和降低排量时更为有效；另一方面，100目砂会在人工裂缝内形成一个楔形结构，起到一定的支撑作用。

②低密度支撑剂与常规支撑剂相比，超低密度支撑剂可以降低支撑剂在裂缝中的沉降速率，改善铺置效果，从而提高裂缝导流能力，因此能减小对设计标准和参数的限制，尤其是在页岩压裂液体黏度较低时，用低密度支撑剂在一定程度上能降低砂堵风险，且可以提高砂比。

③通过岩石物理模型得到的岩石脆性、闭合应力和裂缝宽度确定支撑剂规格、类型等。在页岩中支撑剂的选择首先要满足页岩较窄裂缝支撑的目的，而且强度应满足闭合应力条件要求。随着闭合应力的增加，选择支撑剂由低强度逐渐增加到高强度，当压应力作用于支撑剂时，支撑剂破碎会造成裂缝导流能力降低，因此首选强度合适的支撑剂。

④支撑剂的选择由压裂工程设计需要得到的裂缝导流能力来决定，排量和压裂液黏度参数也是为获得相应的导流能力而服务的。

⑤支撑剂密度与压裂液密度相近，更便于砂液混合与携带；太轻反而会漂浮，不利于均匀携砂。

🔆 思考题

1. 压裂液在不同泵注阶段各起到什么作用？
2. 常用压裂液类型及配方有哪些？
3. 简述支撑剂的类型及适用场景。
4. 酸液的分类有哪些？

项目三 压裂设计方法

压裂设计是压裂施工的指导文件，它应在油层参数和现有设备条件下制定出既经济又有效的压裂增产方案。压裂设计包括选井、选层、裂缝参数优化和压裂施工过程模拟等部分。在方案设计过程中，这几个部分分别在压裂地质方案、压裂工艺方案和压裂施工设计中得以实现。若要完成后两个部分的工作，必须依靠计算机软件来进行。区块压裂方案设计流程如图3.0.1所示。

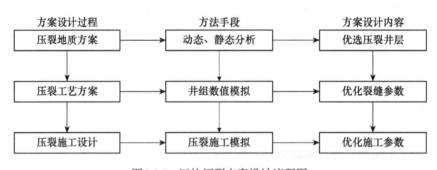

图3.0.1　区块压裂方案设计流程图

为了使油气井在水力压裂以后取得稳产高产，需要保持地层中有足够的压力，使油气通过压开的高导流能力裂缝流入井底，必须重视压裂的选井、选层。在确定油气井压裂前，应找出其目前低产的原因。如果是新井则应根据油气层和井的资料确定油气水含量及油层压力。

一、油气井低产的原因

①近井地带渗透率严重下降。

②油气层内虽有大量可采油气，但由于地层渗透低，用一般完井方法不能获得有经济价值的油气产量。

③地层中油气压力都已枯竭，即油气层剩余能量不足以驱替出更多的原油。

判断上述低产原因的最常规方法是分析压力恢复试井资料，确定表皮系数S、地层系数h、地层传导系数Kh/μB。

二、压裂选井的一般原则

1. 低渗透致密储层需要进行较大规模的压裂处理

如果地层岩石过于致密，渗透率较低时，即使储量较大，油层压力高，且近井地带也无堵塞，产量也不会高。这时只有通过压裂才能进行经济、有效的开采。如果油层压力相当高，压力恢复曲线斜率值很大时，进行大规模压裂效果会更明显。

2. 油层压力衰竭时不宜压裂

油层能量是否衰竭，可以通过分析井的压力恢复曲线求出油层静压来判断。如果油层压力较低，可采储量也较低，则不宜压裂。压裂此类储层，产量短时间可能上升，但随即迅速下降，不能获得好的经济效益。

3. 通过表皮系数，确定是否压裂

如果表皮系数S为正且数值很大，说明储层伤害很严重，需采取压裂等增产措施。压裂选层一般要考虑的因素是地层的渗透率、孔隙度、含水饱和度、油水接触状况、遮挡层的厚度和致密性。选层主要采用的方法是基于裸眼测井的评价、预处理流动试验和邻井资料。

模块一　裂缝参数优化

裂缝参数优化分为以追求采收率最大化、采油速度（累积增油量）最大化为目标，在给定井、层的基础上，根据储层、流体特性和边界、井网条件，对措施井的压后生产动态与裂缝参数的关系进行模拟计算，优选出最佳的裂缝长度和导流能力等裂缝参数的过程，是压裂工艺方案优化中的核心内容。

人工裂缝通常用穿透比来描述缝长，定义为裂缝长度与井距之比；导流能力是裂缝宽度与裂缝渗透率之积，这两项内容对油田最终开发效果和效益有着重要影响。

一、裂缝井的产量预测方法

有裂缝存在情况下的油井产量预测是裂缝参数优化的基础。通常把水力压裂后产生的人工支撑裂缝简化为水平裂缝和垂直裂缝两种模型进行产量预测。

1. 水平裂缝井的产量预测

比尔登（Bearder）认为，如果压出的是对称的水平裂缝，则可用下述3种方法预测产量。

（1）扩大井径法

油井压裂后会提高生产能力，相当于井半径扩大到裂缝的半径，如图3.1.1所示。

此时径向流动公式：$q = \dfrac{2\pi K h \Delta p}{\mu \ln\left(R_e / R_f\right)}$

式中，K—地层渗透率，μm^2；

　　　h—油层厚度，m；

　　　μ—原油黏度，$mPa \cdot s$

　　　Δp—生产压差，MPa；

　　　R_e—供油半径，m；

　　　R_f—水平缝裂缝半径，m；

　　　q—产量，m/d。

（2）水平缝不连续径向渗透率法

水平缝相当于在地层中存在多个不连续的径向渗透率，产能预测示意见图3.1.2。

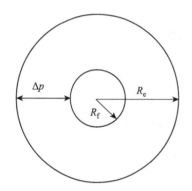

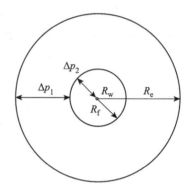

图3.1.1　水平缝扩大井径法产
能预测示意图

图3.1.2　水平缝不连续径向渗透率法
产能预测示意图

如果在裂缝的半径内的压降为P，供油半径至裂缝半径处的压降为ΔP，则：

$$\Delta p_1 = \dfrac{q\mu \ln\left(\dfrac{R_e}{R_f}\right)}{2\pi K h}$$

$$\Delta p_2 = \dfrac{q\mu \ln\left(R_f / R_w\right)}{2\pi K h}$$

平均渗透率K为：$K_a = \dfrac{\ln\left(R_e / R_w\right)}{\dfrac{1}{K}\ln\left(R_f / R_w\right) + \dfrac{1}{K}\ln\left(R_e / R_f\right)}$

式中，R_w—井筒半径，m；

　　　R_f—水平缝裂缝半径，m；

R_e——供油半径，m；

K_a——地层的平均渗透率，μm^2；

K——地层渗透率，μm^2；

$K_f W_f$——裂缝的导流能力（填砂裂缝渗透率与缝宽的乘积）。

增产倍数可近似表示为：$\dfrac{q_f}{q_o} = \dfrac{K_a}{K}$

式中，q_f、q_o——压裂前后的稳定产量，m^3/d。

（3）油藏数值模拟方法

在给定的油藏储层和井网条件（井网、井距、区块油水相对渗透率、储层物性和流体特征）下，以井组单元为对象，通过建立油藏和裂缝渗流模型，利用数值模拟计算的方法对压裂后的油井生产动态（产油、产液和含水变化）进行预测。

五点井网、九点井网四分之一计算单元和四点井网计算单元的水平裂缝模型示意分别如图3.1.3、图3.1.4和图3.1.5所示。

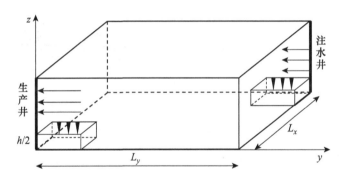

图3.1.3　五点井网四分之一计算单元水平裂缝模型

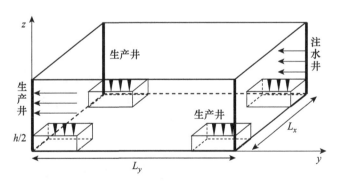

图3.1.4　九点井网四分之一计算单元水平裂缝模型

2. 垂直裂缝井的产量预测

垂直裂缝井的产量研究已相当完善，通常按计算方法分为曲线法和油藏数值模拟技术法两类。

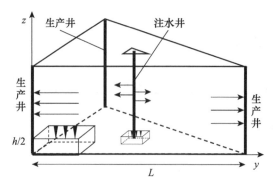

图3.1.5 四点井网计算单元水平裂缝模型

（1）曲线法

在曲线法中应用广泛的是麦克圭尔与西克拉法。其具体方法是：在溶解气驱油层里存在与井轴对称的垂直缝，如果地层是均质地与各向同性，地层中的流体也是均质的，缝的高度与地层的厚度相同，在此情况下，裂缝导流能力与地层渗透率的比值与压裂前后井的采油指数的比值及无量纲缝长的半径，如图3.1.6所示。

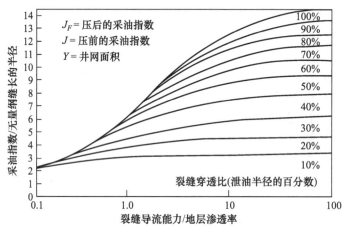

图3.1.6 产率增加曲线

利用该图版可得出关于油井压后动态的结论：在低渗透油藏中，增加缝长（有效的裂缝面积）比增加裂缝导流能力更有利于增产；对一定的裂缝长度，存在一个最佳裂缝导流能力，超过这个最佳值，增加裂缝导流能力将是无效的。

（2）油藏数值模拟方法

随着计算机技术的发展和研究的不断深入，国内外的众多研究者利用油藏数值模拟技术，即在更接近油藏实际的条件下，通过建立不同条件下油层和裂缝之间关系的物理模型和数学模型，利用数值计算求解的方法，进行有裂缝油井的生产动态研究。

图3.1.7和图3.1.8分别是考虑五点井网（裂缝方位0°和45°）、反九点井网（裂缝方位0°和45°）注采井都压裂的情况下，典型的垂直缝压裂井模拟单元示意图。

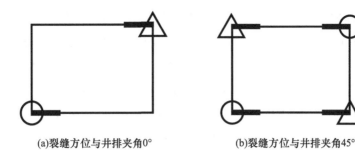

(a)裂缝方位与井排夹角0°　　　　　　　(b)裂缝方位与井排夹角45°

图3.1.7 五点井网模拟单元

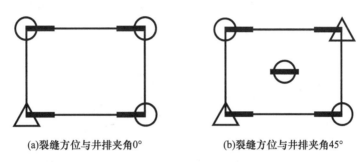

(a)裂缝方位与井排夹角0°　　　　　　　(b)裂缝方位与井排夹角45°

图3.1.8 反九点井网模拟单元

二、裂缝参数优化

在有裂缝井生产动态预测的基础上，对给定油藏和井网条件下的多组裂缝穿透比和导流能力进行计算，可得到不同方案下的油井生产动态变化规律，然后根据不同优化目标（如采出程度、采油量或经济效益等），通过优化评价模型，优选确定合理的裂缝参数。例如，对表3.1.1给出的具体井网条件和油层条件，对生产动态进行预测，得到不同裂缝穿透比和导流能力参数组合下的采出程度变化规律，见图3.1.9和图3.1.10。

表3.1.1 地层、裂缝和油井参数表

井网类型	五点井网	油层厚度/m	1
地层渗透率/mD	100	孔隙度/（小数）	0.25
原始地层压力/MPa	12.0	含水饱和度/（小数）	0.16
水的密度/（ $kg \cdot cm^{-3}$ ）	1000	水的压缩系数/（ $1 \cdot MPa^{-1}$ ）	4.5e-4
水的黏度/（ $mPa \cdot s$ ）	1.0	残余油饱和度/（小数）	0.28
油的密度/（ $kg \cdot cm^{-3}$ ）	880	油的压缩系数/（ $1 \cdot MPa^{-1}$ ）	4.0e-3
油的黏度/（ $mPa \cdot s$ ）	8.4	综合压缩系数/（ $1 \cdot MPa^{-1}$ ）	1.5e-4
裂缝宽度/m	0.005	裂缝导流能力/（ $\mu m^2 \cdot cm$ ）	1；5；10……30
横向井距/m	100	纵向井距/m	100
裂缝穿透比/%	0；10；20；30；40	初期含水/%	0
模拟结束含水/%	85	井筒半径/m	0.07
生产井底压力/MPa	7.0	注水井底压力/0.1 MPa	15.0

对应一个裂缝导流能力，总是存在一个最佳的裂缝穿透比，在小于最佳穿透比的范围内，采收率随穿透比的增加而提高，超过最佳穿透比后，采收率则随穿透比的增加而降低。如裂缝导流能力为 $30\ \mu m^2 \cdot cm$ 时其最佳裂缝穿透比为 20%，达到最佳穿透比的采收率要比不压裂提高 0.69%，穿透比由 20% 增加到 40%，采收率要随之下降 0.8%，而且比不压裂时还低 0.28%。裂缝导流能力对采收率的影响也很大，裂缝穿透比在一定范围内（小于30%）时，随着裂缝导流能力的增加，采收率也增加，但增加的幅度不同。在穿透比（17%）附近，导流能力此时增加的幅度最大。如果将裂缝参数控制在有利范围内，水力压裂可以提高油藏的采收率。但水力压裂更重要的作用是可以大幅度地提高采油速度，从而降低整个油田的开发成本，这一作用对于低渗透油藏尤为突出。

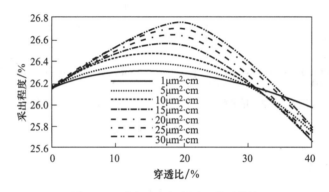

图 3.1.9　采出程度与穿透比关系曲线

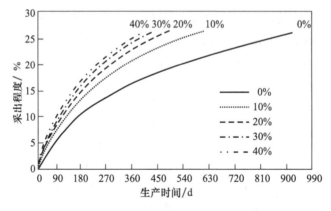

图 3.1.10　相同导流能力的采出程度与时间关系曲线

图 3.1.10 是相同导流能力（$20\ \mu m^2 \cdot cm$）条件下，裂缝穿透比与采出程度关系曲线。由关系曲线图可以看出，在相同的生产时间内，采出程度随裂缝穿透比的增加而增加，但增加的幅度逐渐减小，压后增油量变化减小。当裂缝穿透比过大时，油井由于含水升高或过早水淹，会使增油量和采收率下降，对油藏造成破坏性开采，影响整个油田的开发效果。

模块二 压裂施工参数优化

压裂施工参数优化设计是以实现油藏模拟结果（裂缝穿透比和导流能力）为目的，以获得最大经济效益为目标，对压裂施工参数（施工排量、压裂液和支撑剂数量、泵注程序以及压裂车组水马力）和下井原材料进行优化选择的过程。其具体过程是：把不同的压裂施工参数和下井原材料参数及其他必要的参数，输入计算机程序进行模拟计算，应用管线中的流体流动力学结合岩石力学等不同物理、数学模型，模拟裂缝扩展、支撑剂在裂缝中的分布及施工结束时裂缝闭合的情况，并预测油井生产动态，据此进行经济效益评价，确定产生最大净收益的压裂施工方案，即最优化设计，其书面形式即压裂施工作业指导书。施工参数的选择主要包括施工排量、压裂液和支撑剂的类型和数量等。

一、施工排量的选择

根据造缝机理，压开地层是因为压裂液在井底憋起高压造成的，因此，在选择施工排量时，必须首先考虑的第一个因素是所选排量应大于地层的吸液量：

$$Q_{吸} = \frac{q}{\Delta p} \cdot \Delta p_t \frac{B}{\rho_0} \frac{1}{1400}$$

式中，$Q_{吸}$——地层的吸液量，m^3/min；

q——压裂前油井的稳定日产量，t；

Δp——压裂前的地层压力与井底流动压力之差，MPa；

Δp_t——破裂压力与压前地层压力之差，MPa；

B——原油体积系数，m^3（地下）$/m^3$（地面）；

ρ_o——地面原油密度。

假设施工排量为Q，必须满足的第一条件为$Q > Q_{吸}$。

选择施工排量必须考虑的第二个因素是在不同的排量下所需的压裂液用量。实践表明，当滤失系数一定时，欲压开一定大小的裂缝，采用较高的施工排量可减少所需的压裂液用量；施工排量大时，可提高液体效率，有利于保护地层，提高效果。

选择压裂施工排量时要考虑的第三个因素是摩阻压力。排量越大，射孔孔眼产生的摩阻和井筒摩阻越高，因此所需的井底施工压力越高，对施工设备的要求也就越高。

要考虑的第四个因素是裂缝的高度。施工排量太大极有可能导致裂缝窜层，特别是当产层和水层之间的遮挡层不足够致密，其厚度不够大时，高排量是很危险的。而当施工排量太小，又不能充分压开产层的有效厚度，特别是对于多产层时，施工排量高无疑是有利的。此时，施工排量高也有利于支撑剂输送。

二、压裂车辆的选择

压裂车辆的选择主要是根据功率。设井底破裂压力为P_f，井口施工压力为P_p，管中摩阻总压降为ΔP_f，孔眼摩阻压降为ΔP_m，井筒液柱压力为$P_H=\rho/10\ 000$，h为压裂层深度，压裂泵车的马力为$H\eta$，机械效率为η。根据压开裂缝的条件，必须：

$$P_p+P_H-\Delta p_f-\Delta p_m \geqslant p_F$$
$$井口总功率 H_p=2.22p_p \cdot Q$$
$$压裂车数 =H_p/H\eta/\eta+（1 \sim 2）台$$

三、压裂液优化原则

通过多年增产改造的实践经验，我们认为好的压裂液有两个标准：一是能满足压裂优化设计要求；二是对储层伤害小，有利于地层保护。因此，我们应该通过压裂优化设计提出压裂液配方优化的一般性原则，保证压裂液在相应的施工条件和储层条件下具有最优化流体力学性能及滤失性能，满足了合理的携砂造缝要求，降低了压裂液对地层的伤害。

当地层压力系数较低，如采取常规压裂工艺，压后关井等待压裂液破胶，由于缝内压力高于储层压力，在压差和毛细管力的作用下压裂水化液会进入岩石孔喉深部，损害储层渗透率。如果裂缝中压裂液的破胶剂含量不能相对均匀、合理，会造成两种后果：一是近井地带压裂液破胶不及时，导致压后严重吐砂，裂缝缝口闭合；二是压裂液首先在裂缝中间水化，原油从裂缝中间进入裂缝，产生两相流，增加压裂液返排阻力，导致一部分裂缝失效。因此，压裂液应充分利用压后初期缝内高压快速返排，并实现在裂缝段上的逐级破胶水化。

热传导模型表明，地层温度与流体表面温度有很大差异，在裂缝段上储层被迅速冷却，从KGD模型裂缝温度剖面上看，随着施工的进行，储层温度逐渐降低，裂缝中30%批次后挤入的压裂液黏度逐渐升高。压裂液黏度升高使支撑剂更容易嵌入地层，降低了裂缝导流能力，同时还对近井地带的破胶作用产生影响。根据裂缝温度剖面及流体滤失影响，结合室内实验，确定了合理的压裂液稠度系数、流态指数和压裂液破胶性能，对压裂液配方体系进行全面的优化，实施了精细压裂研究。

四、压裂施工作业指导书的编写

压裂施工作业指导书是单井作业的指导性文件，是检验施工质量和经济效果的一个重要依据。压裂作业指导书主要分为封面、施工目的、井身基本数据、原井管柱、生产情况、压裂层位、层段数据、压裂层段施工工序表、施工步骤、施工准备、施工要求及安全环保注意事项、备注等。

①封面：主要内容包括文件编码、油田、井号、井别、工艺名称、编写人、审核人、审

批人、设计单位、设计时间等。

②施工目的：主要包括增产、增注、补孔、管柱实验、工具实验等具体施工目的。

③井身基本数据：包括开钻日期、完钻井深、固井日期、钻井液相对密度、套管规范、套补距（套管头距补心高）、人工井底（前磁遇阻深度）等。

④原井管柱：分为油井、水井、电泵井等几种类型。油井包括油管规范、泵深、泵径、死堵（导锥）深度等。水井包括油管规范，封隔器的型号、数量，配水器型号、数量，管柱深度（球座深度）。电泵井注明泵的深度和排量。

⑤生产情况：注明生产日期、产液量、产油量、含水比例、注水量、注入压力等。

⑥压裂层位：指预计压裂层号。

⑦层段数据：指预计压裂层的深度、射开厚度、有效厚度、隔层厚度、有效渗透率、小层数、孔眼数等。

⑧压裂层段施工工序表：按采油厂方案要求给出各层段的加砂量、加砂时间、施工排量、混砂比（铺砂浓度）、前置液量、顶替液量等。

⑨施工步骤、施工要求及注意事项：按不同井别、工艺分别列出相应的主要工序、施工要求及注意事项。

⑩施工准备：按不同工艺要求准备所必需的压裂车、酸化车、电缆车、水泥车、酸液、压裂液、陶粒和石英砂等施工设备和原材料。

思考题

1. 简述压裂方案设计的简单流程。

2. 裂缝主要应开展哪些参数优化？

3. 简述压裂施工排量的计算方法。

项目四 压裂工操作技术规范

一、岗位职责

1. 严格执行 HSE 管理规定和本岗位操作规程。

2. 根据设计要求（或调度派工单）吊装、搬运和现场摆放大罐，罐群应集中放置，以减少供液管线长度。罐与井口之间要能摆放所用压裂设备，以利于施工。

3. 保养维护管理好管汇、管线、各种接头、配件及工具；根据施工要求，配齐带全施工所需的配件、密封胶圈、管汇、接头及工具；根据现场情况合理安排高、低压管线的连接，并执行高、低压管线连接标准。

4. 连接弯头及高压管线时，负责检查或更换高压密封垫，清理由壬扣，涂抹润滑油并上满扣，用榔头轻轻砸紧。

5. 清楚施工井的情况和施工各工序过程。

6. 在现场施工中，坚守岗位，并按施工指挥人员的指挥进行操作。对施工现场进行巡检时执行高压作业安全规定，发现异常情况及时报告现场指挥。

7. 了解本岗位存在的风险、可能导致的危害和不安全因素，发现并立即排除事故隐患，不能排除时向领导和 HSE 监理报告。

8. 施工中严格执行安全规章制度及 QHSE 操作规程，严禁进入高压区。不得穿戴有钉子的鞋上罐，开关井口阀门一定要按安全操作规程进行操作。负责液罐液面的观察和控制，及时倒换各种工作液。

9. 施工结束后，按顺序拆卸管线及配件，按 HSE 标准清理井场，并负责对高、低压管线，弯头，闸门等附件进行清洁和保养。

10. 掌握与本岗位有关的 QHSE 管理要求，负责本岗位 QHSE 的控制。

11. 积极参加 HSE 培训和应急演练活动，提高自救互救能力，防患于未然，履行本岗位 HSE 应急职责。

12. 对本岗位检查发现的问题及时进行整改。

13. 及时认真地填写本岗位的有关安全资料，并完成领导交办的其他工作。

二、岗位巡回检查

1. 检查路线

井口→放空管线→高压组件（如压力传感器、投球器等）→高压管汇→低压管汇及罐区。

2. 检查项目及内容（表4.1.1）

表4.1.1　岗位巡回检查内容

项目	检查内容
井口	（1）了解施工井口型号及最高工作压力 （2）了解放空出口管线是否安装喷嘴 （3）检查井口阀门开关情况，检查法兰螺栓是否齐全、上紧、上平 （4）检查井口地锚绷绳固定情况 （5）检查平衡管线及套管压力传感器安装情况
放喷管线	（1）检查放喷阀门开关情况 （2）检查放喷管线固定情况 （3）检查放喷管线是否装有120°出口弯管 （4）检查放喷池或排污罐情况
高压组件	（1）检查高压放空阀门开关情况 （2）检查压力传感器高压三通、单流阀是否垂直 （3）检查投球器工作情况
高压管汇	（1）检查各高压管线、弯头由壬连接部位 （2）检查各泵车高压旋塞阀的开关情况
低压管汇及罐区	（1）检查各罐出口阀门的开关情况 （2）检查低压管线连接是否合理 （3）了解储液罐区各大罐内液体的种类和数量

三、岗位操作技术规范

1. 井场勘查

所有施工人员应严格按规定穿戴好劳动保护用品。

按设计施工规模确定井场范围。

检查井场有无泥浆坑、地桩、电线等不安全因素，确保压裂车能顺利进入井场，并顺利进入摆放位置。

绘制井场、道路勘查图并及时将井场道路（桥梁、隧洞）情况汇报生产指挥系统。

2. 施工作业前的准备工作

罐类的准备：按照施工设计准备用罐规格及数量。用清水对施工所要使用的罐进行清洗。各种储液罐的闸阀应开关灵活，密封性能良好，连接口固定牢靠。各种储液罐必须清洁，标位管透明畅通。

管汇的准备：根据施工作业设计的排量、使用罐的数量，确定低压分配器的规格及使用数量。低压分配器组上的接口数应比施工使用接口数多1～2个，且每个接口上都必须安装相应的蝶阀。对施工所要使用的低压分配器组以及所有进出口蝶阀的端面、密封盘根进行全面检查。根据施工作业使用的罐类型、低压分配器组，确定供液设备的规格、低压管线的数量及相互间扣形连接的规格。所有压裂液罐或酸罐排出管汇的通径必须一致，低压管汇承压不低于1.0 MPa。根据施工设计排量，吸入端应比排出端多1～2根吸入管线，在不同排量下，管汇供液能力应为施工排量的1～2倍。对施工管线的由壬扣、端面和由壬盘进行全面检查。管线中的由壬必须有橡胶圈，橡胶圈应该涂抹润滑脂。

3. 井场大罐的摆放与管汇的安装

罐群按现场设备摆放方案依次序集中摆放并编号，减少供液管线的长度。

罐群安装时，各罐的罐脚要全部放到罐基上或平整的硬地上，不能悬空。罐基后面高于前面10 cm。各罐出口方向一致整齐，蝶阀要便于打开，液位计要清晰便于观看。

井场使用面积应根据酸化压裂施工设计进行准备。井场场地平整，空中电线、井架绷绳等架设高度不应影响施工、砂罐的举升和车辆运行。

低压分配器的安装：根据施工现场布置，低压分配器与最近罐及最近供液设备的垂直距离均应大于或等于2 m。不同介质的分配器连接时，中间要加蝶阀隔开。安装前对施工罐群、低压分配器组、供液设备进出口蝶阀的灵活性、有效性进行检查。

高压管汇的安装：将施工必需的管汇从管汇车上转移到地面。将管汇车上的高、低压管安放在压裂泵车中间，距混砂车4～5 m处，排出端朝外。

4. 高压管汇的连接

将法兰盘连接至井口顶部。

高压主管汇的连接：按管汇连接示意图，从井口处向压裂车方向逐一连接高压主管汇。

排空泄压管汇和试压管汇按示意图进行连接，连接顺序是由高压主管汇向两侧逐一连接。

5. 低压管汇的连接

连接液罐和供液车或混砂车之间的部分。

连接供液车或混砂车至高压管汇之间的部分。

连接高压分配器至压裂车之间的部分。

6. 连接要求

高压管汇连接要求：备用接头可以用来连接液氮泵车，实现混注液氮施工。可以根据需要决定是否连接备用接头。根据压裂车辆摆放的顺序和方位调节各管汇的位置。根据施工车辆距离井口的远近增加或减少排出管线的长度或数量。高压管线连接后应尽量触地，管路系统应保持适当柔性或缓冲余地，以防止管路系统因振动造成泄漏。高压管线及各类阀件连接时应严格依照流程图。高压管线及各类阀件连接前应对连接部位进行清洗并检查密封垫良好状况，所有管件应连接紧固。套管平衡管汇上应安装套管保护器或安全阀以保护套管。

低压管线连接要求：低压管线尽量不要弯曲，如果有弯曲处，其弯曲处应呈圆弧形。低压管线不能压在高压管线之下。4 in低压管线单根排量应控制在1.5 m³/min以下（对于清水或低浓度凝胶），根据施工设计吸入端应比排出端适当增加上水管线。从储液罐到低压分配器的管线要连接可靠，不能有滴漏。

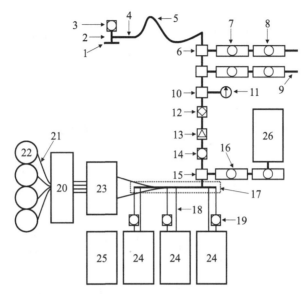

1—法兰盘；2—直三叉；3—旋塞阀投球器；4—排出管；5—弯管；6—T型排空泄压三通；
7—排空泄压旋塞阀；8—排空泄压管线；9—备用接头；10—T型接压力表三通；11—压力表；
12—流量计；13—单流阀；14—主旋塞阀；15—"T型试压三通；16—试压旋塞阀；17—高压分配器；
18—低压管线；19—压出旋塞阀；20—低压分配器；21—低压管线；22—液罐；23—供液车或混砂车；
24—压裂车；25—仪表车；26—管汇车。

图4.1.1　酸化压裂地面管汇连接示意图

7. 现场施工

穿戴好劳动保护用品，戴好对讲机。酸化或压裂酸化施工时要穿好防酸服，戴好护目镜。

现场施工时按照施工指挥的指令开关井口阀门，完成循环、试压、泵注工序。

现场施工时要密切注意井口、高压管汇区，如果有泄漏情况，应该立即通知施工现场指挥。

施工时如出现刺漏，按指挥指令停泵，关闭井口总阀门放压至零后再进行整改。

听从施工指挥的指令，按工作液类型负责大罐闸门的顺序开关。

观察大罐液面，及时向现场指挥汇报剩余液量，做好计量工作。

8. 施工结束后

拆卸高低压管线、弯头、单流阀及井口法兰。

回收低压管线的残液。

对高低压管线、弯头及各高压组件、井口连接法兰进行清洁保养。

四、风险提示及控制措施

风险提示及控制措施见表4.1.2。

表4.1.2　风险提示及控制措施

工作内容	风险提示	产生原因	控制措施
施工准备及回厂检查	人员伤害、设备隐患影响施工质量	岗位责任心不强；巡回检查不到位	（1）各岗位严格执行《岗位操作技术规范》和《设备安全技术操作规程》 （2）施工前必须参加技术、安全交底和分工会议，明确施工指挥者、主操作手和其他岗位负责人，了解施工程序、施工参数、技术要求和安全注意事项
管线连接与拆卸	人员坠落、落物砸伤、意外伤害、设备损坏	岗位责任心不强；违章操作	遵守《酸化压裂施工安全管理规定》和《设备安全技术操作规程》
循环	管线不畅通发生爆裂、人员受伤、设备损坏	岗位责任心不强；违章操作	连接前检查管线通畅情况，循环时将闸门开启；设定超压保护
试压	高、低压管线破裂	未按规定进行高压管汇的检测	（1）执行《高压管汇管理规定》，各泵车按施工要求设置超压保护 （2）试压值以施工设计为准，试压时保持5 min不刺漏为合格
泵注过程	堵管柱或砂堵	人员误操作；设备故障	（1）按设计和现场指挥要求施工；所有岗位人员必须听从施工指挥一人发出的指令 （2）维护好设备
	酸蚀	酸液飞溅，罐阀门或管线腐蚀	（1）定期对高、低压管汇进行检测，保证无刺漏 （2）所有施工人员，应严格按规定穿戴好劳动保护用品
	井场着火	油基压裂液施工过程中，泵送系统发生泄漏	（1）油基压裂时高压检测中心要对管汇进行检测，以保证无刺漏 （2）严禁烟火，地面消防设施必须完好齐全
	听力损伤	未正确使用劳动保护用品	施工现场佩戴防噪声耳塞或对讲机
	源辐射	源泄漏、辐射	加入防护屏障，非工作人员远离放射源，工作人员连接数据线后快速撤离。施工完毕后及时关闭放射源闸板
	井口、高压管线刺漏伤人	无安全标识	（1）必须有安全警告牌、警示带和风向标 （2）明确发生故障和危险的紧急措施以及安全撤离路线 （3）非岗位操作人员，一律不准进入高压区
施工结束	现场遗留废弃物	环境污染	（1）生活垃圾和工业垃圾集中处理，施工残液按上级主管部门技术人员指定地点排放 （2）如施工过程中发生液体刺漏或油料泄漏，应采取措施妥善处理，避免发生污染事故

五、施工过程中风险应急处理一般措施

　　下面讲解施工过程中发生危险情况时，施工人员应迅速做出应急反应，以及处理风险的一般措施。

1. 酸蚀

　　发生人员被酸灼伤后，立即将被灼伤人员带到清水和苏打水摆放处，用清水和苏打水清洗被灼伤人员受伤处。

　　现场发现人员受伤立即向施工现场负责人报告。

88

现场负责人安排车辆将受伤人员送往附近医院治疗，并报告上级主管部门。

2. **交通事故**

发生交通事故时，事故单位负责人应在第一时间报告上级主管部门，报告内容包括：时间、地点、伤害原因、伤害人数、伤害程度等。

上级主管部门接到报告后须立即报告安全第一责任人及安全主管部门。

事故现场负责人必须以最快的速度，将伤员送至最近的医院进行抢救治疗，并在现场按要求摆放警示标志。

接到事故通知后，抢救组负责通知医院做好急救准备，迅速赶到医院，办理住院手续，同时派人及时做好伤员家属的安抚工作。

安全主管部门负责事故调查和现场处置。

3. **连接管线时，发生人员坠落、落物砸伤、榔头伤人**

人员受伤较轻时，现场受过急救培训的人员立即利用现场急救包，现场进行处理。

人员受伤较重时，压裂现场负责人立即以最快捷方式通知上级主管部门，通知内容包括：时间、地点、伤害原因、伤害人数、伤害程度。

上级主管部门须立即报告安全第一责任人及安全主管部门。

事故现场负责人对受伤人员进行现场处理后，以最快速度将伤员送至最近的医院进行抢救治疗。

接到事故通知后，抢救组负责通知医院做好急救准备，并办理住院手续，同时派人及时做好伤员家属的安抚工作。

安全主管部门负责事故调查和现场处置。

4. **试压时造成高、低压管线破裂，应立即停止试压，并更换破裂管线**

5. **高压泵注**

高、低压管线破裂事故：立刻紧急停泵。酸化压裂队作业工立刻关闭井口与管汇车之间的旋塞阀。作业工立即关闭井口阀门。酸化压裂现场指挥指挥更换高、低压管汇，并组织对现场进行清理。由现场领导小组决定是否继续施工。

堵管柱或砂堵：按现场施工工艺要求降低排量，当压力超过设计最大值时，立即停泵。开井放喷，至少放出一个管串容积的液量，将井筒中的浓砂液放出。用基液试挤，如压力不超压，砂堵解除，可泵注一定量的冻胶液后继续加砂；如试挤压力快速上升，砂堵未解除，则停止试挤，用水或基液反循环洗井，直到洗通为止。反循环洗井，出口管线必须用硬管线连接，返出物必须进罐，现场安全员在罐口做有毒、有害气体检测。洗通或放通后，由现场领导小组根据具体情况决定是否继续施工。

井场着火：立刻紧急熄火；停泵；混砂车操作工紧急熄火，停止供液。酸化压裂队应急小分队在现场总指挥的指挥下用车载灭火器施救。通知消防车进入现场施救。未连接管线的车辆司机立即将车辆开至安全地点。作业队立即组织人员抢关井口阀门（无保护器）。酸化压裂队立即组织作业工抢关井口与管汇之间的旋塞阀。酸化压裂队作业工从放压阀放压。各车司机、泵工配合砸开高压管线，将车辆开至安全地点（火情允许）。现场抢险组在现场总指挥的统一指挥下，配合消防队灭火。其余人员在现场总指挥的指挥下撤至安全集合点待命，并清点人数。现场负责人立即报告上级主管部门，报告火情、地点、是否需要增援。上级主管部门立即通知第一责任人赶赴现场。安全主管部门赶赴现场处理事故。

灭火中的注意事项：灭火工作应采用"先控制，后灭火"的原则，防止火势蔓延和扩大；现场救火人员必须在确保自身安全的情况下实施救火；火灾险情消除后，待安全人员检查现场，确认安全后，方可进行现场勘查工作。

六、警钟长鸣

罗家2井2006年3月2日循环发现井漏，分析认为大约在2 190 m左右套管损坏，且与相邻124.57 m的罗家注1井管外环空窜通，发生严重地层井喷事故。2006年3月23日在距井场1.2 km的高桥镇小河内出现大量含H_2S天然气泄漏点，紧急疏散群众12 000人。2006年3月29日，已有5个不同的区域出现大量天然气泄漏，最远地点离井场4.5 km。

此次天然气事故造成大量人员紧急疏散，严重扰乱了社会生活秩序和农业生产活动。泄漏事故历时7天，由于该地区地层压力大，含气量丰富，造成大量天然气泄漏，经济损失巨大。同时甲烷排放量巨大，对该地区的自然环境影响较明显，尤其表现在甲烷和二氧化碳的温室效应。

罗家2井事故后，对已实施井必须重新制定安全风险管理措施，对未实施井必须进行专题论证优化设计，认识到地面、地下、工程安全风险，并进一步强化高含硫气田工程施工作业技术、质量、安全管理。

通过对罗家2井天然气泄漏事故的分析，应举一反三，增强安全环保意识。油田生产安全没有小事，压裂施工过程中一定要注意安全，尤其是对于带压部件的操作过程一定不能麻痹大意，否则就容易发生危险，轻则受伤，重则丧命。操作必须按照规章制度严格进行操作，严禁特种作业无有效操作证人员上岗操作；严禁违反操作规程操作；严禁无票证从事危险作业；严禁脱岗、睡岗和酒后上岗；严禁违反规定运输易爆物品、放射源和危险化学品；严禁违章指挥、强令他人违章作业。这些禁令需要严格执行。牢记施工操作过程中的"三不原则"，即不伤害自己、不伤害他人、不被他人伤害。

思考题

1. 压裂作业现场施工，压裂作业工的岗位巡回检查内容有哪些？

2. 现场高压管汇连接需要注意什么？

3. 压裂作业现场一般存在哪些风险，该如何应对？

项目五　压裂施工技术与工艺

压裂酸化技术是通过对地层的改造来实现油气井增产、水井增注的一种工艺技术。压裂工艺选择既要满足储层要求，又能在现有工程条件下实现。施工工艺类型主要包括常规压裂、非常规压裂、酸化酸压等。

模块一　常规压裂

常规压裂是指面对常规储层开发所需要的压裂方式。为了使油气井在水力压裂以后取得预期产量，必须重视压裂的选井选层。在确定油气井压裂前，应找出其目前低产的原因，如果是新井则应根据油气层和井的资料确定油气水含量及储层压力。油气井低产原因一般包括：

①油气层孔隙度低，低渗、特低渗，或者储层有效厚度薄等，储集层没有足够的产出能力。

②油气层压力低，或天然驱动能量不足，或投产后地层能量消耗大，没有及时补充地层能量，储集层没有足够的驱动能力。

③受钻井、完井及历次井下作业的影响，储集层近井地带或者地层内渗透率受到伤害。

④油气层纵向、横向非均质性强，连通性差，供给边界有限。

⑤地层中油气压力都已枯竭，即油气层剩余能量不足以驱替出更多的原油。

一、选井选层依据

1. 适合压裂的井层

①需经压裂投产才具备开发价值的低渗、特低渗油气井层。

②孔隙度高、含油（气）饱和度高和有效厚度大的油气层，但是自然产能低的井层。

③有效渗透率高、有效厚度大、油气的地下黏度低的油气层。

④反映油气层驱油能力的、压力低的油气层。

⑤已证明油气层内储有大量油气，由于近井地带受到污染，使本井层低产。

⑥油气层平面上连通性好，通过压出高导流能力的长缝，努力扩大井层的供油半径实现增产。

⑦油气层压裂井段相对集中，跨度越小越好，且井段上下有较好的遮挡层。

⑧油气层井段的固井质量好，工程条件足以完成压裂施工任务。

2. 不适合压裂的井层

①油气层储能系数或者压力系数太低，压后大多无效的井层。

②油气层经长期生产可采储量已近枯竭的井层。

③通过评价地层各项参数，压后难见成效的井层。

④已确认压开的垂向裂缝将延伸到目的层上下的产气层或出水层。

⑤压裂井的井况不满足压裂条件。例如：套管承压能力低，或有破损、漏失、变形处，且无法以工具予以封隔；或在压开缝高的跨距中有固井质量差、窜槽出砂的井层。

二、常规压裂技术

1. 单层压裂

单层压裂是指油管底部悬挂封隔器到储层上界坐封，或油管直接下至目的层上方对最下面一层储层进行压裂。该技术采用的管柱结构简单、施工安全，适用于各种类型的油气层，特别是深井和大型压裂。

2. 封隔器分层压裂

封隔器分层压裂是指借助封隔器将目的层与上下层段分隔出来成为一个独立压裂单元的分层压裂方法，目前可以实现多层封隔器分层压裂。其具有压裂目的层明确、针对性强、压裂效果好的特点。需要控制压裂层位准确可靠，在安全可靠的情况下尽可能减少管串结构。后期放喷控制不合理会出砂导致埋管柱现象。

3. 滑套分层压裂

滑套封隔器分层压裂有两种管柱类型：一种是封隔器和喷砂器都带有滑套，施工时只有目的层封隔器工作；另一种是封隔器不带滑套，只有喷砂器带滑套，施工一开始所有封隔器都工作，直至施工结束。开关滑套方式目前也有两种：一种是投球憋压打开滑套；另一种是下入工具开关滑套。可以不动管柱、不压井、不放喷，一次施工分压多层；滑套内径自上而下要逐级减小，压裂时自下而上逐层压裂；封隔器必须可靠；为保证封隔器坐封位置准确，应对油管进行测井校深；因管柱结构复杂，容易造成砂卡，施工完后应立即起出管柱。

4. 暂堵球（剂）分层压裂

暂堵球（剂）选择性压裂是将井中所有欲压裂的层段一次射开，利用各层间破裂压力不同，首先压开破裂压力较低的层段进行加砂，然后在注顶替液时投入暂堵球，将其射孔孔眼暂时堵塞，再提高压力压开破裂压力较高的层段。也可利用各层渗透性的差异，在泵注的适当时机泵入堵球，改变液体进入产层的分配状况，在渗透性较差的层段建立起压力直至破裂。如此反复进行，直到更多的层段被压开。暂堵球法适用于多储层、破裂压力相差较大的新井或老井增产；与封隔器（或油管）+桥塞分压法比较，具有井下管柱简单，施工安全、省时、省力、成本低等优点。但厚度不等的储集层如按同一射孔密度射开，极有可能是厚度大、孔数多的层先被压开，难以掌握压开层段的先后顺序，也难以确定每一层段的施工规模和投球数量，给施工带来了极大的盲目性。

5. 限流法压裂

通过严格限制炮眼的数量和直径，并以尽可能大的注入排量进行施工，利用压裂液流经孔眼时产生的孔眼摩阻，大幅度提高井底压力，并迫使压裂液分流，使破压力接近的地层相继被压开，达到一次加砂能够同时处理几个层的目的。压裂液分流过程中如果地面能够提供足够大的注入排量，就能一次加砂同时处理更多目的层。限流法压裂技术主要适用于纵向及平面上含水分布情况都较复杂，且渗透率比较低的多层薄储层的完井改造。

6. 端部脱砂压裂

在一定（水力）缝长的端部把前置液量全部滤失后，在缝内端部人为地造成砂堵，阻止缝长的继续延伸；同时，仍以一定的排量继续泵入不同含砂浓度的携砂液迫使这一水力裂缝在横向（宽度）上"膨胀"。如此，迫使压开的水力裂缝体积被装实填满，产生一条导流能力高的支撑裂缝。端部脱砂压裂适用于中高渗储集层、松软储集层与稠油储集层的压裂改造或压裂解堵。

7. 重复压裂

对低渗储集层和中渗储集层，压裂改造将伴随其开发、生产的全过程。对已经压过的储集层再次进行压裂称为重复压裂。与初次压裂相比，重复压裂是在储集层已存在水力裂缝状态下再次压裂，因此，复压前需借助现有技术手段搞清楚如下情况：水力裂缝、地层孔隙压力与地层温度变化诱导近井地带地应力大小及其最大水平主应力方位的变化；原有水力裂缝的状况；复压层增产潜力分析。进行上述工作的目的是深化对复压层的认识，确认复压层段，分析原有裂缝失效原因，提出目的明确、针对性强的复压措施。

8. 泡沫压裂

其作用在于降低滤失，增加返排能力，降低伤害，保护裂缝的高导流能力，提高压裂增产效果。CO_2泡沫压裂液为一种气液混合物，它是将液态CO_2与水基压裂液混合后在一定温度条件下汽化，形成泡沫状的稳定液体，泡沫产生的假塑性流体具有很好的携砂性，可以携带支撑剂进入地层。由于泡沫含量较高（一般为60%～85%），液相很少，充满泡沫的液体极大地减少了与地层接触的液量，从而便于控制与降低滤失，并且当液体从压裂井中返排时，泡沫中的CO_2膨胀将液体从裂缝中驱出，因此加速了裂缝中液体的回收，提高了返排率并减少了对地层的伤害。用它来应对低压、水敏、裂缝性地层更有效。

9. 多裂缝压裂技术

在一个压裂层段内，先压开吸液能力大的层后，在低压下挤入高强度暂堵剂将先压开层的炮眼堵住，待泵压明显上升后，再启动泵车压开第二个层，然后再堵第二个层，再压第三个层，这样可以在一个层段内形成多个裂缝，以提高层段的导流能力。其适用地质条件：①夹层厚度小于2m，层段内有较发育的多层不含水或低含水薄油层。②压裂井层必须与注水井连通，且见到注水效果。③必须经测试找水资料证实，高含水井中具有低含水或不含水层段，高含水层段内或重复压裂层段内具有不含水或低含水油层。

10. 定位平衡压裂技术

对已按常规方法进行高密度射孔的老井，无法进行薄夹层平衡限流法压裂，在通常情况下，对这类井一般采用常规分段压裂技术。压裂时，卡距内的几个目的层中往往只能压开渗透率较高的主力油层，其他破压较高的薄差油层不能进行压裂处理。虽然，利用可溶性暂堵剂转向的方法也可以在常规射孔井中完成一层多缝、一井多层的压裂施工，但不能保护层段间的薄隔层。因此，为了实现在常规射孔条件下对薄差层和高含水层内部的低含水部位进行定点压裂，研究应用了定位平衡压裂技术。

定位平衡压裂工艺技术，就是在常规射孔井中实施限流法压裂和薄夹层平衡限流法压裂。其工艺原理是利用定位平衡压裂封隔器上的长胶筒和喷砂体，来控制压裂目的层的吸液炮眼数量和位置，达到裂缝定位和控制目的层吸液量的目的；在需要保护薄隔层的高含水部位装有平衡装置，该装置只进液不进砂，使高含水层与压裂目的层处于同一压力系统中，隔层上、下压力平衡而得到保护。通过大排量施工，依靠压裂液通过吸液炮眼时产生的摩阻，大幅度提高井底压力，从而相继压开相近的各个目的层，达到一次施工压开3～5个目的层的目的。定位平衡压裂技术适用于与高含水层相邻且隔层薄的目的层及厚油层内低含水部位的改造挖潜。在固井质量合格的前提下，隔层厚度可降到0.8m。通过现场应用结果表明：该工艺既可实现常规射孔井的一次定点压裂多层，又可有效地保护高含水层与压裂目的层间的薄隔层。

11. 脱砂压裂技术

脱砂压裂是以压裂过程中压裂液必然要向地层中滤失这一事实为依据，产生的一种新的压裂工艺技术。国外脱砂压裂工艺主要用于垂直裂缝的软地层和疏松地层的防砂，以及中高渗地层的压裂改造，对水平缝地层的脱砂压裂，国内外都没有开展过研究。针对三次加密及聚合物驱采油井开采的中高渗层，压裂改造必须控制形成短宽缝的需要，在借鉴垂直缝地层脱砂压裂设计理论和方法的基础上，研究开发了水平裂缝端部脱砂压裂工艺技术。

脱砂压裂是利用压裂液的滤失特性，在压裂过程中，当裂缝扩展到预定的长度时，在裂缝端部人为地造成砂堵，从而阻止裂缝进一步扩展。裂缝端部形成砂堵以后，以大于裂缝向地层中滤失量的排量，继续按设计的加砂方案向裂缝中注入混砂液。随着注入时间的增加，注入压力和裂缝宽度会逐渐增加，裂缝中的支撑剂浓度也越来越高。当地面泵压达到预定的压力时停止施工，就可以获得较高的裂缝导流能力。这样既控制了裂缝半径，又实现了较高的裂缝导流能力。

从脱砂压裂的工艺原理和工艺过程中可以看出，要通过脱砂压裂在地层中实现预定的裂缝参数，在设计时必须在综合考虑地层和压裂液性能的条件下，研究解决好三个关键问题：①确定使裂缝半径延伸到预定长度时，能够在缝端产生脱砂的前置液用量和第一批混砂液的浓度。②模拟计算缝端脱砂后，缝内压力随注入排量和混砂液量的上升规律。③根据压力上升到最大允许值时可以注入的混砂液量，制定出能够实现预定裂缝导流能力的加砂方案。

适用条件：①脱砂压裂工艺适用于需要提供较高裂缝导流能力的中、高渗透率地层和软地层。②对于注采井距较小的加密开发油藏，可以采用脱砂压裂工艺，合理地控制裂缝长度，实现短宽缝压裂。③在压裂液性质一定时，目的层应具有一定的厚度和渗透率，以满足实现预定裂缝长度的滤失要求。④脱砂压裂的最终施工压力较常规压裂要高，要求目的层的上下隔层要具有一定的厚度和较好的固井质量。

对于小井距井网，脱砂压裂技术既控制了裂缝半径，又实现了较高的裂缝导流能力，从而达到了很好的改造目的。

三、常用工艺技术

（一）控缝高压裂技术

在水力压裂中，当油气层很薄或上下隔层为弱应力层时，压开的裂缝高度往往容易超出生产层而进入隔层。为了有效地控制裂缝高度，对影响裂缝高度的因素有更广泛、更深入的认识，发展了多种人工控制裂缝高度的技术。

控制裂缝高度的垂向延伸最根本的问题在于准确地了解产层和遮挡层之间的地应力差，合理选择设计参数。通过选择和利用油气层上下的致密泥质隔层、施工排量、压裂液黏度与密度来控制裂缝高度。还可以采用漂浮或下沉式暂堵剂，建立人工隔挡层控制裂缝高度。

1. 利用地应力高的泥质隔层控制裂缝高度

利用泥质隔层控制裂缝高度一般应具备以下两个条件：

①对于常规作业，在砂岩油气层上下的泥质隔层厚度一般应不小于5 m。

②上下隔层地应力高于油气层的地应力2.1～3.5 MPa时更为有利。隔层厚度可以利用测井曲线确定。油气层和隔层地应力值则可以通过小型测试压裂声波和密度测井或岩心试验取得。

2. 用施工排量控制裂缝高度

施工排量与裂缝高度的关系是排量越大，裂缝越高。不同地区由于地层情况不同，施工排量对裂缝高度的影响也不相同。

3. 利用压裂液黏度和密度控制裂缝高度

在其他参数相同的情况下，压裂液黏度越大裂缝也越高。一般认为压裂液在裂缝内的黏度保持在50～100 mPa·s时较为合适。利用压裂液密度控制裂缝高度，是通过控制压裂液中垂向压力分布来实现的。若要控制裂缝向上延伸，应采用密度较高的压裂液；若要控制裂缝向下延伸，则应采用密度较低的压裂液。

4. 人工隔层控制裂缝高度

人工隔层控制裂缝高度技术包括用漂浮式转向剂控制裂缝向上延伸，用沉降式转向剂控制裂缝向下延伸和同时使用这两种转向剂控制裂缝向上及向下延伸。

（二）支撑剂段塞技术

在斜井或非定向井中，裂缝在孔眼处起裂后，要沿着井筒周围绕流一段距离后，方能进入主缝中，即所谓的近井筒扭流效应。因扭流通道较窄，近井摩阻较大，因此，有必要实施支撑剂段塞技术来打磨扭流通道，以迎接后续高浓度携砂液的到来。其优点是打磨近井筒扭流通道，消除近井筒摩阻；试探性加砂，为后续调整泵注参数提供依据；增大压裂施工加砂规模，预防早期砂堵；配合线性胶，可起到控制裂缝高度过度向下延伸的作用。

（三）变排量压裂技术

压裂施工过程中，排量偏小会造成早期砂堵；反之，排量偏大会引发缝高失控。因此，在一般情况下可采取变排量压裂措施。其适用条件为：储集层与隔层地应力差值较小，可控制起始缝高和缝高的下窜。排量的增加，应对压裂液黏度的要求适当降低。

（四）降滤失技术

其主要目的是减少滤失进入地层的压裂液量，可降低压裂过程对储集层基质的伤害，提高压裂液的造缝效率。常规的降滤失技术主要有粉砂支撑剂预充填技术，基质滤失大的储集层采用柴油降滤失和油溶性树脂或硅粉降滤失，压裂液黏度控制滤失等。在进行压裂液综合降滤失时还必须将操作成本与预期效果有机地综合起来。

◎配 套 资 料
◎压 裂 工 程
◎技 术 精 讲
◎学 习 社 区

"码"上对话
AI技术实操专家

模块二　非常规压裂

非常规压裂通常是指面对非常规油气资源（如页岩油气、煤层气、油页岩、致密岩等）开发所需要的压裂方式，多指水平井压裂。水平井分段压裂是目前实现非常规油气开采的一个重要手段。依据实现完井方式和实施工艺的差异，典型的水平井井下分段压裂可分为桥塞分段压裂、套管固井滑套分段压裂、连续油管带底封拖动压裂和可溶球座分段压裂。在页岩油气压裂中经常见到体积压裂、同步压裂、缝网压裂、整体压裂等相关概念，下面对这些概念做出解释。

体积压裂是指在水力压裂过程中，使天然裂缝不断扩张和脆性岩石产生剪切滑移，形成天然裂缝与人工裂缝相互交错的裂缝网络，从而增加改造体积，提高初始产量和最终采收率。

同步压裂是指两口或更多的邻近平行井同时压裂，目的是使地层受到更大的压力作用，从而通过增加水力裂缝网复杂程度，最大可能地产生一个复杂的裂缝三维网络，同时也增加压裂工作的表面积。同步压裂的收效大，压裂设备利用率高，但是此技术费用高。

缝网压裂技术是利用储层两个水平主应力差值与裂缝延伸净压力的关系，当裂缝延伸净压力大于储层天然裂缝或胶结弱面张开所需的临界压力时，产生分支缝或净压力达到某一数值能直接在岩石本体形成分支缝，形成初步的缝网系统，以主裂缝为缝网系统的主干分支缝可能在距离主缝延伸一定长度后又恢复到原来的裂缝方位，或者张开一些与主缝成一定角度的分支缝，最终都可形成以主裂缝为主干的纵横交错的网状缝系，这种实现网状效果的压裂技术统称为缝网压裂技术。

整体压裂是结合井网而进行的压裂施工。整体压裂是相对于开发压裂而言，也就是说在已经形成比较完善的开发井网、了解地应力方位的基础上研究井网、井距以及优化裂缝的缝长、压裂规模等，从而提高产量。

一、泵送桥塞分段压裂

泵送桥塞分段压裂技术是目前页岩油气水平井分段压裂应用最多的一项技术，其主要特点是适用于套管完井的水平井，由多簇射孔枪和可钻式桥塞组成。该压裂技术的优势是适用于大排量、大液量、长水平井段连续压裂施工作业。多簇射孔有利于诱导储层多点起裂，有利于形成复杂缝网和体积裂缝。

1. 工艺原理

进行第一段主压裂之前，利用连续油管下入射孔枪对第一施工段进行射孔，或通过井口施加压力的方式开启第一段套管趾端滑套，建立第一段压裂通道，套管进行第一段压裂施工作业。随后，利用电缆下入桥塞和射孔枪联作工具管串，点火实现桥塞的坐封与丢手暂堵第一段，上提射孔枪至第二施工段进行分簇射孔。完成第二段射孔后，起出电缆，通过套管对第二段进行压裂施工作业。后续层段施工可重复第二段施工步骤，直至所有层段全部压裂完成。全部分段压裂完成后钻铣全部桥塞。

2. 作业工序

①井筒准备。地面设备准备，连接井口设备，连续油管钻桥塞管串模拟通井。

②第一段压裂施工作业。采用连续油管拖动射孔枪或打压开启趾端滑套，完成第一段压裂通道的开启作业；取出射孔枪，通过套管进行第一段压裂作业。

③下放第一支桥塞。加砂压裂施工完成以后，利用电缆作业下入桥塞及射孔枪联作工具串，水平段开泵泵送桥塞至预定位置。

④坐封第一支桥塞。通过井口电缆车发送指令，点火坐封桥塞，桥塞丢手。

⑤分簇射孔作业。上提射孔枪至第二段预定位置，通过井口电缆车发送指令，点火完成射孔。

⑥上提分簇射孔工具。通过井口电缆车上提射孔枪及桥塞联作工具串至井口。

⑦第二段压裂施工作业。大通径桥塞、可溶桥塞分段压裂过程中，投入可溶性球至桥塞球座，封隔第一段，通过套管进行第二段加砂压裂施工作业；快钻桥塞分为投球式、单流阀式和全堵塞式，投球式快钻桥塞施工时需要投球封隔下层，进行第二段加砂压裂作业：单流阀式和全堵塞式快钻桥塞施工时可直接进行第二段加砂压裂作业。

⑧整口井的压裂施工作业。重复以上步骤，直至完成所有层段的压裂施工作业。

⑨连续油管钻磨桥塞。分段压裂完成后，快钻桥塞分段压裂需采用连续油管钻除桥塞，并排液求产。

3. 工艺特点

①封隔可靠性高。通过桥塞实现下层封隔，可靠性较高。

②压裂层位精确。通过射孔实现定点起裂，裂缝布放位置精确；通过多级射孔，实现体积压裂。

③受井眼稳定性影响较小。采用套管固井完井，井眼失稳段对桥塞坐封可靠性无影响，其优于裸眼封隔器分段压裂工艺。

④分层压裂段数不受限制。通过逐级泵入桥塞进行封隔，与级差式投球滑套相比，分层级数不受限制，理论上可实现无限级分层压裂。

⑤下钻风险小，施工砂堵容易处理。与裸眼封隔器相比，管柱下入风险相对较小；施工砂堵发生后，压裂段上部保持通径，可直接进行连续油管冲砂作业。

4. 工艺局限性

①分层压裂施工周期相对较长。施工过程中，需要通过电缆作业逐级坐放桥塞和射孔作业，耗费较长时间；对于低压气井，压后需下入小直径油管投产。

②施工动用设备多，费用高。分段压裂施工过程中，除了正常压裂设备外，还需动用连

续油管作业设备、电缆作业设备及井口防喷设备等进行配合作业。

③连续油管作业能力受限。桥塞分段压裂施工中，需多次采用连续油管进行通井、钻塞作业，受连续油管自锁影响，深井长水平段连续油管作业能力受限。

二、套管固井滑套分段压裂

套管固井滑套分段压裂是在固井技术的基础上结合开关式滑套固井而形成的分段压裂完井技术。套管固井滑套与套管相连入井，按照预先设计下至对应的目的层，最后完成固井作业。该工艺无须后期井筒处理，保持井眼全通径，省去绳索作业、连续油管钻桥塞等工序，提高了施工效率，降低了作业成本。

1. 工艺原理

根据油气藏产层情况确定固井滑套安放位置，将多个不同产层的固井滑套与套管一趟下入井内，然后实施常规固井。通过特定方式逐级打开各层固井滑套，沟通固井滑套内外空间，建立井筒与地层之间的流体通道，进行分段压裂作业。

2. 工艺特点

与桥塞分段压裂工艺相比，套管固井滑套分段压裂工艺具有以下特点。

①依靠固井水泥实现压裂段间封隔，封隔效果不受胶筒和井眼影响，安全可靠。

②具有施工压裂级数不受限制、管柱内全通径、无须钻除作业、利于后期液体及后续工具下入、施工可靠性高等优点。

③若采用可开关滑套或智能固井滑套，后期可通过特定方式开启或关闭滑套，实现选择性封堵水层和分层开采。

三、连续油管带底封拖动压裂

连续油管带底封水力喷射分段压裂是集射孔、压裂、隔离于一体的压裂技术，具有工艺简单、时间短、成本低、效率高等优点。

1. 工艺原理

连续油管连接水力喷射工具和重复坐封封隔器下入井内，在拖动工具的过程中通过机械定位器实现精确定位，定位后将封隔器坐封；以一定排量将具有一定砂浓度的射孔液通过喷射工具的喷嘴进行喷砂射孔；射孔完成后通过环空进行加砂压裂，压裂结束后上提管柱解封封隔器，移动管柱进入下一层段，定位并二次坐封封隔器，开始第二段压裂。以此循环完成所有层段的压裂。

2. 管柱结构

连续油管水力喷射分段压裂管柱结构由连续油管安全接头、扶正器、水力喷射工具、平衡阀/反循环接头、封隔器、锚定装置、机械式节箍定位器等组成。

3. 工艺特点

①起下压裂管柱快，移动封隔器总成位置快，从而大大缩短作业时间。

②一次下管柱逐层压裂的段数多，可达十几段。

③储层打开程度低，摩阻较大。

④连续油管内压裂排量受限。

⑤套管抗内压要求高。

⑥施工排量受限。

⑦易发生卡管柱风险。

四、可溶球座分段压裂

可溶球座分段压裂是一种无须后期干预作业的无限级全可溶增产改造新工艺，使用完全可降解的可溶压裂球座代替常规桥塞用于实现各层段间的有效封隔。固井时，可溶压裂球座定位筒与套管相连后入井，按照预先设计下至对应目的层，通过常规方式完成固井作业。压裂时，采用电缆将射孔工具串+可溶压裂球座下放至定位筒处，点火坐封可溶压裂球座，上提射孔枪至预定位置完成射孔作业；通过井口投入可溶性球，泵送至可溶压裂球座处，开始压裂施工作业。随后，依照上述作业方式，分别下入相同可溶性球座，完成整口井的压裂施工作业。待压裂改造完成后，可溶压裂球座实现完全溶解，并进行排液生产。其工艺特点如下：

①设计简便，结构简单，稳定可靠，下入性能好，避免下入过程中的遇阻风险。

②与传统的桥塞作业相似，采用标准桥塞坐封工具，无须下入专用工具。

③无须磨铣，减少作业时间，简化作业流程，避免作业风险，节省成本。

④无限级，对水平段长度及井深没有限制。

⑤整体99.7%可溶解，减少了井筒中的碎屑，降低了堵塞风险。

⑥溶解后实现全通径，为后期措施提供保障；可以直接排液生产，避免井筒受压裂液长时间浸泡，影响产能。

⑦没有卡瓦和胶筒部件，避免了使用硬质合金或陶瓷等不溶材料。

五、高速通道压裂

高速通道压裂指的是在水力压裂储层的过程中，通过特殊的泵注方式和液体体系的设计，使进入水力压裂裂缝中的支撑剂局部聚集成团块状，并使得这种团块支撑剂在裂缝内部形成不连续铺置，最终实现靠该类支撑剂团块支撑裂缝不闭合。在这种工艺下，油气的渗流通道不再是支撑剂颗粒形成的孔隙，而是团块之间无支撑剂支撑的孔道。该类油气渗流孔道由于无支撑剂的阻碍，理论上导流能力无限大。实验及现场应用发现，该导流能力能够比常规压裂裂缝的导流能力高出1～3个数量级。

高通道压裂技术工艺核心是将支撑剂以支撑骨架（支撑剂团块，类似单颗粒不连续支撑的形式不连续地铺置在压裂裂缝内部形成桥墩形式。在这种类似单颗粒不连续的铺置方式下，支撑剂团块内部之间的空隙（类似传统铺置方式）不作为油气渗流的主要通道，因此支撑剂性能对裂缝导流能力几乎没有影响，而支撑剂团块之间形成的高速无障碍通道网络才是流体通过的主要路径，从而较传统铺置方式能够成倍地增加裂缝导流能力，大大提高压裂效果。与常规压裂裂缝支撑剂铺置方式相比，高通道压裂工艺具有以下优势。

①减少支撑剂量。由于使用段塞式支撑，因此铺满同样大小的裂缝所需要的支撑剂量要小于连续铺置所需要的支撑剂。具体根据储层特征的不同，可以减少支撑剂20% ～ 40%。

②降低施工用液量。于支撑剂的总体规模降低，因此携带支撑剂所需的压裂液量相应地减少。

③提高施工成功率。由于泵注过程中采用脉冲式段塞泵注，因此施工风险大大降低。

④降低支撑剂承压级别。由于高通道压裂工艺中，形成的水力裂缝导流能力中起关键作用的是支撑剂团块之间的大孔道（无支撑剂部分），而支撑剂团块内部本身的导流特性可以忽略不计，因此支撑剂本身的性能，包括强度、破碎率、支撑剂嵌入等对导流能力的影响可以忽略不计，在支撑剂的选择上可以采用较低规格的支撑剂，从而降低成本。

⑤独特的泵送设备。该设备能将设计好的压裂液及纤维以设定的泵注排量将纤维、支撑剂、压裂液的混合液/压裂液进行循环交替泵注，交替频率为20 ～ 30 s。

⑥独特的分簇射孔方案。常规射孔一般为连续射孔，而高通道压裂射孔则需要不连续分射孔。分射孔提高了进入裂缝的支撑剂段塞间的分离效果，从而确保从裂缝到井筒之间的流通路径具有最佳导流能力。

⑦独特的纤维混注。该技术必须混注纤维，才能使脉冲式泵注的支撑剂段塞聚集在一起并在泵注过程和生产过程中保持稳定。

六、"井工厂"压裂

"井工厂"压裂技术是基于页岩油气压裂开发特点形成的一项具有针对性的技术，其作用模式是基于工厂流水线作业和管理程序模式，是一种不断提高生产率的生产理念。根据现场条件和设计理念的不同，"井工厂"压裂方式可分为水平井单井顺序压裂作业、多井"拉链式"压裂作业和多井同步压裂作业等多种方式。

1. 技术特征

"井工厂"压裂技术按其作业模式具有以下技术特点：

①流水线作业模式。"井工厂"压裂技术作为工厂化开发页岩油气的一个重要环节，其紧密衔接钻完井、试油试气投产等作业环节，因此，"井工厂"压裂作业须按照工厂流水生产线作业模式，快速、规律地进行压裂作业，从而保障整个井场合理有效地开展工作。

②材料供应和配送具有严格要求。"井工厂"压裂材料供应需要做到快速配制、快速供给。

③压裂设备要求高。由于页岩气压裂作业的规模大、排量大的特征需求，且在"井工厂"压裂模式下，对压裂设备的大规模作业能力、持续作业能力的要求更高。

2. 压裂设备组成

①连续泵注系统。该系统包括压裂泵车、混砂车、仪表车、高低压管汇、各种高压控制

阀门、低压软管、井口控制闸门及控制箱。

②连续供砂系统。该系统主要由巨型砂罐、大型输砂器、密闭运砂车、除尘器组成。巨型砂罐由拖车拉到现场，其容量大，适用于大型压裂作业；实现大规模连续输砂，自动化程度高。

③连续配液系统。该系统以混配车为主要设备，可实现连续配液，适用于大型压裂作业。其他辅助设备把压裂液所需各种化学剂泵送到水化车的搅拌罐中。

④连续供水系统。该系统由水源、供水泵机等主要设备及输水管线等辅助设备构成。

⑤泵送桥塞系统。该系统主要由电缆射孔车、井口密封系统（防喷管、电缆防喷盒等）、吊车、泵车、井下工具串组成。该系统工作过程是：井下工具串连接并放入井口密封系统中，将防喷管与井口连接好，打开井口闸门，工具串依靠重力进入直井段，启动泵车把工具串送到井底。

⑥施工组织保障系统。该系统主要有燃料罐车、润滑油罐车、配件卡车、餐车、野营房车、发电照明系统、卫星传输、生活及工业垃圾回收车。

3. 作业模式

（1）同步压裂

同步压裂指对相邻两口或者两口以上配对井同时进行压裂。同步压裂采用使压裂液和支撑剂在高压下从一口井向另一口井运移距离最短的方法，来增加水力压裂裂缝网络的密度和表面积，利用井间连通的优势来增大工作区裂缝的程度和强度，最大限度地连通天然裂缝。

同步压裂技术特征如下：

①应力叠加效应。大量的数值模拟计算表明，压裂裂缝在扩展过程中，靠近地层孔隙受裂缝内的压力抬高影响，孔隙压力升高，并以裂缝为中心向外逐渐降低，但由于同步扩展的2条或2条以上裂缝扩展，地层孔隙压力抬升区域出现重叠，这样就出现应力叠加现象。应力叠加区域的孔隙压力值进一步抬升。应力叠加效应将有利于区域内页岩的破裂，从而进一步增大水力压裂改造效果。

②多套压裂设备同步作业。同步压裂为两口或两口以上水平井同时进行压裂作业，这样的施工环境要求现场的压裂设备、管线等均布置对应井数。因此，多套压裂的布局摆放和施工指挥需要做到统一配置和指挥。

③快速配液作业和配套运输系统。由于同步压裂作业特点，压裂用液量为单井的两倍及以上，因此，现场对连续配液及围绕配液所需的输送、现场检测等配套系统技术要求比单井高。

（2）"拉链式"压裂

"拉链式"压裂技术作为"井工厂"压裂开发下应用的一种新型压裂方式，其将两口平行、距离较近的水平井井口连接，共用一套压裂车组不间断地交替分段压裂。这种压裂方式不仅可以极大地提高人员、设备和压裂车组的效率，还可以使地层生成裂缝网络更加复杂，生产效果比单井压裂更好。

"拉链式"压裂技术因其与单井压裂的场地要求几乎一样，现场应用效果明显，在现场压裂实践中取得了较好的试验效果，有效地提升了压裂效率，缩短了作业时间。因此针对页岩油气压裂大规模作业的特征，"拉链式"压裂技术将有可能成为页岩油气压裂改造的一项常用技术。

页岩气水平井分段压裂技术大幅度提高了产量。在对水平井进行分段压裂改造时，水力压裂方案设计非常关键。根据气藏储层特点，以裂缝扩展规律研究、储层可压性评价为基础，以形成复杂缝或网缝、扩大泄气面积为目标，确定压裂主导工艺，选择射孔位置优化压裂工艺参数，筛选、评价适用的压裂液体系和支撑剂组合。

七、高能气体复合压裂

高能气体复合压裂技术是指将高能气体压裂和水力压裂结合起来。高能气体压裂是利用特定的火药或火箭推进剂在目的层段深处进行燃烧，产生高温高压气体，以脉冲加载方式冲击油层，使井筒周围的岩层产生多方位径向裂缝，并沟通天然裂缝。由于地应力产生剪切应力作用裂缝面上，而产生偏轴效应，使裂缝之间产生微小错位，同时裂缝面上破碎下来的岩屑可成为天然支撑剂，二者使裂缝不易闭合。高能气体压裂时，火药燃烧所产生的高能气体对地层还具有热力和物理化学作用。热力作用表现为石蜡沥青胶质和其他硬质沉淀物溶化，物理化学作用在产生物中的主要成分（二氧化碳、氮气和氯化氢气体）能溶解碳酸盐岩和胶状结构，降低原油黏度及原油与岩石接触面的附着力。高能气体压裂后，利用水力压裂使其微小裂缝扩张，进行添砂支撑，从而使近井地带导流能力增强，增加生产层的出液强度，提高油井产量。

高能气体复合压裂技术适用条件：①固井质量合格，套管状况良好井。②处理层的上下夹层厚度不小于3 m，以保证不至于因爆炸对固井质量的影响造成层间窜流。③改造层应有较好的有效厚度和连通厚度。

该技术解决了低渗透油层压裂后井筒附近导流能力低、改造效果差的问题。

八、热化学压裂

用化学药剂作为前置液，利用化学药剂反应产生的气体和热量来处理油层，降低原油黏度，改变压裂目的层内流体的流变性。化学药剂反应产生的气体和热量对压裂液返排很有利，从而减少对油层的伤害。化学药剂反应产生的气体和热量作用于近井地带，改变了堵塞微粒和孔隙张力的重新分布，这种重新分布一般是有利于油层内的液体流动的。其可用于含蜡高、地层温度低、原油稠的油层改造。

化学药剂反应产生的气体和热量改善地层流体物性岩石的空隙渗透性等，从而利于地层流体进入井底，提高油井产量和采油速度等。

九、保护隔层压裂

根据压力平衡原理，采用平衡压裂管柱将薄隔层相邻的压裂层和平衡层分别卡在不同的卡段内，施工时向管柱内注入预前置液，封隔器坐封将压裂层与平衡层分隔开，使二者处于同一压力系统内，在平衡层和压裂层建立近似相同的压力。预前置液注入后投球打套，由平衡器控制平衡层进液不进砂，然后，对目的层进行压裂改造。施工中由于平衡层与压裂层处于同一压力系统，薄隔层上下的压力趋于平衡，从而保证薄隔层在压裂过程中不被压窜。

在固井质量合格的前提下，利用保护隔层压裂工艺技术，目前隔层厚度0.4 m以上的压裂井均可施工。压裂改造时，一是尽可能地提高储层动用程度；二是要确保薄隔层不被压窜；三是要优化压裂参数，确保合理的施工规模，控制含水上升速度，保证调整井的开发效果。

十、树脂砂压裂

树脂涂层砂的原理是在压裂石英砂颗粒表面涂敷一层薄而有一定韧性的树脂层，该涂层可以将原支撑剂改变为具有一定面积的接触。当该支撑剂进入裂缝以后，由于温度的影响，树脂层首先软化。然后在固化剂的作用下发生聚合反应而固化，从而使颗粒之间由于树脂的聚合而固结在一起，将原来颗粒之间的点与点接触变成小面积接触，降低了作用在砂砾上的负荷，增加了砂粒的抗破碎能力。而固结在一起的砂砾形成带有渗透率的网状滤段，阻止压裂砂的外吐。原油、地层水和酸对树脂涂层砂没有影响。适用改造效果差、有效率低、有效期短的注聚井。

该技术施工过程简单，可有效延长注入时间、降低注入压力升高速度。树脂砂压裂井的增注量是石英砂压裂井的2倍以上。

十一、低应力遮挡油层压裂

以海拉尔开发区块为例，压裂井施工初期存在着砂堵的情况。对这类井进行地应力分析发现，一部分井地应力差异小，压裂目的层与遮挡储层间的应力差值只有2～3 MPa，甚至无遮挡。这类井占压裂井数的73.0%。对其不成功原因进行分析诊断，从净压力拟和可以看出，由于施工中裂缝高度很难控制，裂缝内的净压力减小，缝宽度急剧变窄造成"桥堵"，因此施工过程中维持裂缝内的净压力是确保施工成功的关键措施。

现场措施：以低排量泵注前置液，目的是造长缝，控制裂缝高度。加砂过程中结合压裂施工曲线的压力动态变化情况，随砂比增加逐渐提高施工排量，维持裂缝内的净压力，同时由于支撑剂的遮挡可以减缓缝高的延伸。

十二、微裂缝发育油层压裂

近几年来，在深层压裂中遇到许多天然微裂缝发育的井，这种井在压裂过程中，压裂液滤失很大，而基质渗透率却很低，压裂液效率不高，容易产生多裂缝效应，造成施工压力过高甚至砂堵。现场应用G函数及净压力分析技术来诊断此种情况，然后采用支撑剂段塞、高黏液体段塞、大排量等处理方法。

压裂时，最初裂缝将从已存在的天然裂隙及诱导缝处产生。实际上，地层的岩石都存在着或多或少的裂隙，只是压裂过程中与水力裂缝交叉后，或扩大并填充进支撑剂，或少量延伸滤失液体，不能填充支撑剂。当天然微裂缝扩大到一定程度，形成水力裂缝的分支，则相当于产生水力多裂缝。

产生水力多裂缝与天然微裂缝发育的油层一样都增加了滤失量，存在缝端脱砂的危险。

井筒附近的微裂隙对水力裂缝的初始延伸不利，可能造成近井筒的扭曲，增大近井摩阻。

十三、近井扭曲高摩阻油层压裂

压裂时，裂缝最初将在射孔孔眼处已存在天然裂隙及诱导缝的地方产生，之后延伸经过近井地带，垂直缝最终在井筒远处沿最大水平应力方向延伸。在外围尤其是深井压裂，经常遇到加砂至一定砂比后地面压力急剧上升产生压堵的现象，最初认为是前置液量及排量不够，加大前置液量及排量后重压仍不能解决问题。最后重新射孔，虽成功压裂了一部分井，但还有一部分无法解决，其问题的根源也无从得知。近几年国内外的研究发现，此类压堵井的根源在于裂缝入口摩阻过大。它由两部分组成，一是射孔孔眼摩阻，二是近井扭曲即近井筒摩阻。因此，解决此类压堵井的关键在于识别入口摩阻产生的原因，区分这两种摩阻的大小关系，并提出相应的解决措施。

孔眼摩阻过大是射孔不完善引起的，特别是在限流法压裂工艺中，要求压裂层段内的射孔孔数有限，如果射孔孔眼摩阻过大，有可能造成砂堵。此类井较少见，一般重新射孔甚至采用新的射孔设计，改变设计变量，包括射孔孔眼直径、穿透距离、相位和间距（发射密度）等是最有效的途径。而近井筒摩阻在每口压裂井中多少都存在，它和射孔孔眼摩阻合称裂缝入口摩阻。当入口摩阻过大时，裂缝内的有效压力就会降低，易产生压堵。近井摩阻即近井筒区域的裂缝扭曲，它与压裂裂缝起始阶段的复杂性有关。大多数预料外的脱砂是由在近井区域中的支撑剂桥塞所引起的。

近井筒摩阻有两个来源：①由已经存在的微小裂缝（天然裂缝、钻井诱发裂缝、或者射孔孔眼诱发裂缝）引起的多裂缝的开始。②裂缝起始平面到裂缝主方位平面的急剧过渡，引起的原因是井筒附近的应力方向局部改变，并且在压开的裂缝段的射孔相位与最大水平应力成一定夹角。任何一个来源都可以导致近井区域不充分的裂缝宽度，它有可能导致支撑剂桥塞。利用阶梯降排量测试方法出现之前，是无法将孔眼摩阻、近井筒摩阻区分开来的，而两者的大小决定着整个压裂的不同决策。

十四、套损井分层压裂

利用小直径管柱进行压裂作业，该管柱由能过变点或加固管的小直径封隔器、喷砂器和通井器组合而成，实现一趟压裂管柱可坐压两个层段，达到管柱下得去、起得出，遇卡时能分体的效果。套损井分层压裂工艺技术设计了尽量加大外径的工具，有利于提高封隔器胶筒的抗压强度，有利于增大喷砂器的内通径，也有利于增大排量、提高砂比、降低摩阻，从而提高套损井压裂的效果和施工成功率。

管柱要求：①管柱要具有坐压两层的功能，即要求一趟管柱携带多级封隔器和双级喷砂器，并且要求喷砂器能逐级工作。②管柱在泵注时封隔器不能中途脱封，喷砂器不能有过高的节流。③管柱要具有防喷功能，压裂后地层返排，起管柱时管柱应能够防止反喷。④管柱应容易活动，即要求封隔器要具有进液防砂的功能，并且易收缩。⑤管柱的组成工具要求结构完善，组配合理，便于处理事故。发生砂卡事故时，处理事故过程中避免问题复杂化。

套损井分层压裂工艺技术适用于变形、外漏、弯曲、错断等套损井及通径在 ϕ 108 mm 以上无须整形的套变井和加固修复井。套损井分层压裂工艺技术，一方面使变形、外漏、弯曲、错断等套损井在修复的同时获得压裂改造；另一方面使通径在 ϕ 108 mm 以上无须整形的套变井和加固修复井获得压裂改造，提高了储量的动用程度。由于实施压裂，油井可以释放高压层的压力，水井可以增注，提高欠压层的压力，从而降低层间的压差，缓解层间矛盾，完善井网的注采关系，实现区块综合调整和套损区治理，相应地延缓套损速度，为实施套损井综合治理提供技术支持。

◎ ◎ ◎ ◎
学 技 压 配
习 术 裂 套
社 精 工 资
区 讲 程 料

"码"上对话
AI技术实操专家

模块三　酸化酸压

酸化是利用酸液与地层中可反应矿物的化学反应，溶蚀井筒附近的堵塞物质和地层岩石中的某些组分，扩大储层的连通孔隙或天然裂缝，恢复和提高地层渗透率，增加孔隙裂缝的流动能力。基质酸化是施工时井底压力低于地层破裂压力或闭合压力，酸沿基质孔隙进入地层，溶蚀并扩大孔隙。在大多数情况下，基质酸化的目的重在解除污染物和污染带。

酸压是在高于储层破裂压力或天然裂缝的闭合压力下，将酸挤入储层，在储层中形成裂缝。同时酸液与裂缝壁面岩石发生反应，非均匀刻蚀缝壁岩石，形成刻蚀裂缝，在施工结束后裂缝面不完全闭合，最终形成具有一定几何尺寸和导流能力的人工裂缝，改善渗流状况，从而使油气井获得增产。

酸处理效果与许多因素有关，诸如选井选层，选用适宜的酸化技术，合理地选择酸化工艺参数及施工质量等。为了提高酸处理的效果，应在酸化机理的指导下，做好各个环节的工作。

一、酸处理井层选择

一般来说，为了能够得到较好的处理效果，在选井选层方面应考虑以下几点：

①应优先选择在钻井过程中油气显示好、试油效果差的井层。

②应优先选择邻井高产而本井低产的井层。

③对于多产层位的井，一般应进行选择性（分层）处理，首先处理低渗透地层。对于生产史较长的老井，应临时堵塞开采程度高、地层压力已衰减的层位，选择处理开采程度低的层位。

④靠近油气或油水边界的井，或存在气水夹层的井，一般只进行常规酸化，不宜进行酸压。

⑤对套管破裂变形、管外串槽等井况不适宜酸处理的井，应先进行修复待井况改善后再处理。

在考虑一些井的酸化方式和酸化规模时，应对井的静态资料和动态资料进行综合分析研究工作。例如，油井位于断层附近，鼻状凸起、扭曲、长轴等岩层受构造力较强，裂缝较发育的构造部位，岩性条件较好，电测曲线解释为具有渗透层的特征，在钻井过程中有井涌井喷、放空等良好油气显示的井，一般只要进行常规解堵酸化，均能获得显著效果。反之，对于位于岩层受构造力较弱，裂缝不发育，岩性致密，在电测曲线上渗透层段特征不明显，钻井中显示不好的井，必须进行压裂酸化人工造缝，沟通远离井筒的缝洞系统才能获得较好的处理效果。

二、酸处理工艺

（一）碳酸盐岩地层盐酸酸化（压）

碳酸盐岩经过成岩作用和次生作用，其岩石主要矿物成分是方解石、白云石，其储集空间可以分为孔隙型、裂缝型以及溶蚀孔洞型。按照施工压力，在碳酸盐岩中的酸化也分为基质酸化和酸压。

酸压是在大于地层破裂压力条件下往地层中挤酸，依靠酸液的水力和溶蚀作用，将地层中原有的天然裂缝撑开、加宽并延伸至较远处，或把岩石压开而形成新的人工裂缝。这种"酸压"裂缝在酸岩反应的溶蚀作用下，裂缝壁面的岩石面呈凹凸不平状，当施工结束后，形成溶蚀沟槽通道，改善油气井的渗流状况，提高地层的导流能力，从而提高油气井的产量。

1. 酸液与碳酸盐岩的化学反应

酸液与方解石、白云石的化学反应式可以写为：

$$2H^+ + CaCO_3 \longrightarrow Ca^{2+} + H_2O + CO_2 \uparrow$$

$$4H^+ + CaMg(CO_3)_2 \longrightarrow Ca^{2+} + Mg^{2+} + 2H_2O + 2CO_2 \uparrow$$

2. 酸岩化学反应速度

盐酸溶解碳酸盐岩的过程，就是盐酸被中和或被消耗的过程。这一过程进行得快慢可用盐酸与碳酸盐岩的反应速度来表示。酸岩反应速度与酸处理效果有着密切的关系。酸处理的目的除了清除井底附近地层中的堵塞以外，还希望在地层中尽可能得到足够深度的溶蚀范围。

酸和岩石的反应只能在固－液界面中发生。因此，反应速度与酸液浓度、岩石类型、系统温度、流动速度及反应面容比有关，也与酸液类型和性质有关，一般都只能通过实验的方法测取。

①温度：温度越高，H^+ 的热运动增强，H^+ 的传递速度增快，酸岩反应速度加快。酸化中采用冷水循环洗井可降低井底温度，有助于降低酸岩反应速度。

②压力：反应速度随压力增加而减慢。

③盐酸（HCl）浓度：盐酸浓度低于23%时，随浓度增加，反应速度加快；盐酸浓度约为23%时酸岩反应速度最快，超过此值后反应速度反而下降。因此，在防腐等措施解决后，采用高浓度盐酸酸化有助于提高酸化效果。

④流速：盐酸的反应速度随流速的增大而加快。层流范围内反应速度随流速增大而加快；湍流流动时，由于液流的搅拌作用，大大减小了边界层厚度，H^+ 的传递速度明显加快致使反应速度随流速增加而倍增，故提高流速可以增加活性酸的穿透距离，且排量增加可获得更宽的裂缝，降低酸岩面容比，反过来降低酸岩反应速度。因此，工艺条件许可时可适当提高排量。

⑤面容比：单位体积的酸接触岩石的表面积称为酸面容比。面容比越大，单位体积的酸传递到岩面的数量越多，反应速度越快。

⑥同离子效应：用含有反应产物的余酸代替鲜酸与碳酸盐岩反应，结果表明，由于同离子效应的影响，酸岩反应速度减慢，实际酸化中可在酸液中加入反应产物以降低反应速度。例如，加入CO_2于酸液中注入地层，一方面可降低酸岩反应速度，另一方面有助于酸化后的残酸返排。

3. 酸岩反应有效作用距离

酸压时，酸液沿裂缝向地层深部流动，酸浓度逐渐降低。当酸浓度降低到一定程度（如2%～3%）时，把这种已基本上失去溶蚀能力的酸液，称为残酸。酸液由活酸变为残酸之前所流经裂缝的距离，称为活性酸的有效作用距离。

显然，酸液只有在有效作用距离范围内才能溶蚀岩石。当超出这个范围后，由于酸液已变为残酸，故不再继续溶蚀岩石了。因此，在依靠水力压裂的作用所形成的动态裂缝中只有在靠近井壁的那一段裂缝长度内（其长度等于活性酸的有效作用距离），由于裂缝壁面的非均质性被溶蚀成凹凸不平的沟槽，当施工结束后，裂缝仍具有相当的导流能力。此段裂缝的长度称为裂缝的有效长度。在动态裂缝中，超过活性酸的有效作用距离范围的裂缝段，由于残酸已不再能溶蚀裂缝壁面，所以当施工结束后，将会在闭合压力下重新闭合而失去导流能力。因此，在酸压时仅仅力求压成较长的动态裂缝是不够的，还必须力求形成较长的有效裂缝。

（二）砂岩地层土酸酸化

砂岩地层通常采用水力压裂增产措施，但对于胶结物较多或堵塞严重的砂岩油气层也常采用以解堵为目的的常规酸化处理。砂岩地层的酸处理，就是通过酸液溶解砂粒之间的胶结物和部分砂粒，或者溶解孔隙中的泥质堵塞物，或其他结垢物以恢复、提高井底附近地层的渗透率。

1. 砂岩地层土酸酸化原理

在岩层中含泥质较多、碳酸盐较少，油井泥浆堵塞较为严重而泥饼中碳酸盐含量较低的情况下，用普通盐酸处理常常得不到预期的效果。对于这类油井或注水井多采用由10%～15%浓度的盐酸和3%～8%浓度的氢氟酸（HF）与添加剂所组成的混合酸液进行处理。这种混合酸液通常称为土酸。

土酸中的氢氟酸是一种强酸，我国工业氢氟酸中其氟化氢的浓度一般为40%，相对密度为1.11～1.13。氢氟酸对砂岩中的一切成分（石英、黏土、碳酸盐）都有溶蚀能力但不能单独用氢氟酸，而要和盐酸混合配制成土酸，其主要原因有以下两个方面：

（1）氢氟酸与硅酸盐类以及碳酸盐类反应

氢氟酸与硅酸盐类以及碳酸盐类反应时，其生成物中有气态物质，也有可溶性物质，还会生成不溶于残酸液的沉淀。

氢氟酸与碳酸钙的反应式：

$$2HF + CaCO_3 = CaF_2 \downarrow + CO_2 \uparrow + H_2O$$

氢氟酸与硅酸钙铝（钙长石）的反应式：

$$16HF + CaAl_2Si_2O_8 == CaF_2 \downarrow + 2AlF_3 + 2SiF_4 \uparrow + 8H_2O$$

在上述反应中生成的 CaF_2，当酸液浓度高时，处于溶解状态，当酸液浓度降低后即会沉淀。酸液中含有 HCl 时，依靠 HCl 维持酸液在较低的 pH 值，以提高 CaF_2 的溶解度。

氢氟酸与石英的反应式：

$$6HF + SiO_2 = H_2SiF_6 + 2H_2O$$

反应生成的氟硅酸（H_2SiF_6）在水中可解离为 H^+ 和 SiF_6^{2-}，而后者又能和地层水中的 Ca^+、Na^+、K^+、NH^{4+} 等离子相结合。生成的 $CaSiF_6$、$(NH_4)_2SiF_6$ 易溶于水，不会产生沉淀。而 Na_2SiF_6 及 K_2SiF_6 均为不溶物质会堵塞地层。因此在酸处理过程中，应先将地层水顶替走，避免与氢氟酸接触。

（2）氢氟酸与砂岩中各种成分的反应

氢氟酸与砂岩中各种成分的反应速度各不相同。氢氟酸与碳酸盐的反应速度最快，其次是硅酸盐（黏土），反应速度最慢的是石英。因此当氢氟酸进入砂岩地层后，大部分氢氟酸首先消耗在与碳酸盐的反应上，不仅浪费了大量价值昂贵的氢氟酸，并且妨碍了它与泥质成分的反应。但是盐酸和碳酸盐的反应速度比起氢氟酸与碳酸盐的反应速度还要快，因此土酸中的盐酸成分可先将碳酸盐类溶解掉，从而能充分发挥氢氟酸溶蚀黏土和石英成分的作用。

总之，依靠土酸液中的盐酸成分溶蚀碳酸盐类，并维持酸液较低的 pH 值。依靠氢氟酸成分溶蚀泥质成分和部分石英颗粒，其反应结果是清除井壁的泥饼及地层中的黏土堵塞，恢复和增加近井地带的渗透率。

2. 砂岩地层土酸处理工艺

由于油气层岩石的成分和性质各不相同，实际处理时，所用酸量、土酸溶液的成分也不同，主要是依岩石成分和性质而定。由 10% ~ 15% 的 HCl 及 3% ~ 8% 的 HF 混合成的土酸足以溶解不同成分的砂岩地层。其中当地层泥质含量较高时，氢氟酸浓度取上限，盐酸浓度取下限；当地层碳酸盐含量较高时，则盐酸浓度取上限，氢氟酸浓度取下限。例如，在注水井中，由于金属管道长期被腐蚀，其腐蚀产物大致是硫化亚铁、氧化铁等物质，它们随着注入水集聚在井底并进入地层堵塞孔道，引起注入量降低。因此，注水井酸处理的主要目的在于解除井底铁锈堵塞。由于这些沉淀物都能被盐酸溶解而生成易溶于水的盐类，因此应配制以盐酸为主的土酸溶液。相反，如果以泥质堵塞物为主，则应相应提高氢氟酸的浓度。总之，土酸溶液的成分应根据处理对象的具体情况、矿物组成等情况作室内试验而定。

三、其他常用酸化（压）工艺

1. 前置液酸压工艺技术

前置液酸压工艺是指：首先向地层注入高黏低伤害的非反应性前置压裂液对储层压裂造缝，然后注入各种能与缝壁岩石反应的酸液，靠酸对缝壁的不均匀"刻蚀"形成槽沟沟通地层深部的裂缝发育带。当施工结束，压力释放后，裂缝也不能完全闭合而保持高的导流能力，从而达到酸压增产的目的。由于前置液的降温、降滤和造宽缝等作用，大大降低了酸岩反应速度，能显著增大酸的穿透距离。同时由于两种液体的黏度差产生"黏性指进"效应，使酸蚀裂缝具有足够的导流能力。该工艺特别适合于以沟通为主要目的的碳酸盐岩储层。需要指出的是，根据有关研究成果表明，若要形成黏性指进需要两种液体（前置液酸液）黏度差别比较大，黏度比至少为150∶1。

2. 多级注入酸压工艺技术

多级注入酸压技术是指将数段前置液和酸液交替注入地层进行酸压施工的工艺技术。其工艺方法为：前置液+酸液+前置液+酸液+前置液+酸液+……+后顶液。根据地层的不同特性，该项技术可以将非反应性高黏液体与各种不同特性的酸液组合，构成不同类型、不同规模的多级注入酸压技术。一般来讲，多级注入酸压的优势主要有：采用多级注入的压裂液减少液体滤失、通过压裂液的注入降低地层温度减缓酸岩反应速度、通过压裂液与酸液的黏度差别形成黏性指进实现高裂缝导流能力。

3. 闭合裂缝酸化工艺技术

闭合裂缝酸化是针对较软储层（如白垩岩等）以及均质程度较高的储层发展和应用的一种工艺技术。其特点是让酸在低于储层破裂压力的条件下流过储层内"闭合"裂缝，在低排量下注入的酸液溶蚀裂缝壁面，产生不均匀溶蚀形成沟槽，在施工压力消除与裂缝闭合后，酸蚀通道仍然具有较好的导流能力。闭合酸化工艺技术适合于已造有裂缝的碳酸盐岩储层，这些裂缝主要以三种形式存在：闭合压裂酸化前才刚压开的裂缝；以前压裂酸化施工造成的裂缝；天然裂缝性油气藏。该项技术对渗透率非均质性强、水敏性储层及天然裂缝性储层的处理等方面都有一些不同于酸压施工的地方。

4. 平衡酸压工艺技术

平衡酸压是针对低温白云岩及控制裂缝高度很重要的储层发展和采用的一种特殊工艺技术。其特点是：最大限度地延长了酸液与裂缝面的接触时间，并使动态裂缝几何尺寸得到控制，使其在获得最大增产效益的同时而不压开其上下非产层或水层。在现场进行深度酸压施工时，若酸液体系降滤性能较差且地层微裂缝较发育，深度酸压较易成为平衡酸压。此技术的原理特点与闭合裂缝酸化技术恰好相反。

5. 组合酸压工艺技术

"多级注入+闭合裂缝酸化"组合工艺技术是近年来国内外采用的一种较新的酸化工艺，即采用前置液造缝，再交替注入酸液和前置液段塞，随后在裂缝闭合的情况下，泵入一定浓度的盐酸溶蚀裂缝壁面，形成高导流能力的流动通道，从而形成一条较长的高导流能力的酸蚀裂缝。该工艺的优点是可以有效降低酸液滤失；因黏度差造成的黏性指进可在裂缝壁面形成不均匀刻蚀状态，增加裂缝的导流能力；采用闭合酸化，酸液沿流动阻力最小的通道流动，继续增加酸蚀沟槽，同时裂缝的非均质性和裂缝壁面的凹凸不平进一步增加，从而大大增加裂缝的导流能力。

模块四　安装与施工

一、设备安装与要求

通过建立压裂现场摆放布局、设备与设施配置、目视化管理三方面现场标准化，实现现场布局、目视化管理规范化及设备与设施配置标准化，达到生产安全、高效的目的，促进现场管理水平不断提升。由于施工对象、规模、甲方要求及设计要求的不同，各施工队伍在具体实施时按照实际情况可做必要的增减。

根据油气压裂现场布局，按照压裂工艺可将井场分为8个施工区域：生活区、酸罐区、压裂车组区、液罐区、放喷排液区、CO_2泵注区、砂罐区和测井区，见图4.1.1。

1. 场地要求

①单井压裂作业井场有效使用面积为140 m×90 m，本尺寸是按2500型压裂车26台（压裂施工排量20 m³/min）为基准。如果排量低于20 m³/min，每减少一台压裂车，井场长度应减少4 m；平台井井组每增加一口井，井场长度应增加5 m；每增加一排井，井场宽度相应增加。如果有二氧化碳泵注施工，则在井口另一侧需要35 m×45 m的二氧化碳区域（具体场地大小需要依据设计施工需求而定）。井口一侧场地需满足90 m×90 m，用于压裂区域设备管汇的安装摆放；另一侧场地需满足50 m×90 m，用于测井、压后放喷及二氧化碳泵注。井场面积根据设计要求需要满足整套设备的摆放需求。地面应平整、夯实，满足车辆行驶、装卸要求，场地应高于四周，防止雨水倒灌积水。

②硬化要求：

a.高压区域井口应建设与之尺寸相匹配的方井，周围全部进行水泥硬化。

b.方井尺寸根据套管头的尺寸决定。方井的高度以略低于井场基准面为宜，内置排水泵，要求性能良好，出口接至井场排水沟。

c.压裂施工区域宜进行水泥硬化，柴驱压裂设备压裂施工区域面积为45 m×35 m（按照施工排量20 m³/in，2500型泵车26台计算）。

d.二氧化碳区域需进行硬化，面积为35 m×40 m（具体场地大小需要依据设计施工需求而定）。

e.2个砂漏区域及上砂区道路需进行水泥硬化，每个砂漏区域面积由砂大小决定。

f.混凝土浇筑厚度以20 cm以上为宜。

g.酸罐区、储水罐区、放喷排液高压管汇区、压裂高压分流管汇、测井（连油）区域可根据井场的实际情况进行合理的场平压实，上部铺设垫板，以保证区域平整，设备阴雨天不下陷为合格。

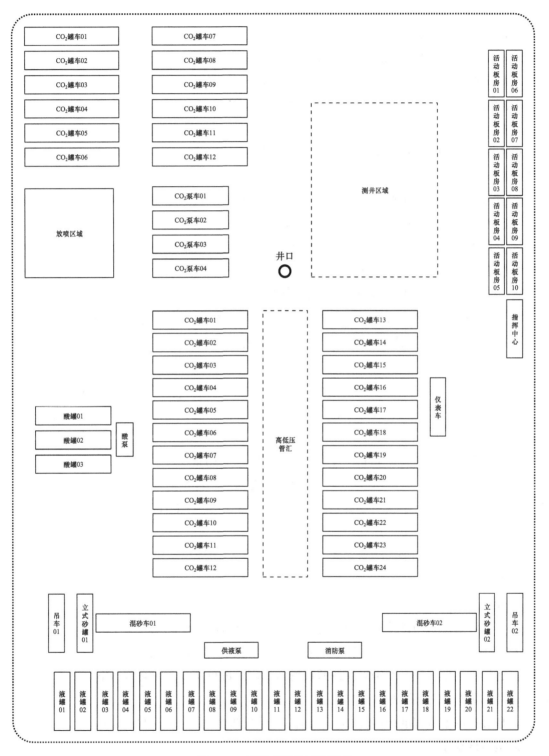

图4.4.1 压裂现场分区示意图

h.井场循环路的建设应根据设备摆放要求，在井场四周建设循环道路，道路路宽不少于6 m，最小弯曲半径不小于10 m。道路承载能力满足特种泵车及重载卡车通过。

i.预留供水、供电管线的通道（涵洞管）。道路建设需要水泥硬化处理或采用复合组成方式，地面承压应不小于0.20 MPa。

j.其他区域的场地应满足设备摆放需求，具备人员及设备撤离的应急通道。

k.井场硬化前，应预留电缆沟槽，根据电力部门和压裂设备摆放的要求提前预留电缆沟。

l.电缆沟铺设完毕后，应填平并在其上面铺设盖板，承重满足大型车辆通过要求。

m.井场区域高度应高于井场四周，在循环路外侧应设置排水沟。

n.井场内部需设置引水沟槽，局部低洼区域必要时设置蓄水坑，内部放置排水泵及时外排雨水。

③井场内保持整洁干净。各种物料、工具、配件等应按照用途性质合理规划，分区域集中摆放。区域内设置属地标识牌，各类警示标志齐全。

④井场内至少有2个逃生通道，位置应设在快速逃离设施的地方，有标示牌标明逃生方向。井场至少设立两个紧急集合点。

⑤压裂作业现场监控设备要做到重点区域全覆盖，数量应大于或等于6套，分别重点监控井场全景、井口、高低压管汇区、砂漏区、压裂指挥室内、压裂车组。整个压裂施工期间，井场至少要有1套可调方向球机对其上部区域进行覆盖，并做到视频及时回传。

2. 距离要求

①同排相邻油驱压裂泵车间距应大于0.8 m，电驱压裂泵车间距应大于1.0 m。液罐区距离井场边坡安全距离应大于或等于2.0 m。车辆通道宽度应大于5.0 m，逃生通道宽度应大于2.0 m。

②油罐区距井口应大于30 m、发电机距井口应大于30 m。

③放喷管线出口距井口不小于20 m，排液用储液罐、计量池距井口应大于25 m，分离器距井口应大于30 m，火炬出口距井口、建筑物及森林应大于100 m，且位于井口、油罐区主导风向的上风侧。

④液压井口闸门的液控装置距离井口不小于20 m，配置专用电源，并在周围保持2 m以上的行人通道。

3. 值班区要求

①区域设置压裂用指挥室、值班房、库房等，具备压裂作业期间指令的及时发送、施工人员的临时休息与值班以及作业期间常规物资与应急资源储存的功能。

②指挥室、值班房、库房等应按照现场施工需要进行摆放。所有营房不得临边、临沟摆放。距离井场边坡安全距离大于2.0 m。

③压裂指挥室需满足视频监控与压裂施工参数实时数据显示等功能要求。

4. 高压区要求

①区域设置压裂井口、高压管汇、压裂泵组等设备设施，具备满足闸门开关、液体泵

注、泵送桥塞及相关井控安全要求的功能。

②压裂井口用直径大于22 mm的钢丝绳四角对称固定牢固。

③搭建井口操作台，方便操作人员开关闸门。

④压裂泵组与压裂井口的安全距离大于10 m。

⑤油驱设备摆放8 kg干粉灭火器2具，电驱设备摆放16 kg CO_2灭火器不少于2具。

⑥高压区域周围应使用专用钢板防护，钢板厚度大于15 mm、高度大于2.0 m，满足现场安全防护要求。

5. 低压区要求

①区域设置供液设备、低压管汇、压裂液（酸）罐、发电机等设备设施，具备安全储存并供给酸液或压裂液的功能。

②供液设备摆放时应避免正对高低压管汇。

③罐体底座齐平，孔洞盖板盖严，罐顶护栏高度大于或等于1.2 m。酸罐附近须配备洗眼台、纯碱等防护品。酸罐群范围内进行圈闭。

④卸酸区域需要用警示带隔离。酸罐与井场边缘之间的距离应不小于2 m，预留运酸车辆进出通道。酸罐区上方应无电缆、电线，附近应无植被。酸罐、酸泵、供酸管汇区域应设置围堰防护。

⑤供酸区域应配备护目镜、洗眼台、防酸服等应急防护用品与器材，在供酸区域周围设置安全警戒线，在醒目位置设置"当心腐蚀"安全标志和危险化学品标志。

6. 仪表区要求

①具备对现场进行施工控制、视频监控、数据采集及传输等功能。

②仪表车应在便于应急疏散的位置摆放。仪表设备宜靠近井场大门摆放，与压裂泵送设备、混砂设备之间的距离不宜超过100 m。

③所有网络通信线沿相同方向连接，通信线摆放整齐，使用压线槽固定和保护。

7. 砂区要求

①区域设置砂罐、吊车、运砂车辆等设备设施，具备施工现场吊装、储存和输出支撑剂的功能。

②供砂区砂漏至少满足3种型号的支撑剂需要，容积要求满足单段加砂量。混砂车配置满足排量、输砂速率及最大砂比要求。根据目前施工实际情况，需要配备2台混砂车满足最大输砂速率、总排量，及防止单边砂比过高出现沉砂风险。配备吊车、卡车边施工边补砂。

③砂罐使用地锚、基墩及绷绳固定。砂罐顶部应安装防坠器、护栏。

8. 配液区要求

①区域设置混配车、配酸设备、缓冲液罐等设备设施，具备储存配液材料、配制工作液并输送至液（酸）罐的功能。

②化工料应摆放整齐，标明类别、危害识别标志及应急措施，上方有防水防晒设施，采取下铺上盖。

9. 燃油区要求

①区域设置油罐、加油橇等设备设施，具备储存及补充燃油的功能。

②加油橇宜摆放在靠近泵车处。成品油罐面通道畅通，无孔洞，配计量标尺。

③油罐区配静电释放装置，以及35 kg干粉灭火器至少2具。

10. 电器设施区要求

①区域设置发电机组、变电设备及变频控制房等，具备为现场照明、远程泄压、电泵压裂供配电的功能。发电机组排气管出口不得指向加油车。

②配电柜周围内不得存放易燃易爆危险品，应保持干燥，地面应铺设阻燃防静电绝缘地板。

③户外配电设施设防雨罩，线路布局规范，架空并分开，不得妨碍交通。

④电驱压裂配电区设置根据设备负荷确定电网容量需求，安装合适的电力变压器。

⑤所有用电设备满足用电安全管理规定。

11. 设备配置要求

①主体设备根据设计要求配置压裂泵、供液设备、仪表车、高压管汇。其他设备设施满足供液、维护、保养、远程控制、数据远程传输、运输吊装、现场用电以及特殊工艺需求。应急设备设施满足现场气防、消防、防洪防汛等应急要求。

②泵车所需水马力配置：$HHP=22.68 \times P \times Q \div 0.8$（泵效）$\times 1.2$，其中：$HHP$为总水马力；$P$为该井最高施工限压，MPa；$Q$为本井设计所需最大施工排量，单位为$m^3/min$。泵车所需台数取决于压裂施工所需水马力、排量和限压。

③施工设计限压80 MPa及以下时，泵车组的准备总功率确定原则：单井施工不允许中途停机检修，总施工时间超过4 h的情况下，泵车组的准备总功率不低于设计总功率的1.5倍。施工设计最高泵压80 MPa以上时，泵车组的准备总功率确定原则：总施工时间超过4 h的情况下，泵车组的准备总功率不低于设计总功率的1.8倍。施工过程中高压管汇工作压力、排量、单机负荷确定原则：压裂设备单机平均负荷率不宜超过额定输出功率的80%，控制高压管汇工作压力不宜超过额定压力的90%。

④建议采用大通径管汇最大限度有效避免振动引起刺漏风险。高压管汇与压裂设备连接时应安装单流阀或旋塞阀。高压管应安装安全阀，安全阀泄压口应朝下。分流管汇距离井口建议大于5 m。高压管件采用吊带缠绕，高低压管线宜避免交叉重叠，若达不到要求时应采用橡胶垫或枕木进行隔离。

⑤井口闸门主通径上至少有一套液动闸门，并配置专用液控源及电源，满足在20 s内能够快速关闭井口的要求。

⑥配备视频监控及实时监测控制功能，施工期间能满足监控运转设备及高压区域等其他高风险区域监视要求。

12. 井控要求

①压裂施工过程中要严格执行石油天然气行业井控方面的行业标准和企业标准。

②压裂施工前，按设计要求配备相应级别的压裂井口及高压管汇管材。

③压裂井口宜安装液控平板阀。压裂高压管线井口落地管线上就近安装单流阀，单车安装旋塞阀或者甲板阀。

④泵车超压保护完好，仪表操控系统工作正常，能够实现一键紧急怠速和紧急熄火。应全程监测走泵、试压直至压裂结束关闭井口放压为零。

⑤压裂施工中根据工程设计要求做好压力监测，严禁超过设计限压。

⑥施工过程中一旦发生高压管件刺漏，立即停泵熄火放压，整改合格后方可继续施工。

⑦井口装置刺漏立即停止施工，视情况启动相关应急预案。

⑧施工中应有专人全程观察视频监控终端，关注压裂设备、高压管汇、井口装置等关键部位工作状态，发现异常立即汇报。

13. 质量要求

①压裂施工前，甲方组织人员对各方施工单位进行开工验收检查，确认达到设计要求。

②压裂施工前，甲方、设计单位、施工单位、作业单位、技术服务单位等相关人员进行安全和技术现场交底，确认相关准备工作。按压裂设计及各自职责范围分工，明确现场施工的总负责人及各方责任人方可进行下步施工。

③施工前核实好各种化工料、液体、支撑剂种类、数量、型号是否满足设计要求，应现场提供检测报告。

④所有装运材料的容器设备干净无异物。

⑤严格按照设计进行压裂施工，现场出现异常情况需要变更设计时，须由设计人或甲方代表签字后方可执行。

⑥取全取准各项资料。要求仪表车记录施工全过程，直至压力为零后。

14. HSE要求

①所有现场人员都应取得与本岗位相符的有关证件。所有施工队伍应取得中石化相关资质及准入证件。

②全程施工遵循"安全第一、预防为主、综合治理"原则，按照规定执行领导带班制度。

③各类设备设施应按照井场布置要求进行安装连接。必须遵循法律法规、标准规范及操作规程，严格按照上级及公司有关标准及规定执行。没有说明涉及的应遵循相应标准规范。

④各专业施工队伍应在施工作业前向所有施工人员进行现场安全、技术交底及处置方案交底。压裂施工前应进行高压管件刺漏、火灾等应急演练。

⑤设备安装调试结束后，施工单位及甲方应组织相应人员进行开工前的检查验收，整改验收提出的问题确认合格后方可进行下步压裂施工。

⑥按照"谁的设备谁负责，谁的设备谁操作"原则现场各自负责各自设备。

⑦安装过程中涉及的起重作业、高空作业、动火作业、进入受限空间作业等其他特殊作业应实行JSA分析及作业许可，全程视频监控，满足规定及安全施工要求。

⑧现场存在交叉作业时，与相关作业方签订交叉作业协议。

⑨对提供服务的承包商（协作方）实施属地安全监管。引进承包商的单位负责对承包商的HSE管理体系、施工资质、人员资质及健康情况、设备设施等方面进行审查确认，按照职责分工把好资质审核关。

⑩进入施工作业现场应穿戴相应的劳动安全防护用品，严防"三违"发生。施工现场禁止明火，禁止携带易燃易爆物品，消防器材设备的配备应符合规定。

⑪应利用供液泵和供水管网搭建消防水网。

⑫对危险区域采取安全可靠的防护措施，如设置防护钢板或者设置警戒区域。

⑬压裂施工前所有人员应撤离高压区域，压裂施工期间禁止人员进入高压区域。

⑭高压区域应严格控制人员进入。如紧急情况下确需进入，应立即分析判断评估风险，果断采取相应的措施。确需进入高压危险区时，应符合下列安全要求：经现场指挥允许；危险区以外有人监护；执行任务完毕迅速离开；操作人员未离开危险区时，不应变更作业内容。

⑮所有设备及配件必须使用合格产品，特别是压裂井口和高压管汇、管件由专业检测机构检测合格，并提供检测报告，在有效期内使用。

⑯井口及地面闸阀开关操作时，除操作人员外，其他人员严禁进入高压区。

⑰井口闸门由井口提供单位负责，指定专人操作，开关时操作人员应站在闸门的侧面。

⑱施工现场采用防爆无线对讲机传递指令信息。

⑲预置或泵注二氧化碳、液氮施工时，在主管线上安装单流阀，所有高低压管线连接部位使用安全绳等防脱保险措施。

⑳密切监视设备运行情况，确保设备安全，发现问题及时向现场施工负责人汇报。

㉑施工期间安排专人进行视频监控坐岗及巡视并填写坐岗记录。全程记录压裂施工数据和视频监控，施工完保留好所有数据及视频。

㉒施工现场配备医务急救药品，含硫化氢等有毒有害气体井必须配备相应防护设备。做好防腐蚀及有毒气体中毒以及其他事故应急物资的准备工作。

㉓六级以上大风、暴雨雷电天气无防护措施时严禁施工作业。气温高于35 ℃或低于0 ℃，现场又无防暑或保温条件应停止作业。

㉔用酸作业场所应备清水、苏打水、防酸手套、洗眼器等其他防护应急物资。

㉕现场做好防渗措施，确保污液不直接落地，压裂施工前及完工后要与作业队做好现场环保交接工作。施工结束后对井作业区域进行全面清理，做到工完料净场地清。

㉖试油（气）队是现场安全管理和应急管理责任主体单位，负责与现场专业施工队伍签订安全管理协议，明确各单位安全管理和应急管理责任；成立现场联合指挥组，并组建应急队和各专业应急小组，建立应急联动响应机制。

㉗压裂队和射孔队分别是压裂施工、泵送桥塞射孔联作施工的应急责任主体，分别负责各自的应急组织、现场处置方案编制、应急演练及应急处置等工作。出现异常施工情况应按照设计内对应异常情况处理措施进行处置，突发事件按照规定启动相应应急处置程序进行

处理。

㉘其他未尽事宜执行国家法律法规以及行业、企业相关要求、标准、规范及相关操作规程。

二、压裂施工工序

压裂施工作业包含设备连接、仪表调试、走泵试压、压裂施工、施工收尾。各工序详细介绍如下：

1. 设备连接

①储液罐：依据井场条件合理摆放储液罐，连接各罐及流程管线。要求地基必须稳固平整，摆放整齐合理，流程阀门密封良好，开关灵活。管线安装牢固，连接螺栓齐全紧固，无渗漏现象。存储易燃易爆、有毒有害物质时，罐体或周边应有安全警示标识和MSDS告知。

②泵车：压裂泵车摆放、倒车及进场由专人指挥，依次摆放并连接各车高、低压管线。禁止多车同时进行操作，管汇两侧压裂车严禁同时倒车。压裂泵车摆放区应留有安全和应急疏散通道。

③仪表车：放置在危险度低的位置。车辆应尽量摆放在井口上风方向。连接控制线路启动仪表、视频监控，调试各项参数，能够观测到井口、高压区域。在井口、高压管汇地面高压管线和泵车区设置视频装置，能够覆盖高压区域，施工前开机检查确保工作正常。连接控制电缆，确保机械、仪表工作正常。

④混砂车：绞龙对准砂罐（或砂漏）出口，加砂斗下铺设防渗布。按工程设计排量需求连接吸入、排出管线。连接数据线，启动设备调试并试运转至工作状态。

⑤高压管线：高压管线连接布局合理、连接牢固，管件之间留有足够间距，使用垫木可靠支撑。使用的高压管件做好登记，每根入井高压管线上安装同规格、型号的单流阀或旋塞阀。高压管汇及所有高压管件需要安全绳进行缠绕。以施工井井口10 m为半径，沿泵车出口至施工井井口地面流程两侧10 m为边界设定为高压危险区。高压危险区使用专用安全警示线围栏，在醒目位置摆放高压警示标志。

2. 仪表调试

①所有设备连接完毕后，连接通信线路。各设备通电后，通过仪表车采集系统及泵控系统检查通信系统信号是否正常，检查各数值是否正常。

②技术交底及开工验收。现场各方施工人员参加由现场总指挥组织的安全技术交底会。明确技术参数、安全区域、现场安全注意事项及应急处置方案等内容。压裂队组织本单位现场施工人员进行安全技术交底，组织开展消防和高压管件刺漏应急演练，其他相关方作业人员参加联合演练。组织开工验收，并整改不合格项，满足开工条件后由验收小组成员共同在开工验收书上签字确认。

3. 走泵试压

①启车前由施工指挥确认排空管线上的闸门处于打开状态，走泵前设置走泵限压为

3 MPa，逐台进行，禁止两台泵车同时排空，出口末端由专人看守。

②走泵完成车辆熄火后，关闭排出口闸门。

③施工指挥通知仪表启动车辆对井口及压裂管汇逐级试压。试压前先试低压，验证超压保护装置。若有失灵必须整改后方能进行后续施工。

④试压时所有人员远离高压区，观察人员必须在远处（或有遮挡物）观察。发现渗漏上报施工指挥，泵车熄火，打开放空闸门至压力为零后再进行整改。整改完成后重新对管线进行试压。

4. 压裂施工

①压裂施工前设定好限压，所有人员远离高压区。

②按照设计方现场指挥人员指令施工，仪表操作人员密切注意施工压力及各项参数。

③巡视及视频坐岗人员监测巡视车辆及高压区域，泵工及仪表工检测车辆运转状态。

④压裂施工结束后停泵，所有车辆怠速运转完毕后熄火，待关闭井口闸门后放压，仪表数据采集至压力为零后方可停止记录。

5. 施工收尾

①所有车停泵熄火后，再关闭井口闸门。

②打开排空闸门，发动泵车设定超压保护3 MPa进行泵车排空工作。

③仪表做好数据监控，施工人员必须在地面高压管线压力为零后才能够进入高压区。

④排空完成后车组熄火，进行拆装撤场作业。

三、泵送桥塞工序

1. 打备压

①泵送桥塞施工由测井公司指挥，压裂队配合。施工前进行技术交底，压裂施工指挥、仪表操作工和混砂操作工参加。测井公司确定好试压压力、泵送排量和泵送限压。

②按照地面旋塞阀切换程序切换高压流程，保留泵送泵车与井口相连，切断其余泵车与井口的连接，准备泵送桥塞施工（其间测井公司安装防喷管到井口上面）。

③打开泵送高压管线上的排空阀，启动一台泵车待命。

④打开井口最上方的闸门，关闭放压闸门，按照测井公司指令设定超压保护。

⑤按照试压程序操作，重复操作直至管内空气完全排出。防喷管试压只在第一次使用时进行试压操作，后续泵送过程中可不进行防喷管试压操作。按照测井公司指令对防喷管密封性进行试压，试压分阶段进行，每个压力点需对防喷管和井口进行检查确认。

⑥排空完毕后，建立平衡压力，打开井口闸门。以平衡压力与已施工层段的停泵压力一致为宜。

2. 泵送桥塞

①工具达到泵送点前测井公司通知压裂设备准备。根据测井指令，仪表车设定限压。

②提排量至要求值，随后根据不同的排量和压力要求调整泵车排量。

③仪表操作应密切关注泵送压力变化，全程听从测井公司指挥指令。

④最高压力不超过防喷管试压值。

⑤达到预定位置后，测井指挥通知停泵，仪表监测压力，泵车待命。

3. 坐封射孔

①校深、桥塞坐封：仪表监测压力，泵车待命。

②射孔：仪表监测压力，泵车待命；射孔完成后泵车熄火。

③上提电缆：仪表监测压力。

4. 关井放压

①上提工具串进入防喷管后关闭井口，仪表监测压力。

②关闭井口闸门，打开排空旋塞阀放压，仪表监测压力归零。

③拆卸防喷管检查工具，进入投球压裂工序。

四、泵注二氧化碳工序

1. 施工前的准备工作

①压裂泵车的准备：泵车检泵，清洗砂包，确保凡尔座的密封。拆除泵车上水管汇上的吸入缓冲器，接口用盲板堵死。泵车保留一个上液口，多余的接口需要用堵头堵死。

②二氧化碳增压泵的准备：检查设备油水保持正常。检查仪表工作正常。检查安全装置齐全有效。检查二氧化碳液相管线本体和接口是否完好。检查气液相管线安全绳是否完好，数量是否满足施工需要。根据现场场地情况备好二氧化碳低压流程和足够的二氧化碳专用低压管线。

③高压管线的连接：井口到泵车高压管线依次连接放压三通、安装压力传感器三通高压单流阀、冷却管线循环三通（可根据实际情况调整位置）、连接泵车高压三通或四通所有高压管线，连接部位使用安全绳等防脱保险措施。主管线需安装高压单流阀，以防开启井口后井内压力倒流。

④低压管线的连接：二氧化碳低压管线全部使用专用管线，一根4"管线按最大排量 $1\,m^3/min$ 计算。泵注二氧化碳排量较大，所需储罐较多，可将所有储罐连接至专用低压流程后，再连接到二氧化碳增压泵吸入口。所有二氧化碳低压管线连接部位使用安全绳或钢丝绳等防脱保险措施。冷却循环所需低压管线从高压循环三通旋塞阀处连接至二氧化碳增压泵吸入口。

2. 泵车冷却

①二氧化碳增压泵设置最高安全限压 3 MPa，一般设置为 2.5 MPa，确认冷却循环管线高压旋塞阀处于开启状态。

②确认增压泵车和二氧化碳罐气相管线、液相管线是否正确连接以及压裂泵车上的水口与增压泵车出液口是否正确连接。检查线路闸门、排气阀、循环阀是否都处于关闭状态，然后开启增压泵气相连接管线闸门。

③冷却开始先开启所有储罐气相出口阀门进行充压，充压至二氧化碳增压泵和所有高低压管线与储罐内压力平衡，检查所有连接部位密封性无问题后进行下步操作。

④逐段打开排气阀排出空气，全部为二氧化碳后（蓝色气柱）关闭所有排气阀门。

⑤打开增压泵的气液联通阀。打开增压泵与泵车液相上水管线的闸门，检查是否有泄漏。回路压力不再变化时关闭气液联通阀。

⑥通知（施工指挥、现场负责人）开启液相。无论是气相还是液相存在泄漏，都必须先关管线两头闸门，放掉管线内部压力后才可以进行整改操作。

⑦二氧化碳增压泵运转平稳后，逐台启动泵车。启动泵车时密切观察增压泵吸入口压力，待压力平稳后再启动下台泵车。压力高（吸入口压力最高不能超过2.2 MPa）则开启排空阀门进行控制，直至启动所有泵车。泵车启动后要处在空挡怠速状态，使整个液力端温度达到-5 ℃以下。

⑧监控各高压管线和液力端吸入端砂包及循环管线温度，当降到-20 ～ -17 ℃，且泵车液力端冷却至-5 ℃以下时即冷却完毕。

3. 泵注二氧化碳施工

①将冷却完毕后的所有泵车熄火，然后关闭冷却循环管线高压旋塞阀，启动一台泵车进行试压，合格后开启井口闸门，所有泵车启动。

②通知全部储罐开启卸车泵，观察分离罐压力与液位，保证分离罐压力。启动增压泵使增压泵排量略高于泵车排量，观察增压泵进出口压差，逐渐提高泵车排量至施工排量进行正式施工。

③如遇泵车突然超压或其他突然停泵情况，马上通知增压泵和储罐立即停泵，在等待处理前控制好增压泵分离器内的压力。

④泵注二氧化碳施工时密切注意二氧化碳增压泵压力，根据排量适当调整增压泵分离罐内液面和供液压力，能够平稳地为泵车供液。

⑤施工中由专人负责观察各储罐内液位，尽可能控制所有储罐内液面平衡。

4. 施工收尾

①泵注二氧化碳施工完毕关闭井口闸门后，关闭二氧化碳增压泵排出口闸门，然后通过高压放压闸门进行高压管线的放压排空。

②二氧化碳增压泵通过分离罐底部的放空闸门进行快速放压排空，将其余管道内的放空阀门开启进行排空。

③为避免高低压管线内存干冰，开启二氧化碳增压泵排出阀门后，可开启二氧化碳储罐气相阀门进行再次充压，将所有管道内的压力维持在5 min左右，然后再次进行放压排空，反复2 ～ 3次确保高低压管线内的干冰扫除干净。

④将高低压管线内的二氧化碳排空后，方可拆卸管线。

5. 注意事项

（1）二氧化碳的物理性质

气体二氧化碳密度为1.977 g/L，液体二氧化碳密度为1.17 kg/L，临界温度为31.06 ℃，临界压力为7.38 MPa，在常温、7.09 MPa压力下，气体二氧化碳液化成无色液体。液体二氧化碳蒸发时或在加压冷却时可凝成固体二氧化碳，俗称"干冰"，是一种低温致冷剂，密度为1.56 kg/L。二氧化碳能溶于水，20℃时每100体积水可溶88体积二氧化碳，一部分跟水反应生成碳酸。在标准状态下，1 m³液态二氧化碳变成气体体积为509.5 m³。干冰极易挥发，升华为无毒无味的、比固体体积大600～800倍的气体二氧化碳，所以干冰不能储存于密封性能好、体积较小的容器中，否则很容易发生爆炸。

（2）二氧化碳施工风险

炮弹效应：二氧化碳在施工中，系统内压力突然变化的部位会产生干冰（如放压旋塞阀、泵车液相管线里等），严重时会堵塞管线。如果在干冰未完全气化时拆卸管线，管线内的固态或液态二氧化碳因受热气化，体积急速膨胀导致管线内部压力急速上涨，将堵塞的干冰从管线出口高速喷出造成人员、设备的损伤，形成"炮弹效应"。

冻伤：固态（干冰）和液态二氧化碳在常压下迅速气化，能造成–80～–43 ℃低温，如与皮肤或眼睛直接接触，可引起皮肤和眼睛严重冻伤。

窒息：二氧化碳在低浓度时，对呼吸中枢有一定的兴奋作用，高浓度时则产生抑制甚至麻痹作用。人进入高浓度二氧化碳环境，在几秒钟内即可昏迷倒下，其瞳孔对光反射消失、瞳孔扩大或缩小、大小便失禁、呕吐等，更严重者出现呼吸停止及休克，甚至死亡。

（3）泵注二氧化碳注意事项

①无论何时，排气和液相的出口不准对人。

②施工时，各操作人员都应该在设备附近，预备处理紧急情况。

③管线、设备处于低温状态时不要敲击或大力撞击，防止其破碎崩裂。

④低压管线两端必须用安全绳或安全链有效固定，低压安全隐患不易被发现，且会导致温室气体泄露及压裂作业事故。

⑤压力传感器必须装在干路上，传感器的接口必须朝上，防止干冰堵塞通道，导致压力信号无法正常采集。

⑥施工结束后，小角度开启排空闸门，保持管线内有一定压力，防止快速泄压导致结干冰。

⑦施工中和施工结束后，存在液态、固态二氧化碳的管路、井口等不得同时关闭两道闸门而造成封闭的死空间，否则可能导致闸门损坏或引起爆炸事故。

⑧干冰堵塞的管线，应始终保持出口通畅，蒸发的二氧化碳可以及时排出；尽量不要通过敲击等物理方式清理结冰管线，管线口禁止朝向有人的方向，防止干冰堵块因膨胀飞出造成伤害（炮弹效应）。

⑨由于二氧化碳的物理特性，在压力降低后温度也会随之降低，液体"沸腾"加剧导致

液体内部含气量急剧升高，泵效急剧降低，压裂泵无液体排出，泵腔温度会快速升高。

⑩二氧化碳在井场条件下三相并存，其中固相（絮状干冰）会在低点沉积。例如，管线的最低点、砂包等，随着施工时间的延长，这些部位可能堵死，导致设备无法正常工作。

⑪闸门操作原则：先关后开，慢关开。

⑫条件允许时要把所有的二氧化碳罐一次性接入增压泵车管汇。

⑬劳保用品穿戴规范，避免被管线不锈钢丝断头划伤。

⑭冬季施工如遇下雨，长停后再次施工前需确认各个放喷口内无结冰堵塞情况。

（4）二氧化碳施工中途停泵应急措施

①打开增压泵车循环阀，关闭泵车上的水管线闸门。

②关闭井口闸门。

③主管线放压旋塞阀打开放压（开度为114～112），至仪表显示压力为零。

④打开液力端侧面旋塞阀。

⑤打开上水管线排气阀排气，至泄压完成。

⑥保持从增压泵出口至泵车吸入口球阀敞开，压裂泵至井口之间高压旋寒阀敞开。

⑦增压泵低速运转，观察液体压力不要超过2.4 MPa。

⑧允许施工后关闭所有闸门重新冷却设备。

（5）二氧化碳低压管线结干冰处理措施

①施工时备用两根管线，低压管线结干冰，执行长停措施，管线内无压力后直接更换低压管线；换下的结干冰管线小心搬运，并对相关人员进行安全告知。

②泵车砂包，如果堵死不建议拆堵头掏砂包，应直接停用。

③增压泵在施工开始后应一直保持有压力，极端情况下结干冰应打开所有闸门排气至干冰完全蒸发后再施工。

（6）其他紧急情况处理措施

①气相管线断裂、脱落

a.气相管线连接时应使用安全绳或安全链有效固定。

b.施工前应充分地平衡罐体内压力，并全面分段试压。

c.及时寻求掩护，防止二次或多次回弹机械伤害。

d.管线稳定后再关闭相应闸门。

②液相管线断裂、脱落

a.液相管线连接时应使用安全绳、链有效固定。

b.施工前应充分冲压试漏和冷却管线。

c.施工人员不得站在管线回转的半径内。

d.防止冻伤，不要长时间停留在低处或封闭的环境下，以防窒息。

e.管线稳定后再关闭相应闸门。

f.重新施工必须检查低压管路结干冰情况。

③高压管线断裂、脱落

a.高压管线连接时应使用安全绳或安全链有效固定。

b.施工前应充分冲压试漏和冷却管线，压力传感器必须朝上安装。

思考题

1. 常规压裂主要包含哪些技术？
2. 非常规压裂主要包含哪些技术？
3. 简述桥塞分段压裂技术的作业工序。
4. 什么类型的井适合酸化压裂技术？
5. 压裂作业对场地有哪些要求？
6. 常规压裂的施工工序有哪些？
7. 简述泵送桥塞工序的主要步骤。

◎学习社区 ◎技术精讲 ◎压裂工程 ◎配套资料

"码"上对话
AI技术实操专家

项目六　压裂施工作业操作

模块一　操作准备

一、实训设备

压裂酸化仿真实训教学平台主要由实训设备和仿真软件系统构成，仿真模拟实现压裂、酸化生产的过程。压裂酸化仿真实训教学平台的仿真实训设备主要由设备模型和控制台两部分组成。其中设备模型主要由储液罐模型、并罐管汇模型、混砂车模型、运砂车模型、高低压管汇模型、压裂车模型、砂浓缩器模型、蜡球管汇模型、液氮车模型、表面活性剂模型、压裂井口模型、酸罐模型、平衡车、废液罐等设备组成；控制台主要由压裂车本地操作台、压裂车远程操作台、混砂车本地操作台、混砂车远程操作台、教师控制台等组成，如图6.1.1所示。

图6.1.1　压裂酸化虚拟仿真实训设备

二、注意事项

①设备长期不用需断电，LED大屏系统开启和关闭需按操作要求。

②每次通过教学实训软件进行某一项目实训后需将各阀、按钮、开关恢复到初始状态。

③压裂酸化本地控制台、远程控制台上的紧急停机按钮是一自锁点，使用后要及时复位。

④仪表上的开关、电位器等电子器件，不要进行破坏性的操作。各操作台上的数显仪表参数，厂家已调校好，学员禁止对数显仪表进行参数设置。

⑤信号通信线缆通过线槽与通信模块进行连接，低压管道和高压管道内部敷设有跑马灯，学员不要故意踩踏，以免造成现场仪表及数据采集系统无法与实训软件进行数据通信，造成设备瘫痪

三、设备、软件启动操作

1. 启动实训装置

开启控制柜电源：打开控制柜的总电源空气开关QF1。

2. 启动LED大屏

开启大屏电源：打开控制柜大屏电源空气开关，再打开教室讲台拼接器开关。

3. 教师机仿真软件说明及启动

（1）软件启动

双击桌面上的"ChiticView"快捷方式图标运行软件，用户名选择工程师，密码为空，单击"确定"按钮进入人机界面。

（2）DCS软件界面说明

教师机由两个屏幕组成，主屏界面是模式选择界面；二屏是地上三维场景界面。

地上三维场景界面包含四个场景，分别是油管压裂场景、套管压裂场景、环空压裂场景、滑套压裂场景。软件启动时默认显示油管压裂场景，当我们选择另外三个压裂工艺的时候，界面不支持自动切换，在界面左下角会出现场景切换的链接按钮，需手动点击按钮进行场景切换，如图6.1.2所示。

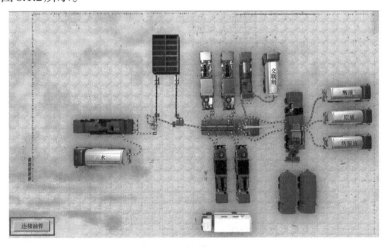

图6.1.2　压裂场景图

（3）地层动态软件说明

软件启动：双击桌面上的"压裂酸化仿真软件"图标运行软件；或者单击下方任务栏中的快捷图标运行软件（图6.1.3）。

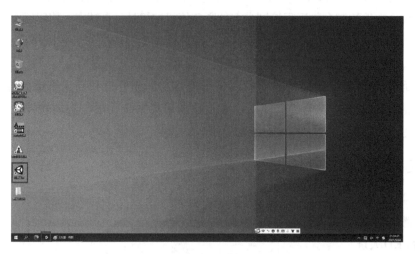

图6.1.3　压裂酸化仿真软件运行方式

其运行界面（图6.1.4）说明如下：

1—勾选时为窗口模式；不勾选时为全屏模式。

2—选择分辨率。

3—选择投到哪个屏幕上。

4—运行软件。

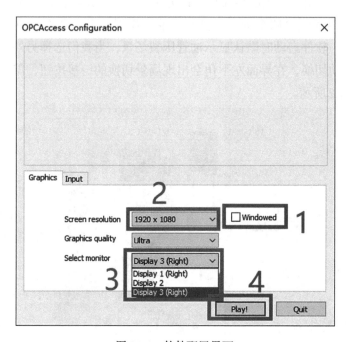

图6.1.4　软件配置界面

软件运行后会自动关联启动OPC通信软件，如图6.1.5所示。

Id	Name	ValueType	ValueMin	ValueMax	ValueInit	IsReadOnly	Value
A01.Value	123	Float	0	34000	0	☐	0
A09.Value	123	Float	0	34000	0	☐	0
A13.Value	123	Float	0	34000	0	☐	0
L28.Value	123	Bool	0	1	0	☐	False
L28A.Value	123	Float	0	34000	0	☐	0
STG.Value	123	Bool	0	1	0	☐	False
VA04.Value	123	Bool	0	1	0	☐	False
TQ.Value	123	Bool	0	1	0	☐	False
LF101.Value	123	Float	0	34000	0	☐	0
LF201.Value	123	Float	0	34000	0	☐	0
LF102.Value	123	Float	0	34000	0	☐	0
LF202.Value	123	Float	0	34000	0	☐	0
RESET.Value	123	Bool	0	1	0	☐	False
L29.Value	123	Bool	0	1	0	☐	False
L29A.Value	123	Float	0	34000	0	☐	0
SK301.Value	123	Bool	0	1	0	☐	False
SK302.Value	123	Bool	0	1	0	☐	False

图6.1.5 OPC通信软件界面

OPC通信软件接通后，地下三维模拟软件将实现与DCS软件的联动。当开展地面压裂车等操作时，地下三维模拟软件会实时反馈地下裂缝形成的速度和规模（图6.1.6）。

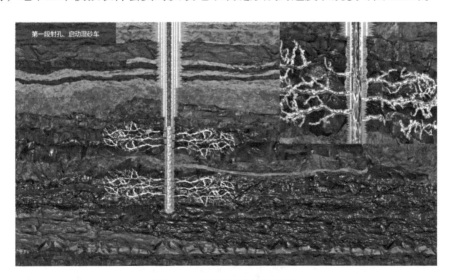

图6.1.6 地层三维模拟界面

点击OPC窗口上的"服务器已连接"按钮连接OPC通信。

（4）学生机仿真软件说明及启动

学生机仿真软件运行方法和教师机相同，其软件界面和操作方法与教师机的主屏相同。

在新时代背景下，压裂作业的应用范围越来越广，学习条件越来越先进，虚拟仿真技术不仅追求数量，更追求质量，它需要从业者对该工作要有精益求精的工匠精神，将敬业、精益、专注、创新的工匠精神融入生产、设计、操作的每一个环节。从业人员应深入实际，扎根油田，用石油精神和胡杨精神从事该领域研究，创造出辉煌业绩，最终实现由"重量"到"重质"的突围，实现该领域世界一流水平。

"码"上对话
AI技术实操专家
◎配 套 资 料
◎压 裂 工 程
◎技 术 精 讲
◎学 习 社 区

模块二　混砂车操作

一、准备工作

1. 检查所有阀门处于关闭状态。

2. 检查所有急停开关处于旋出状态。

3. 检查泵车和混砂车发动机熄火旋钮处于电源状态。

4. 检查泵车和混砂车仪表电源处于打开状态。

5. 混砂车就地盘台手/自动开关全都处于自动状态，旋钮归零，左、右绞龙处于正转、合并状态，上液泵处于停止状态。

二、启动混砂车

1. 打开交联剂进混砂车阀门HV101。

2. 打开水/压裂液进混砂车阀门HV103、HV102。

3. 打开并罐管汇出口阀门HV104、HV105、HV106。

4. 打开混砂车去高低压管汇阀门HV113、HV114、HV115。

5. 在混砂车"参数设定"页面中设置基液管汇压力、排出管汇压力、混砂罐液位、密度设定等参数（在设置混砂罐液位上、下限参数时，应先设置上限，再设置下限）(图6.2.1)。

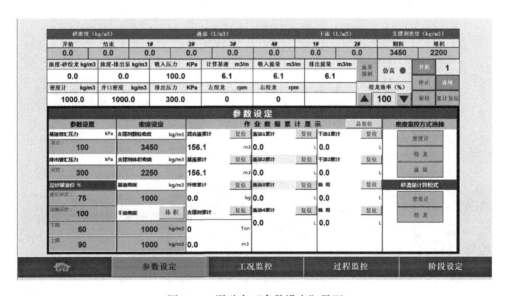

图6.2.1　混砂车"参数设定"界面

6. 在混砂车"阶段设定"页面中根据设计泵注程序设定参数。可点击左侧上、下按钮进行翻页，软件支持最多20段泵注（图6.2.2）。

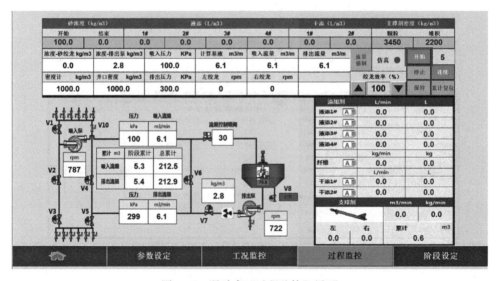

砂浓度（kg/m3）						液添（L/m3）				干添（L/m3）			支撑剂密度（kg/m3）	
开始	结束		1#	2#		3#	4#		1#	2#			颗粒	堆积
100.0	0.0		0.0	0.0		0.0	0.0		0.0	0.0			3450	2200

浓度-砂绞龙 kg/m3: 0.0　浓度-排出泵 kg/m3: 0.0　吸入压力 KPa: 100.0　计算基液 m3/m: 6.1　吸入流量 m3/m: 6.1　排出流量 m3/m: 6.1　流量强制　仿真 ●　开始 5

密度计 kg/m3: 1000.0　井口密度 kg/m3: 1000.0　排出压力 KPa: 300.0　左绞龙 rpm: 0　右绞龙 rpm: 0　绞龙效率（%）▲ 100 ▼　停止　连续　保持　累计复位

阶段设定

	支撑剂浓度		跟随排出	累计设定	密度设定		液添设定				跟随吸入	干添设定		纤维设定
▲	kg/m3		m3	kg/m3					L/m3				L/m3	kg/m3
▼	开始	结束		吸入总量	颗粒	堆积	1#	2#	3#	4#		1#	2#	
1	0.0	0.0	20.0	3450	2200	0.0	0.0	0.0	0.0	0.0	0.0	0.00		
2	0.0	80.0	5.0	3450	2200	0.0	0.0	0.0	0.0	0.0	0.0	0.00		
3	80.0	0.0	20.0	3450	2200	0.0	0.0	0.0	0.0	0.0	0.0	0.00		
4	0.0	100.0	10.0	3450	2200	0.0	0.0	0.0	0.0	0.0	0.0	0.00		
5	100.0	0.0	45.0	3450	2200	0.0	0.0	0.0	0.0	0.0	0.0	0.00		

| 参数设定 | 工况监控 | 过程监控 | 阶段设定 |

图6.2.2　混砂车泵注程序设定界面

7. 混砂车就地盘台将吸入泵切至手动位置。

8. 混砂车就地盘台将流量控制阀切至手动位置。

9. 混砂车就地盘台设定吸入泵转速至20 rpm。

10. 混砂车就地盘台设定流量控制阀开度至20%，向混砂罐充液。

11. 混砂罐液位高于下限后关闭流量控制阀，吸入泵转速归零。

12. 将吸入泵和流量控制阀切至自动位置（如液位高于上限，可至"过程监控"页面中打开V8阀门排液）。

13. 在"过程监控"页面中点击"开始"按钮启动混砂车（图6.2.3）。

图6.2.3　混砂车"过程监控"界面

模块三 压裂车本地控制操作

一、1#泵车本地操作

1. 确认混砂车已正常启动（图6.3.1）。

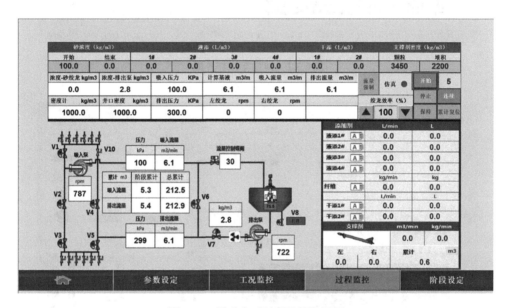

图6.3.1 混砂车"过程监控"界面

2. 打开泵车进出口阀门VA116、VA119。

3. 当吸入压力大于0.1 MPa后，在1#泵车就地盘台旋转启动旋钮启动1#泵车。

4. 点击"怠速/空挡"按钮，并点击"确定"按钮，将1#泵车设置为怠速/空挡状态（图6.3.2）。

二、2～6#泵车操作

根据设计排量确定启动泵车数量，依次启动泵车，其启动方法同1#泵车（先开进出口阀门，再启动泵车）（图6.3.3）。

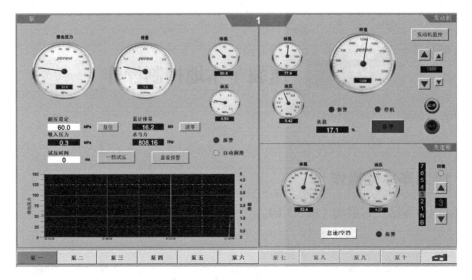

图6.3.2 1#泵车操作界面

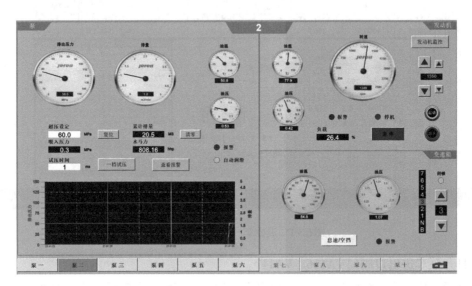

图6.3.3 2#泵车操作界面

模块四　压裂车远程控制操作

一、1#泵车操作

1. 确认混砂车已正常启动（图6.4.1）。

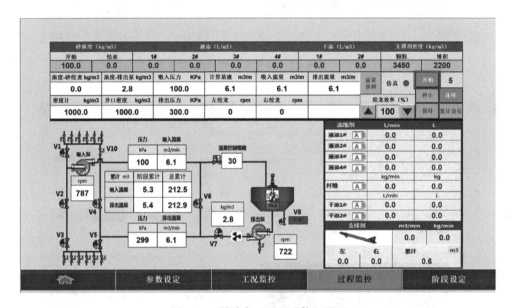

图6.4.1　混砂车"过程监控"界面

2. 打开泵车进出口阀门VA116、VA119。

3. 当吸入压力大于0.1 MPa后，在泵车远程操作界面点击"启动"按钮启动1#泵车。

4. 点击"怠速/空挡"按钮，并点击"确定"按钮，将1#泵车设置为怠速/空挡状态（图6.4.2）。

二、2～6#泵车操作

根据设计排量确定启动泵车数量，依次启动泵车，其启动方法同1#泵车（先开进出口阀门，再启动泵车）（图6.4.3）。

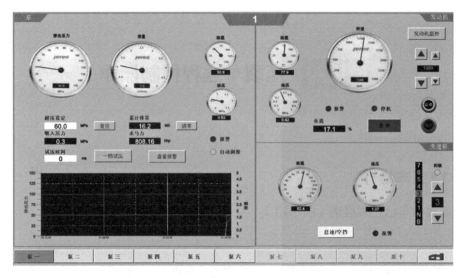

图 6.4.2　1#泵车操作界面

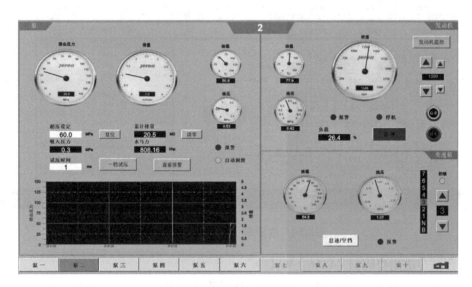

图 6.4.3　2#泵车操作界面

模块五 循环走泵操作

一、1#泵车操作

1. 确认混砂车已正常启动（图6.5.1）。

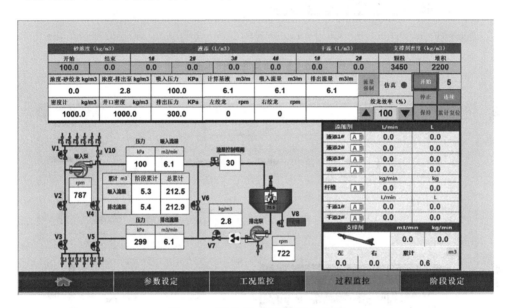

图6.5.1 混砂车"过程监控"界面

2. 打开泵车进出口阀门VA116、VA119。

3. 当吸入压力大于0.1 MPa后，点击"启动"按钮启动1#泵车。

4. 点击"怠速/空挡"按钮，并点击"确定"按钮，将1#泵车设置为怠速/空挡状态（图6.5.2）。

二、2～6#泵车操作

根据设计排量确定启动泵车数量，依次启动泵车，其启动方法同1#泵车（先开进出口阀门，再启动泵车）（图6.5.3）。

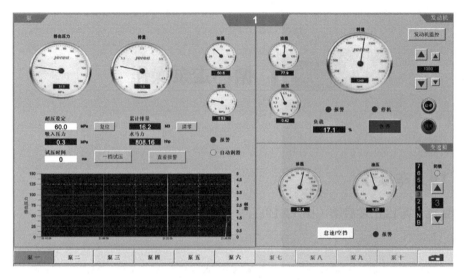

图6.5.2　1#泵车操作界面

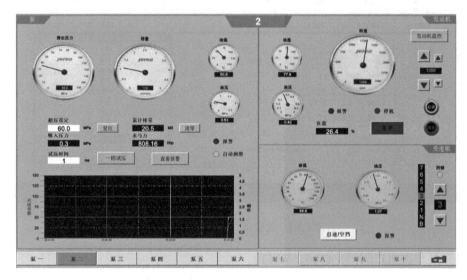

图6.5.3　2#泵车操作界面

三、循环

1. 打开阀门HV138、HV141、HV142。

2. 1#泵车挂1挡。

3. 当废液线有水稳定流出后，1#泵车挂空挡（N挡）。

4. 2～6#泵车挂1挡。

5. 当废液线有水稳定流出后，2～6#泵车挂空挡（N挡）。

6. 关闭废液线阀门HV142（图6.5.4）。

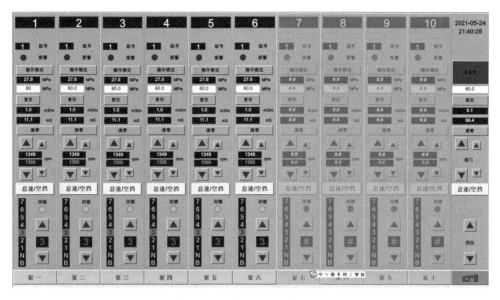

图6.5.4　泵车中枢控制界面

◎配 套 资 料
◎压 裂 工 程
◎技 术 精 讲
◎学 习 社 区

"码"上对话
AI技术实操专家

139

模块六 试 压 操 作

一、1#泵车操作

1. 确认混砂车已正常启动（图6.6.1）。

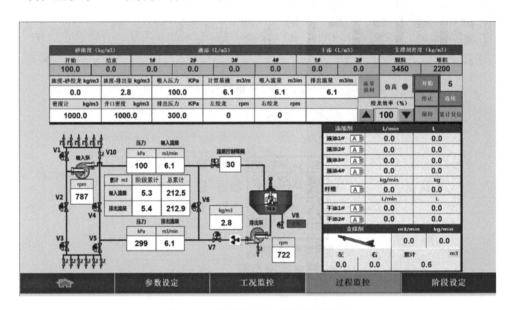

图6.6.1 混砂车"过程监控"界面

2. 打开泵车进出口阀门VA116、VA119。

3. 当吸入压力大于0.1 MPa后，点击"启动"按钮启动1#泵车。

4. 点击"怠速/空挡"按钮，并点击"确定"按钮，将1#泵车设置为怠速/空挡状态（图6.6.2）。

二、2～6#泵车操作

根据设计排量确定启动泵车数量，依次启动泵车，其启动方法同1#泵车（先开进出口阀门，再启动泵车）（图6.6.3）。

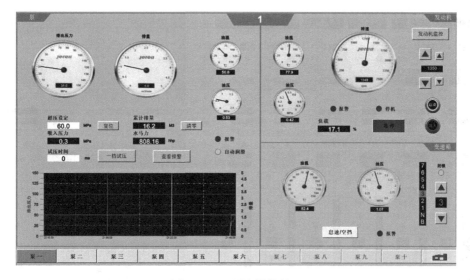

图6.6.2　1#泵车操作界面

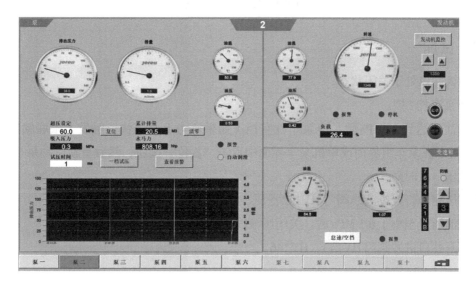

图6.6.3　2#泵车操作界面

三、循环

1. 打开阀门HV138、HV141、HV142。

2. 1#泵车挂1挡。

3. 当废液线有水稳定流出后，1#泵车挂空挡（N挡）。

4. 2～6#泵车挂1挡。

5. 当废液线有水稳定流出后，2～6#泵车挂空挡（N挡）。

6. 关闭废液线阀门HV142（图6.6.4）。

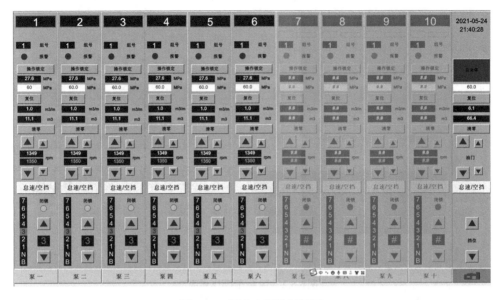

图6.6.4 泵车中枢控制界面

四、试压

1. 确认井口处于关闭状态。

2. 1#泵车挂1挡。

3. 当油压达到50 MPa后，1#泵车挂空挡（如果压力上升较快，触发上限联锁导致泵车熄火，则可以在泵车组界面或单机泵车界面中点击"复位"按钮，然后重新启动泵车即可）。

4. 试压一段时间。

5. 试压完毕打开废液线阀门HV142泄压。

6. 当油压降至小于0.1 MPa后，关闭废液线阀门HV142。

7. 打开井口进井阀门HV143、HV146。

模块七 试 挤 操 作

一、准备工作

1. 检查所有阀门处于关闭状态。

2. 检查所有急停开关处于旋出状态。

3. 检查泵车和混砂车发动机熄火旋钮处于电源状态。

4. 检查泵车和混砂车仪表电源处于打开状态。

5. 混砂车就地盘台手/自动开关全都处于自动状态，旋钮归零，左、右绞龙处于正转、合并状态，上液泵处于停止状态。

二、启动混砂车

1. 打开交联剂进混砂车阀门HV101。

2. 打开压裂液进混砂车阀门HV102。

3. 打开并罐管汇出口阀门HV104、HV105、HV106。

4. 打开混砂车去高低压管汇阀门HV113、HV114、HV115。

5. 在混砂车"参数设定"页面中设置基液管汇压力、排出管汇压力、混砂罐液位、密度设定等参数（在设置混砂罐液位上、下限参数时，应先设置上限，再设置下限）(图6.7.1)。

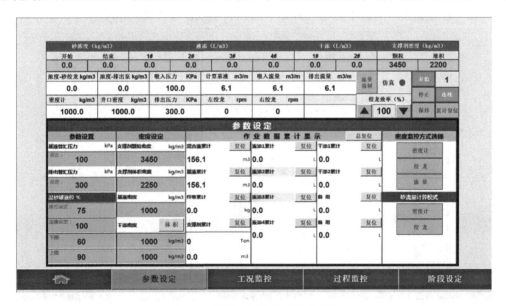

图6.7.1 混砂车"参数设定"界面

6. 在混砂车"阶段设定"页面中,根据设计泵注程序设定参数。可点击左侧上、下按钮进行翻页,软件支持最多20段泵注(图6.7.2)。

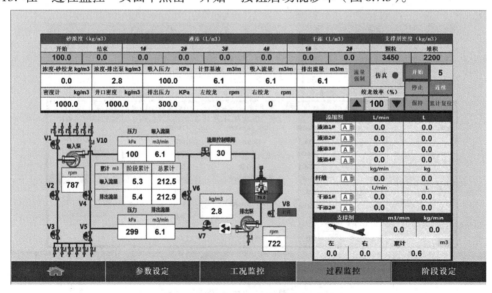

图6.7.2　混砂车泵注程序设定界面

7. 混砂车就地盘台将吸入泵切至手动位置。

8. 混砂车就地盘台将流量控制阀切至手动位置。

9. 混砂车就地盘台设定吸入泵转速至20 rpm。

10. 混砂车就地盘台设定流量控制阀开度至20%,向混砂罐充液。

11. 混砂罐液位高于下限后关闭流量控制阀,吸入泵转速归零。

12. 将吸入泵和流量控制阀切至自动位置(如液位高于上限,可至"过程监控"页面中打开V8阀门排液)。

13. 在"过程监控"页面中点击"开始"按钮启动混砂车(图6.7.3)。

图6.7.3　混砂车"过程监控"界面

三、1#泵车操作

1. 打开1#泵车进出口阀门VA116、VA119。

2. 当吸入压力大于0.1 MPa后，点击"启动"按钮启动1#泵车。

3. 点击"怠速/空挡"按钮，并点击"确定"按钮，将1#泵车设置为怠速/空挡状态（图6.7.4）。

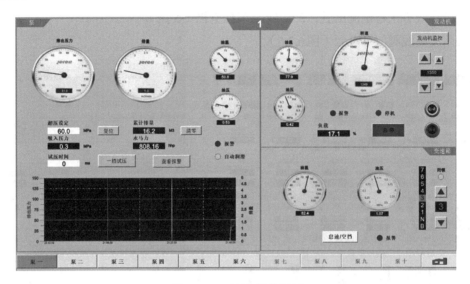

图6.7.4 1#泵车操作界面

四、2～6#泵车操作

根据设计排量确定启动泵车数量，依次启动泵车，其启动方法同1#泵车（先开进出口阀门，再启动泵车）（图6.7.5）。

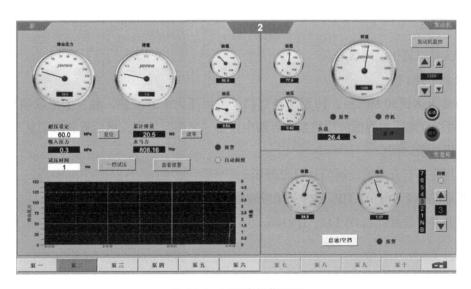

图6.7.5 2#泵车操作界面

五、循环

1. 打开阀门 HV138、HV141、HV142。

2. 1#泵车挂 1 挡。

3. 当废液线有水稳定流出后，1#泵车挂空挡（N 挡）。

4. 2 ～ 6#泵车挂 1 挡。

5. 当废液线有水稳定流出后，2 ～ 6#泵车挂空挡（N 挡）。

6. 关闭废液线阀门 HV142（图 6.7.6）。

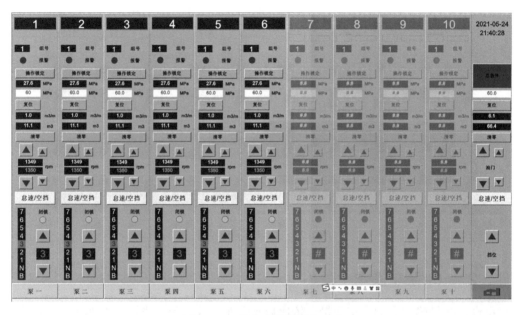

图 6.7.6　泵车中枢控制界面

六、试压

1. 确认井口处于关闭状态。

2. 1#泵车挂 1 挡。

3. 当油压达到 50 MPa 后，1#泵车挂空挡（如果压力上升较快，触发上限联锁导致泵车熄火，则可以在泵车组界面或单机泵车界面中点击"复位"按钮，然后重新启动泵车即可）。

4. 试压一段时间。

5. 试压完毕打开废液线阀门 HV142 泄压。

6. 当油压降至小于 0.1 MPa 后，关闭废液线阀门 HV142。

7. 打开井口进井阀门 HV143、HV146。

七、试挤

1. 打开平衡车进井阀门 HV148。

2. 1#泵车挂挡，设定转速，调节流量进行试挤。

3. 根据需要启停平衡车，给套管打压。

4. 当发现油压曲线有下降趋势时，表示可以继续压裂。

模块八 压裂操作

一、准备工作

1. 检查所有阀门处于关闭状态。

2. 检查所有急停开关处于旋出状态。

3. 检查泵车和混砂车发动机熄火旋钮处于电源状态。

4. 检查泵车和混砂车仪表电源处于打开状态。

5. 混砂车就地盘台手/自动开关全都处于自动状态，旋钮归零，左、右绞龙处于正转、合并状态，上液泵处于停止状态。

二、启动混砂车

1. 打开交联剂进混砂车阀门HV101。

2. 打开压裂液进混砂车阀门HV102。

3. 打开并罐管汇出口阀门HV104、HV105、HV106。

4. 打开混砂车去高低压管汇阀门HV113、HV114、HV115。

5. 在混砂车"参数设定"页面中设置基液管汇压力、排出管汇压力、混砂罐液位、密度设定等参数（在设置混砂罐液位上、下限参数时，应先设置上限，再设置下限）（图6.8.1）。

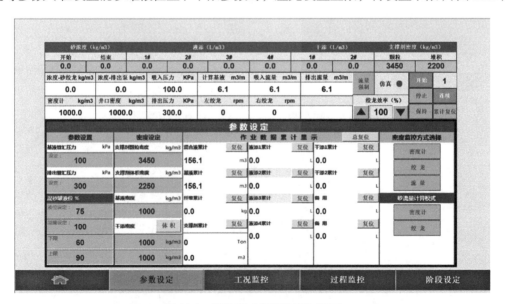

图6.8.1 混砂车"参数设定"界面

6. 在混砂车"阶段设定"页面中可根据设计泵注程序设定参数。可点击左侧上、下按钮进行翻页,软件支持最多20段泵注(图6.8.2)。

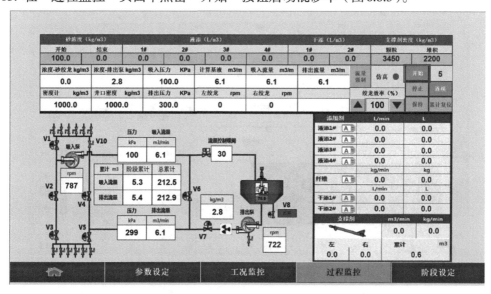

图6.8.2 混砂车泵注程序设定界面

7. 混砂车就地盘台将吸入泵切至手动位置。

8. 混砂车就地盘台将流量控制阀切至手动位置。

9. 混砂车就地盘台设定吸入泵转速至20 rpm。

10. 混砂车就地盘台设定流量控制阀开度至20%,向混砂罐充液。

11. 当混砂罐液位高于下限后,关闭流量控制阀,吸入泵转速归零。

12. 将吸入泵和流量控制阀切至自动位置(如液位高于上限,可至"过程监控"页面中打开V8阀门排液)。

13. 在"过程监控"页面中点击"开始"按钮启动混砂车(图6.8.3)。

图6.8.3 混砂车"过程监控"界面

三、1#泵车操作

1. 打开1#泵车进出口阀门VA116、VA119。

2. 当吸入压力大于0.1 MPa后，点击"启动"按钮启动1#泵车。

3. 点击"怠速/空挡"按钮，并点击"确定"按钮，将1#泵车设置为怠速/空挡状态（图6.8.4）。

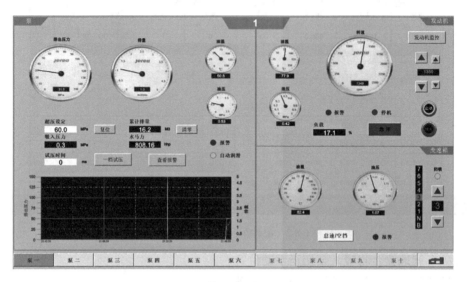

图6.8.4　1#泵车操作界面

四、2～6#泵车操作

根据设计排量确定启动泵车数量，依次启动泵车，其启动方法同1#泵车（先开进出口阀门，再启动泵车）（图6.8.5）。

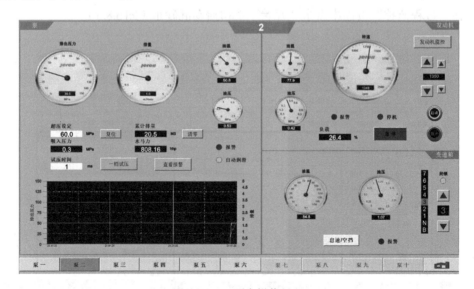

图6.8.5　2#泵车操作界面

五、循环

1. 打开阀门 HV138、HV141、HV142。

2. 1#泵车挂1挡。

3. 当废液线有水稳定流出后，1#泵车挂空挡（N挡）。

4. 2～6#泵车挂1挡。

5. 当废液线有水稳定流出后，2～6#泵车挂空挡（N挡）。

6. 关闭废液线阀门 HV142（图6.8.6）。

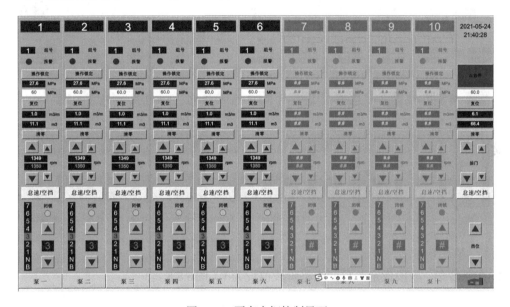

图6.8.6 泵车中枢控制界面

六、试压

1. 确认井口处于关闭状态。

2. 1#泵车挂1挡。

3. 当油压达到50 MPa后，1#泵车挂空挡（如果压力上升较快，触发上限联锁导致泵车熄火，则可以在泵车组界面或单机泵车界面中点击"复位"按钮，然后重新启动泵车即可）。

4. 试压一段时间。

5. 试压完毕打开废液线阀门 HV142 泄压。

6. 当油压降至小于0.1 MPa后，关闭废液线阀门 HV142。

7. 打开井口进井阀门 HV143、HV146。

七、试挤

1. 打开平衡车进井阀门 HV148。

2. 1#泵车挂挡，设定转速，调节流量进行试挤。

3. 根据需要启停平衡车，给套管打压。

4. 当发现油压曲线有下降趋势时，表示可以继续压裂。

八、压裂

1. 根据设计泵注程序调节泵车的挡位和转速进行提流量操作（图6.8.7）。

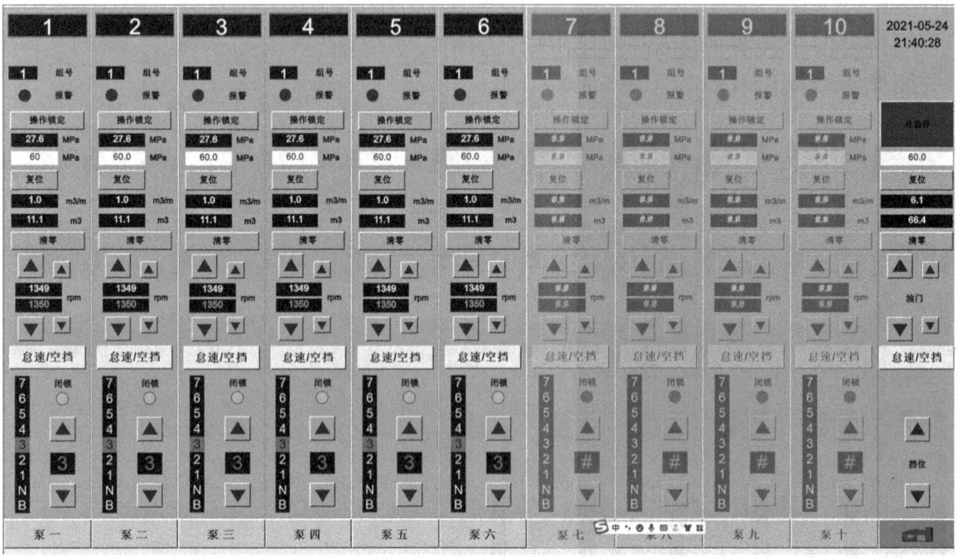

图6.8.7 泵车中枢控制界面

2. 在混砂车"阶段设定"页面中将阶段值设为1（图6.8.8）。

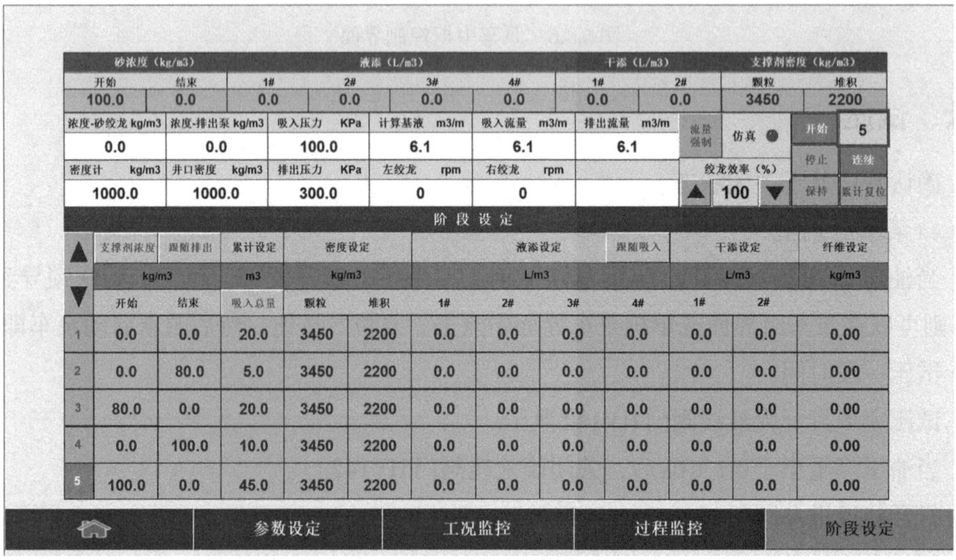

图6.8.8 混砂车泵注程序设定界面

3. 程序根据设定泵注参数自动运行，当阶段值变回0时，表示泵注结束。

4. 泵注过程中根据需要启停平衡车。

模块九 加砂操作

一、准备工作

1. 检查所有阀门处于关闭状态。

2. 检查所有急停开关处于旋出状态。

3. 检查泵车和混砂车发动机熄火旋钮处于电源状态。

4. 检查泵车和混砂车仪表电源处于打开状态。

5. 混砂车就地盘台手/自动开关全都处于自动状态，旋钮归零，左、右绞龙处于正转、合并状态，上液泵处于停止状态。

二、启动混砂车

1. 打开交联剂进混砂车阀门HV101。

2. 打开压裂液进混砂车阀门HV102。

3. 打开并罐管汇出口阀门HV104、HV105、HV106。

4. 打开混砂车去高低压管汇阀门HV113、HV114、HV115。

5. 在混砂车"参数设定"页面中设置基液管汇压力、排出管汇压力、混砂罐液位、密度设定等参数（在设置混砂罐液位上、下限参数时，应先设置上限，再设置下限）（图6.9.1）。

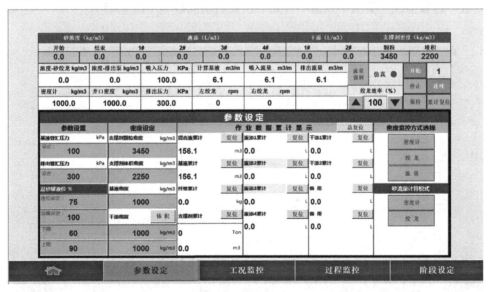

图6.9.1 混砂车"参数设定"界面

6. 在混砂车"阶段设定"页面中可根据设计泵注程序设定参数。可点击左侧上、下按钮进行翻页，软件支持最多20段泵注（图6.9.2）。

砂浓度（kg/m3）		液添（L/m3）				干添（L/m3）		支撑剂密度（kg/m3）	
开始	结束	1#	2#	3#	4#	1#	2#	颗粒	堆积
100.0	0.0	0.0	0.0	0.0	0.0	0.0	0.0	3450	2200

浓度-砂绞龙 kg/m3	浓度-排出泵 kg/m3	吸入压力 KPa	计算基液 m3/m	吸入流量 m3/m	排出流量 m3/m	液量强制	仿真 ●	开始	5
0.0		100.0	6.1	6.1	6.1			停止	连续
密度计 kg/m3	井口密度 kg/m3	排出压力 KPa	左绞龙 rpm	右绞龙 rpm		绞龙效率（%）		保持	累计复位
1000.0	1000.0	300.0	0			▲ 100 ▼			

阶段设定

	支撑剂浓度 kg/m3		跟随排出 m3 累计设定	密度设定 kg/m3		液添设定 L/m3				跟随吸入 干添设定 L/m3		纤维设定 kg/m3
	开始	结束	吸入总量	颗粒	堆积	1#	2#	3#	4#	1#	2#	
1	0.0	0.0	20.0	3450	2200	0.0	0.0	0.0	0.0			0.00
2	0.0	80.0	5.0	3450	2200	0.0	0.0	0.0	0.0			0.00
3	80.0	0.0	20.0	3450	2200	0.0	0.0	0.0	0.0			0.00
4	0.0	100.0	10.0	3450	2200	0.0	0.0	0.0	0.0			0.00
5	100.0	0.0	45.0	3450	2200	0.0	0.0	0.0	0.0			0.00

参数设定　　工况监控　　过程监控　　阶段设定

图6.9.2　混砂车泵注程序设定界面

7. 混砂车就地盘台将吸入泵切至手动位置。

8. 混砂车就地盘台将流量控制阀切至手动位置。

9. 混砂车就地盘台设定吸入泵转速至20 rpm。

10. 混砂车就地盘台设定流量控制阀开度至20%，向混砂罐充液。

11. 当混砂罐液位高于下限后，关闭流量控制阀，吸入泵转速归零。

12. 将吸入泵和流量控制阀切至自动位置（如液位高于上限，可至"过程监控"页面中打开V8阀门排液）。

13. 在"过程监控"页面中点击"开始"按钮启动混砂车（图6.9.3）。

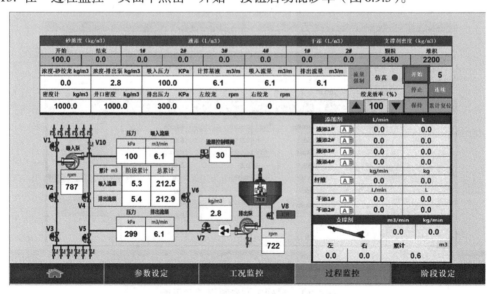

图6.9.3　混砂车"过程监控"界面

三、1#泵车操作

1. 打开1#泵车进出口阀门VA116、VA119。

2. 当吸入压力大于0.1 MPa后，点击"启动"按钮启动1#泵车。

3. 点击"怠速/空挡"按钮，并点击"确定"按钮，将1#泵车设置为怠速/空挡状态（图6.9.4）。

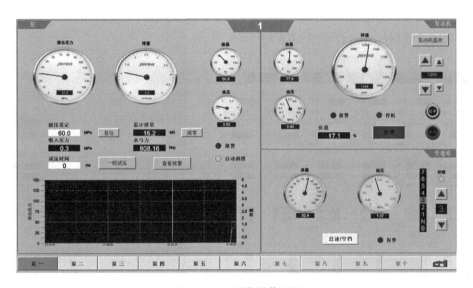

图6.9.4 1#泵车操作界面

四、2～6#泵车操作

根据设计排量确定启动泵车数量，依次启动泵车，其启动方法同1#泵车（先开进出口阀门，再启动泵车）（图6.9.5）。

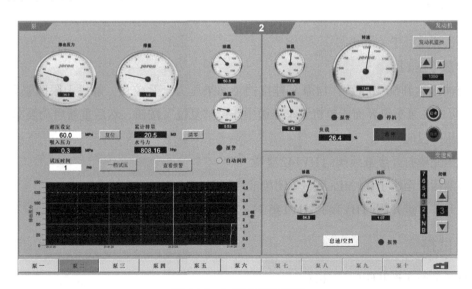

图6.9.5 2#泵车操作界面

五、循环

1. 打开阀门HV138、HV141、HV142。

2. 1#泵车挂1挡。

3. 当废液线有水稳定流出后，1#泵车挂空挡（N挡）。

4. 2～6#泵车挂1挡。

5. 当废液线有水稳定流出后，2～6#泵车挂空挡（N挡）。

6. 关闭废液线阀门HV142（图6.9.6）。

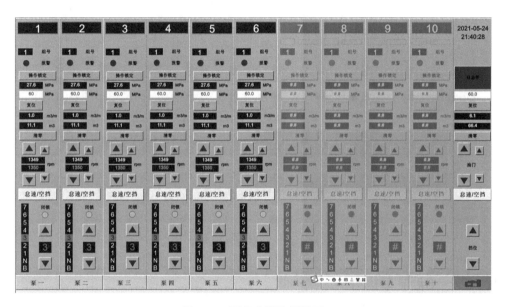

图6.9.6 泵车中枢控制界面

六、试压

1. 确认井口处于关闭状态。

2. 1#泵车挂1挡。

3. 当油压达到50 MPa后，1#泵车挂空挡（如果压力上升较快，触发上限联锁导致泵车熄火，则可以在泵车组界面或单机泵车界面中点击"复位"按钮，然后重新启动泵车即可）。

4. 试压一段时间。

5. 试压完毕打开废液线阀门HV142泄压。

6. 当油压降至小于0.1 MPa后，关闭废液线阀门HV142。

7. 打开井口进井阀门HV143、HV146。

七、试挤

1. 打开平衡车进井阀门HV148。

2. 1#泵车挂挡，设定转速，调节流量进行试挤。

3. 根据需要启停平衡车，给套管打压。

4. 当发现油压曲线有下降趋势时，表示可以继续压裂。

八、加砂

根据设计泵注程序设定混砂车砂浓度进行加砂操作（混砂车"过程监控"界面会提示砂浓度结束的值）（图6.9.7）。

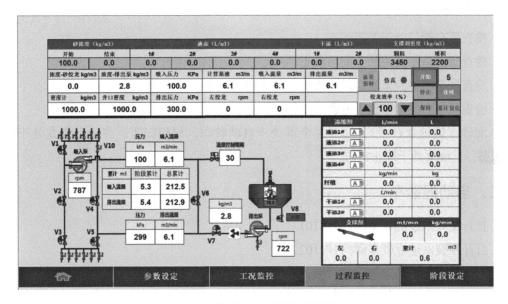

图6.9.7　混砂车"过程监控"界面

模块十 替 挤 操 作

一、准备工作

1. 检查所有阀门处于关闭状态。

2. 检查所有急停开关处于旋出状态。

3. 检查泵车和混砂车发动机熄火旋钮处于电源状态。

4. 检查泵车和混砂车仪表电源处于打开状态。

5. 混砂车就地盘台手/自动开关全都处于自动状态，旋钮归零，左、右绞龙处于正转、合并状态，上液泵处于停止状态。

二、启动混砂车

1. 打开交联剂进混砂车阀门HV101。

2. 打开压裂液进混砂车阀门HV102。

3. 打开并罐管汇出口阀门HV104、HV105、HV106。

4. 打开混砂车去高低压管汇阀门HV113、HV114、HV115。

5. 在混砂车"参数设定"页面中设置基液管汇压力、排出管汇压力、混砂罐液位、密度设定等参数（在设置混砂罐液位上、下限参数时，应先设置上限，再设置下限）（图6.10.1）。

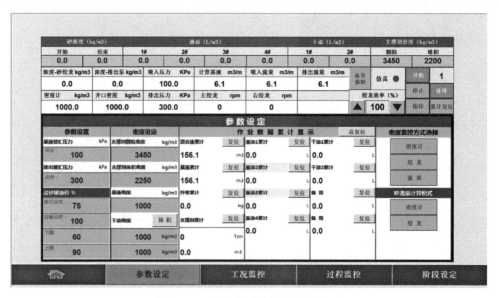

图6.10.1 混砂车"参数设定"界面

6. 在混砂车"阶段设定"页面中根据设计泵注程序设定参数。可点击左侧上、下按钮进行翻页，软件支持最多20段泵注（图6.10.2）。

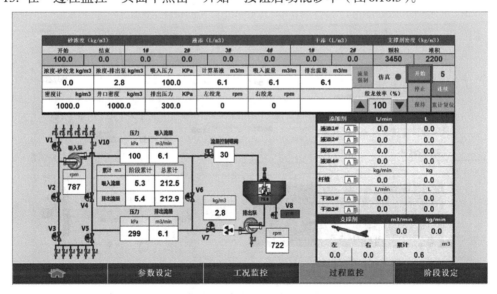

图6.10.2　混砂车泵注程序设定界面

7. 混砂车就地盘台将吸入泵切至手动位置。

8. 混砂车就地盘台将流量控制阀切至手动位置。

9. 混砂车就地盘台设定吸入泵转速至20 rpm。

10. 混砂车就地盘台设定流量控制阀开度至20%，向混砂罐充液。

11. 当混砂罐液位高于下限后，关闭流量控制阀，吸入泵转速归零。

12. 将吸入泵和流量控制阀切至自动位置（如液位高于上限，可至"过程监控"页面中打开V8阀门排液）。

13. 在"过程监控"页面中点击"开始"按钮启动混砂车（图6.10.3）。

图6.10.3　混砂车"过程监控"界面

三、1#泵车操作

1. 打开1#泵车进出口阀门VA116、VA119。

2. 当吸入压力大于0.1 MPa后，点击"启动"按钮启动1#泵车。

3. 点击"怠速/空挡"按钮，并点击"确定"按钮，将1#泵车设置为怠速/空挡状态（图6.10.4）。

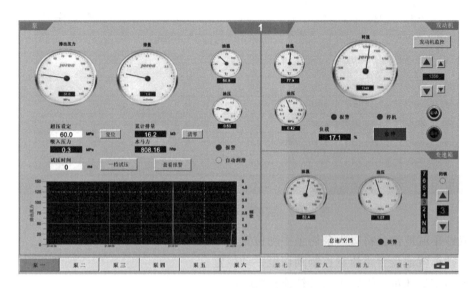

图6.10.4　1#泵车操作界面

四、2～6#泵车操作

根据设计排量确定启动泵车数量，依次启动泵车，其启动方法同1#泵车（先开进出口阀门，再启动泵车）（图6.10.5）。

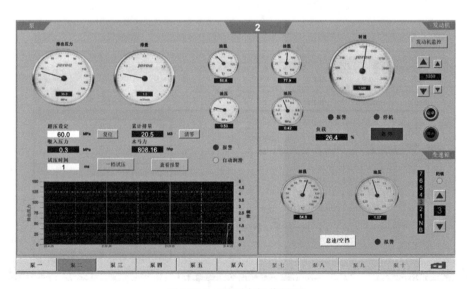

图6.10.5　2#泵车操作界面

五、循环

1. 打开阀门HV138、HV141、HV142。

2. 1#泵车挂1挡。

3. 当废液线有水稳定流出后，1#泵车挂空挡（N挡）。

4. 2～6#泵车挂1挡。

5. 当废液线有水稳定流出后，2～6#泵车挂空挡（N挡）。

6. 关闭废液线阀门HV142（图6.10.6）。

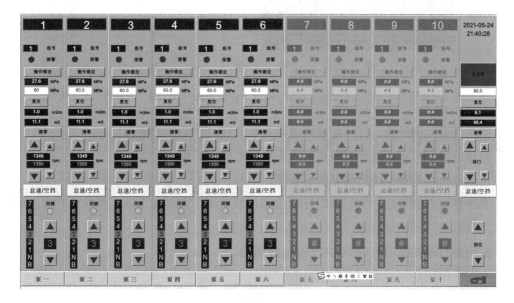

图6.10.6　泵车中枢控制界面

六、试压

1. 确认井口处于关闭状态。

2. 1#泵车挂1挡。

3. 当油压达到50 MPa后，1#泵车挂空挡（如果压力上升较快，触发上限联锁导致泵车熄火，则可以在泵车组界面或单机泵车界面中点击"复位"按钮，然后重新启动泵车即可）。

4. 试压一段时间。

5. 试压完毕打开废液线阀门HV142泄压。

6. 当油压降至小于0.1 MPa后，关闭废液线阀门HV142。

7. 打开井口进井阀门HV143、HV146。

七、酸化和替挤

1. 根据设计酸化排量给1#泵车挂挡，设定转速，向井内打液（图6.10.7）。

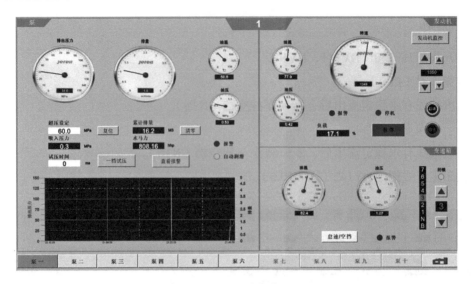

图6.10.7　1#泵车操作界面

2. 当达到设计液量后，打开酸液罐进泵车阀门HV118启用酸液罐。

3. 可通过混砂车页面或者泵车页面的累积量来监控排量。

4. 可以点击"清零"按钮将累积量清零。

5. 当达到设计酸量后，关闭阀门HV118停用酸液罐，并继续打液，将酸液替挤进地层。

6. 当挤液量达到设计液量后，将1#泵车设为空挡。

7. 关闭井口进井阀门HV143、HV146进行酸浸。

◎配 套 资 料
◎压 裂 工 程
◎技 术 精 讲
◎学 习 社 区

"码"上对话
AI技术实操专家

模块十一　常规压裂整体操作

一、准备工作

1. 检查所有阀门处于关闭状态。

2. 检查所有急停开关处于旋出状态。

3. 检查泵车和混砂车发动机熄火旋钮处于电源状态。

4. 检查泵车和混砂车仪表电源处于打开状态。

5. 混砂车就地盘台手/自动开关全都处于自动状态，旋钮归零，左、右绞龙处于正转、合并状态，上液泵处于停止状态。

二、启动混砂车

1. 打开交联剂进混砂车阀门HV101。

2. 打开压裂液进混砂车阀门HV102。

3. 打开并罐管汇出口阀门HV104、HV105、HV106。

4. 打开混砂车去高低压管汇阀门HV113、HV114、HV115。

5. 在混砂车"参数设定"页面中设置基液管汇压力、排出管汇压力、混砂罐液位、密度设定等参数（在设置混砂罐液位上、下限参数时，应先设置上限，再设置下限）（图6.11.1）。

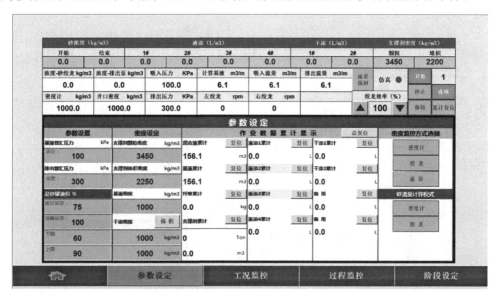

图6.11.1　混砂车"参数设定"界面

6. 在混砂车"阶段设定"页面中根据设计泵注程序设定参数。可点击左侧上、下按钮进行翻页，软件支持最多20段泵注（图6.11.2）。

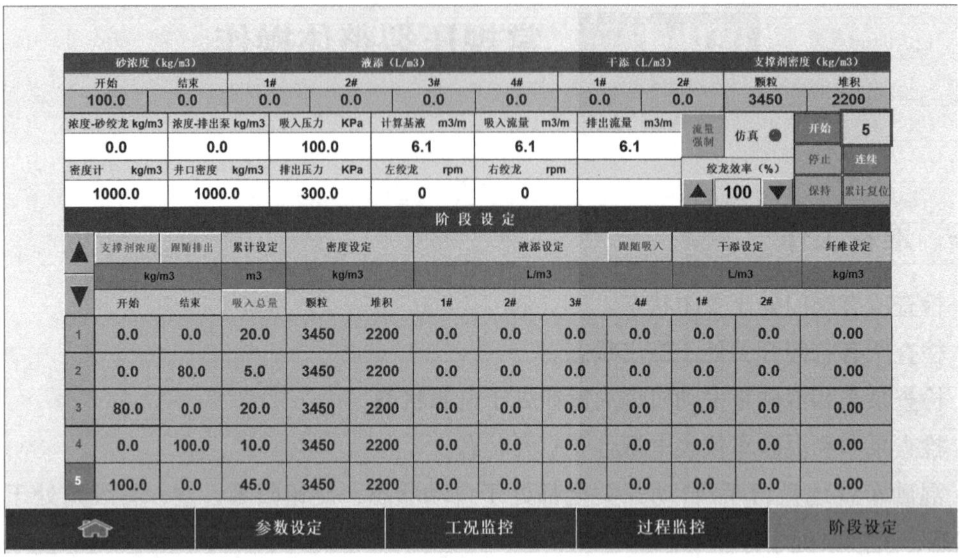

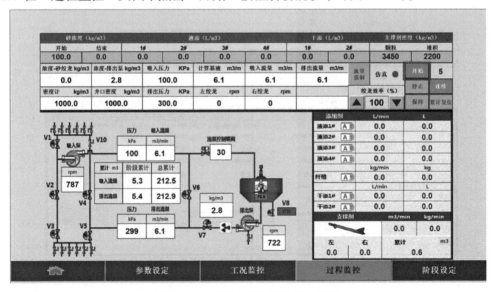

图6.11.2 混砂车泵注程序设定界面

7. 混砂车就地盘台将吸入泵切至手动位置。

8. 混砂车就地盘台将流量控制阀切至手动位置。

9. 混砂车就地盘台设定吸入泵转速至20 rpm。

10. 混砂车就地盘台设定流量控制阀开度至20%，向混砂罐充液。

11. 当混砂罐液位高于下限后，关闭流量控制阀，吸入泵转速归零。

12. 将吸入泵和流量控制阀切至自动位置（如液位高于上限，可至"过程监控"页面中打开V8阀门排液）。

13. 在"过程监控"页面中点击"开始"按钮启动混砂车（图6.11.3）。

图6.11.3 混砂车"过程监控"界面

三、1#泵车操作

1. 打开1#泵车进出口阀门VA116、VA119。

2. 当吸入压力大于0.1 MPa后，点击"启动"按钮启动1#泵车。

3. 点击"怠速/空挡"按钮，并点击"确定"按钮，将1#泵车设置为怠速/空挡状态（图6.11.4）。

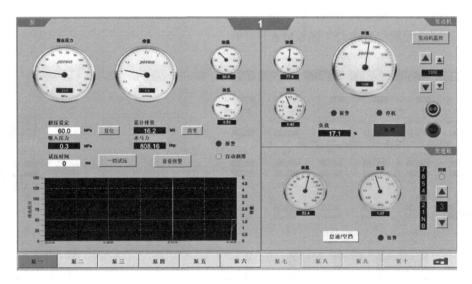

图6.11.4　1#泵车操作界面

四、2～6#泵车操作

根据设计排量确定启动泵车数量，依次启动泵车，其启动方法同1#泵车（先开进出口阀门，再启动泵车）（图6.11.5）。

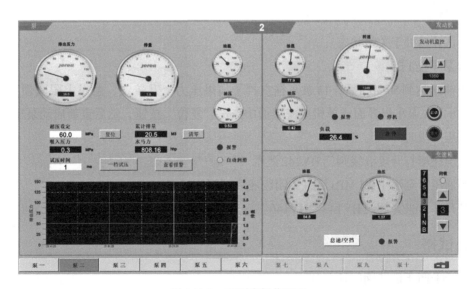

图6.11.5　2#泵车操作界面

五、循环

1. 打开阀门HV138、HV141、HV142。

2. 1#泵车挂1挡。

3. 当废液线有水稳定流出后，1#泵车挂空挡（N挡）。

4. 2～6#泵车挂1挡。

5. 当废液线有水稳定流出后，2～6#泵车挂空挡（N挡）。

6. 关闭废液线阀门HV142（图6.11.6）。

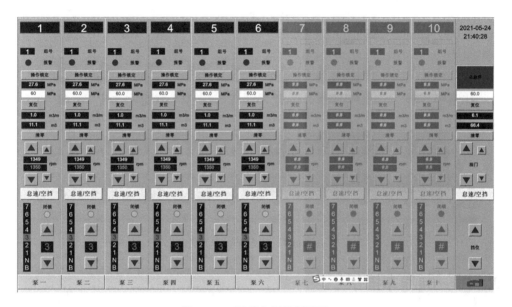

图6.11.6 泵车中枢控制界面

六、试压

1. 确认井口处于关闭状态。

2. 1#泵车挂1挡。

3. 当油压达到50 MPa后，1#泵车挂空挡（如果压力上升较快，触发上限联锁导致泵车熄火，则可以在泵车组界面或单机泵车界面中点击"复位"按钮，然后重新启动泵车即可）。

4. 试压一段时间。

5. 试压完毕打开废液线阀门HV142泄压。

6. 当油压降至小于0.1 MPa后，关闭废液线阀门HV142。

7. 打开井口进井阀门HV143、HV146。

七、试挤

1. 打开平衡车进井阀门HV148。

2. 1#泵车挂挡，设定转速，调节流量进行试挤。

3. 根据需要启停平衡车，给套管打压。

4. 当发现油压曲线有下降趋势时，表示可以继续压裂。

八、压裂

1. 根据设计泵注程序调节泵车的挡位和转速进行提流量操作（图6.11.7）。

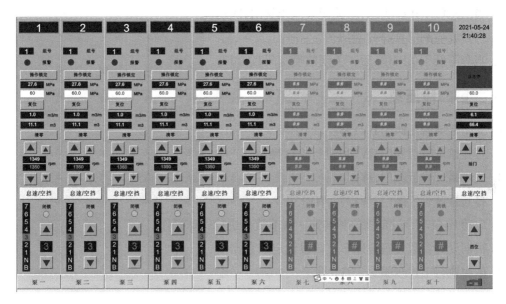

图6.11.7　泵车中枢控制界面

2. 在混砂车"阶段设定"页面中将阶段值设为1（图6.11.8）。

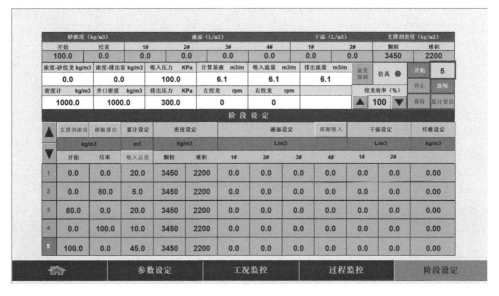

图6.11.8　混砂车泵注程序设定界面

167

3. 程序根据设定泵注参数自动运行。当阶段值变回0时，表示泵注结束。

4. 泵注过程中根据需要启停平衡车。

九、停泵泄压

1. 泵注结束后停所有仍在运行的泵车。

2. 打开废液线阀门HV142泄压。

3. 当油压低于0.1 MPa后，关闭废液线阀门HV142。

4. 打开放喷阀门HV147泄压。

5. 当套压低于0.1 MPa后，关闭放喷阀门HV147。

十、第二段压裂

1. 关闭蜡球管汇阀门HV138。

2. 打开蜡球管汇阀门HV140进行投球操作。

3. 关闭蜡球管汇阀门HV140。

4. 打开蜡球管汇阀门HV137、HV139。

5. 启动1#泵车，设定挡位和转速，调节流量进行送球操作。

6. 根据设计参数设置混砂车"阶段设定"数据。

7. 依次执行上述步骤七、八、九。

模块十二　滑套分层压裂操作

一、启动混砂车

1. 在混砂车"阶段设定"页面中根据设计泵注程序设定参数。可点击左侧上、下按钮进行翻页，软件支持最多20段泵注（图6.12.1）。

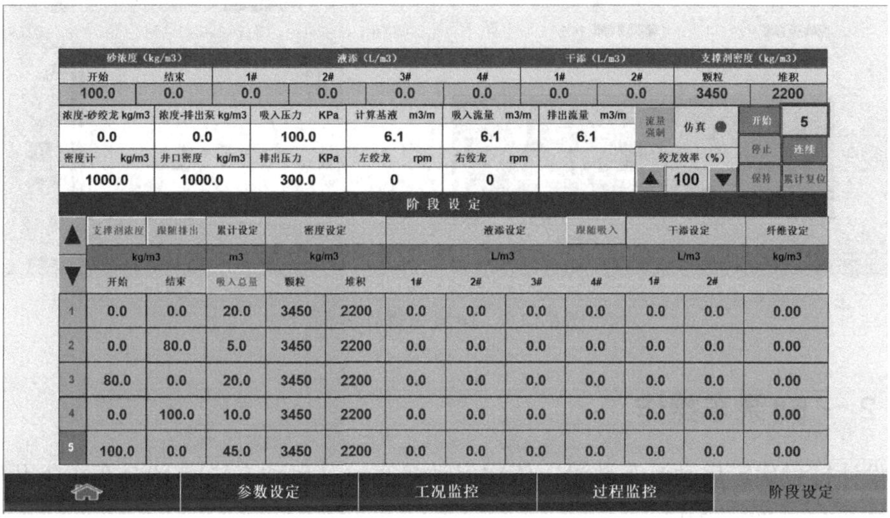

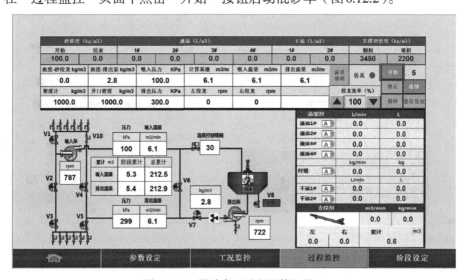

图6.12.1　混砂车泵注程序设定界面

2. 在"过程监控"页面中点击"开始"按钮启动混砂车（图6.12.2）。

图6.12.2　混砂车"过程监控"界面

二、1#泵车操作

1. 当吸入压力大于0.1 MPa后，点击"启动"按钮启动1#泵车。

2. 点击"怠速/空挡"按钮，并点击"确定"按钮，将1#泵车设置为怠速/空挡状态（图6.12.3）。

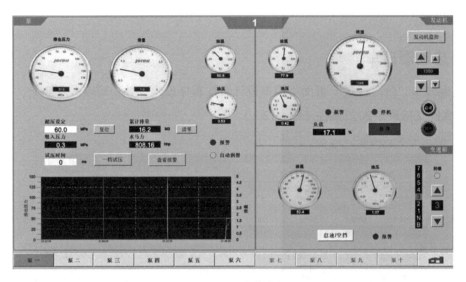

图6.12.3　1#泵车操作界面

三、2～6#泵车操作

根据设计排量确定启动泵车数量，依次启动泵车，其启动方法同1#泵车（先开进出口阀门，再启动泵车）（图6.12.4）。

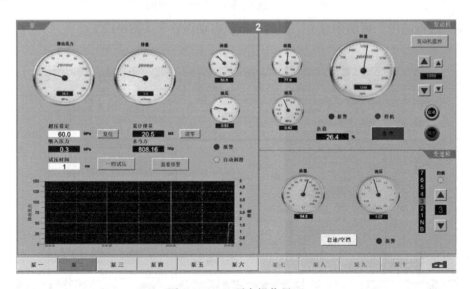

图6.12.4　2#泵车操作界面

四、投球打开滑套并试挤

1. 进入"流程监控"界面，点击"第一段投球"按钮进行投球操作（图6.12.5）。

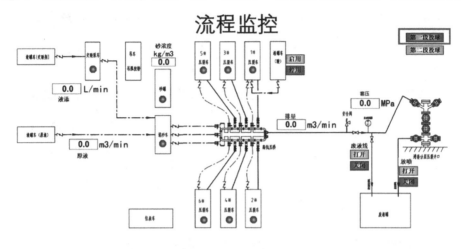

图6.12.5　投球"流程监控"界面

2. 1#泵车挂挡，设定转速，调节流量进行送球操作打开滑套。

3. 滑套打开后继续打液进行试挤。

4. 当发现油压曲线有下降趋势时，表示可以继续压裂。

五、压裂

1. 根据设计泵注程序调节泵车的挡位和转速进行提流量操作（图6.12.6）。

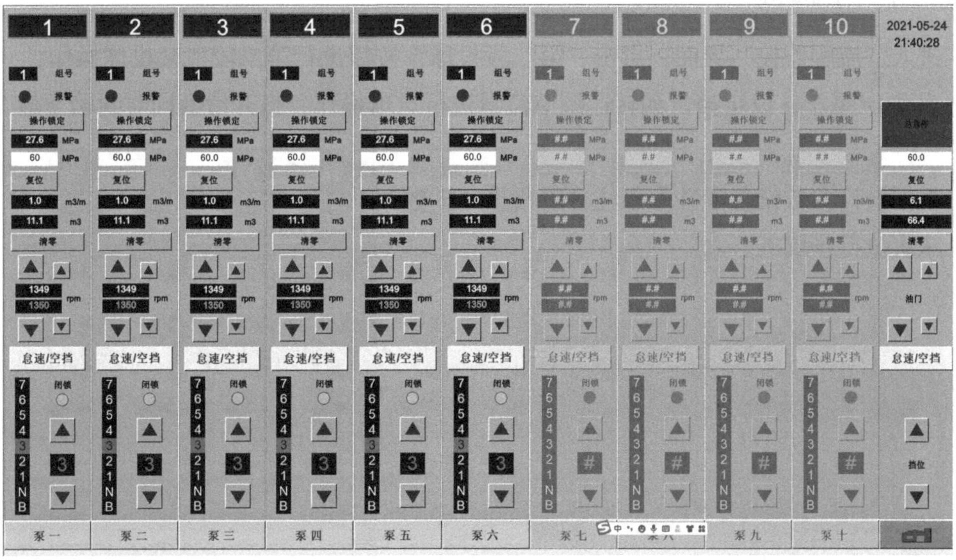

图6.12.6　泵车中枢控制界面

2. 在混砂车"阶段设定"页面中将阶段值设为1（图6.12.7）。

砂浓度（kg/m3）		液添（L/m3）				干添（L/m3）		支撑剂密度（kg/m3）	
开始	结束	1#	2#	3#	4#	1#	2#	颗粒	堆积
100.0	0.0	0.0	0.0	0.0	0.0	0.0	0.0	3450	2200

浓度-砂绞龙 kg/m3	浓度-排出泵 kg/m3	吸入压力 KPa	计算基液 m3/m	吸入流量 m3/m	排出流量 m3/m	流显强制	仿真 ●	开始	5
0.0	0.0	100.0	6.1	6.1	6.1				

密度计 kg/m3	井口密度 kg/m3	排出压力 KPa	左绞龙 rpm	右绞龙 rpm		绞龙效率（%）	停止	连续	
1000.0	1000.0	300.0	0	0		▲ 100 ▼	保持	累计复位	

阶 段 设 定

	支撑剂浓度	跟随排出	累计设定	密度设定		液添设定				跟随吸入	干添设定		纤维设定
	kg/m3		m3	kg/m3		L/m3					L/m3		kg/m3
	开始	结束	吸入总量	颗粒	堆积	1#	2#	3#	4#		1#	2#	
1	0.0	0.0	20.0	3450	2200	0.0	0.0	0.0	0.0		0.0	0.0	0.00
2	0.0	80.0	5.0	3450	2200	0.0	0.0	0.0	0.0		0.0	0.0	0.00
3	80.0	0.0	20.0	3450	2200	0.0	0.0	0.0	0.0		0.0	0.0	0.00
4	0.0	100.0	10.0	3450	2200	0.0	0.0	0.0	0.0		0.0	0.0	0.00
5	100.0	0.0	45.0	3450	2200	0.0	0.0	0.0	0.0		0.0	0.0	0.00

参数设定	工况监控	过程监控	阶段设定

图6.12.7　混砂车泵注程序设定界面

3. 程序根据设定泵注参数自动运行。当阶段值变回0时，表示泵注结束。

六、停泵泄压

1. 泵注结束后停所有仍在运行的泵车。

2. 在"流程监控"页面中打开废液线阀门泄压。

3. 当套压低于0.1 MPa后，关闭废液线阀门。

七、第二段压裂

1. 进入"流程监控"界面，点击"第二段投球"按钮进行第二段滑套投球操作。

2. 启动1#泵车，设定挡位和转速调节流量进行送球操作，打开滑套同时封堵下段，并进行试挤。

3. 根据设计参数设置混砂车泵注"阶段设定"数据。

4. 依次执行步骤五、六。

模块十三 堵塞球选择性压裂操作

一、准备工作

1. 检查所有阀门处于关闭状态。

2. 检查所有急停开关处于旋出状态。

3. 检查泵车和混砂车发动机熄火旋钮处于电源状态。

4. 检查泵车和混砂车仪表电源处于打开状态。

5. 混砂车就地盘台手/自动开关全都处于自动状态，旋钮归零，左、右绞龙处于正转、合并状态，上液泵处于停止状态。

二、启动混砂车

1. 打开交联剂进混砂车阀门HV101。

2. 打开压裂液进混砂车阀门HV102。

3. 打开并罐管汇出口阀门HV104、HV105、HV106。

4. 打开混砂车去高低压管汇阀门HV113、HV114、HV115。

5. 在混砂车"参数设定"页面中设置基液管汇压力、排出管汇压力、混砂罐液位、密度设定等参数（在设置混砂罐液位上、下限参数时，应先设置上限，再设置下限）(图6.13.1)。

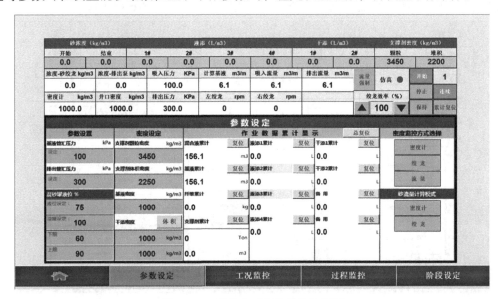

图6.13.1 混砂车"参数设定"界面

6. 在混砂车"阶段设定"页面中根据设计泵注程序设定参数。可点击左侧上、下按钮进行翻页，软件支持最多20段泵注（图6.13.2）。

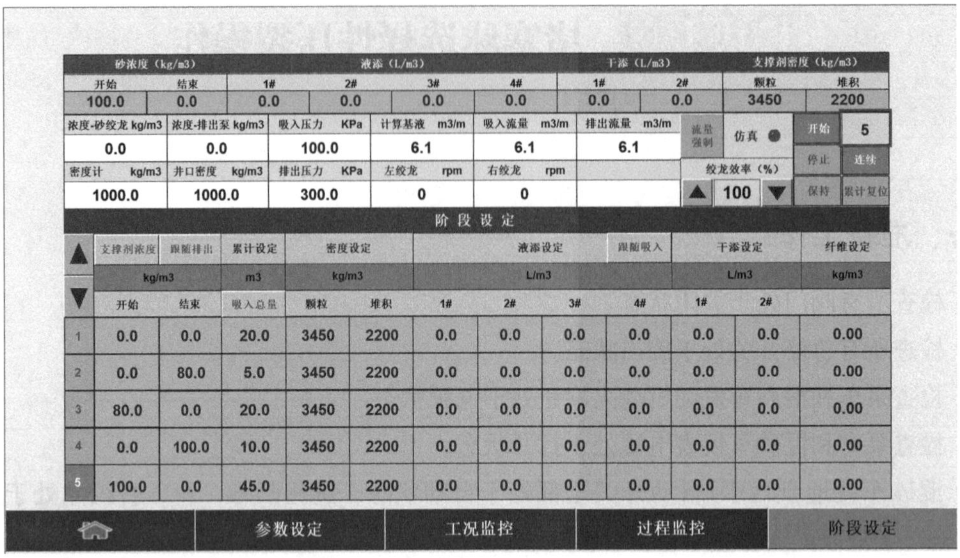

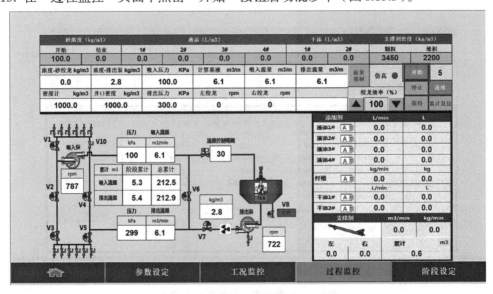

图6.13.2 混砂车泵注程序设定界面

7. 混砂车就地盘台将吸入泵切至手动位置。

8. 混砂车就地盘台将流量控制阀切至手动位置。

9. 混砂车就地盘台设定吸入泵转速至20 rpm。

10. 混砂车就地盘台设定流量控制阀开度至20%，向混砂罐充液。

11. 当混砂罐液位高于下限后，关闭流量控制阀，吸入泵转速归零。

12. 将吸入泵和流量控制阀切至自动位置（如液位高于上限，可至"过程监控"页面中打开V8阀门排液）。

13. 在"过程监控"页面中点击"开始"按钮启动混砂车（图6.13.3）。

图6.13.3 混砂车"过程监控"界面

三、1#泵车操作

1. 打开1#泵车进出口阀门VA116、VA119。

2. 当吸入压力大于0.1 MPa后，点击"启动"按钮启动1#泵车。

3. 点击"怠速/空挡"按钮，并点击"确定"按钮，将1#泵车设置为怠速/空挡状态（图6.13.4）。

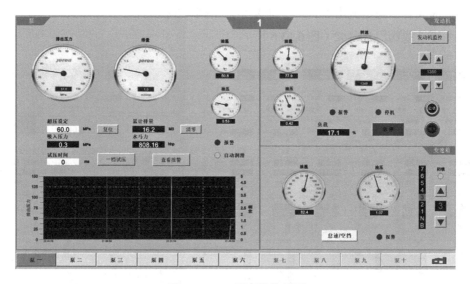

图6.13.4　1#泵车操作界面

四、2～6#泵车操作

根据设计排量确定启动泵车数量，依次启动泵车，其启动方法同1#泵车（先开进出口阀门，再启动泵车）（图6.13.5）。

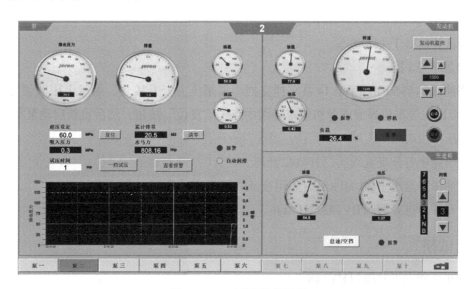

图6.13.5　2#泵车操作界面

五、循环

1. 打开阀门 HV138、HV141、HV142。

2. 1#泵车挂1挡。

3. 当废液线有水稳定流出后，1#泵车挂空挡（N挡）。

4. 2～6#泵车挂1挡。

5. 当废液线有水稳定流出后，2～6#泵车挂空挡（N挡）。

6. 关闭废液线阀门 HV142（图6.13.6）。

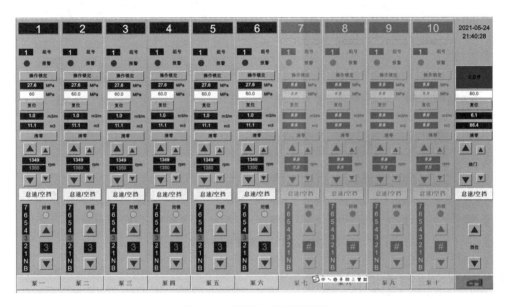

图6.13.6 泵车中枢控制界面

六、试压

1. 确认井口处于关闭状态。

2. 1#泵车挂1挡。

3. 当油压达到50 MPa后，1#泵车挂空挡（如果压力上升较快，触发上限联锁导致泵车熄火，则可以在泵车组界面或单机泵车界面中点击"复位"按钮，然后重新启动泵车即可）。

4. 试压一段时间。

5. 试压完毕打开废液线阀门 HV142 泄压。

6. 当油压降至小于0.1 MPa后，关闭废液线阀门 HV142。

7. 打开井口进井阀门 HV143、HV146。

七、试挤

1. 打开平衡车进井阀门 HV148。

2. 1#泵车挂挡，设定转速，调节流量进行试挤。

3. 根据需要启停平衡车，给套管打压。

4. 当发现油压曲线有下降趋势时，表示可以继续压裂。

八、压裂

1. 根据设计泵注程序调节泵车的挡位和转速进行提流量操作（图6.13.7）。

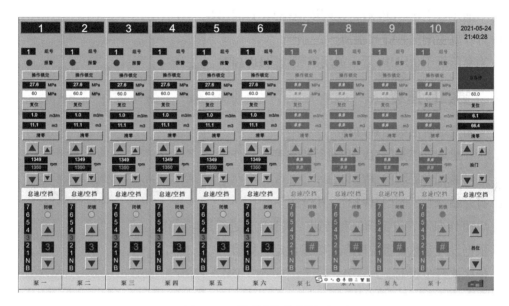

图6.13.7 泵车中枢控制界面

2. 在混砂车"阶段设定"页面中将阶段值设为1（图6.13.8）。

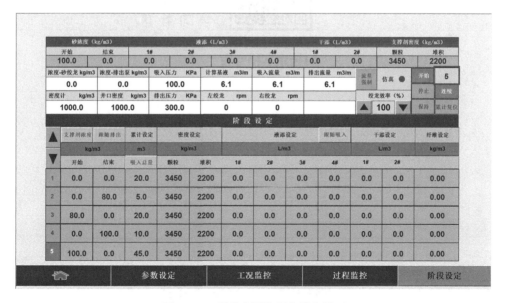

图6.13.8 混砂车泵注程序设定界面

3. 程序根据设定泵注参数自动运行。当阶段值变回0时，表示泵注结束。

4. 泵注过程中根据需要启停平衡车。

九、停泵泄压

1. 泵注结束后停所有仍在运行的泵车。

2. 打开废液线阀门HV142泄压。

3. 当油压低于0.1 MPa后，关闭废液线阀门HV142。

4. 打开放喷阀门HV147泄压。

5. 当套压低于0.1 MPa后，关闭放喷阀门HV147。

十、第二段压裂

1. 关闭蜡球管汇阀门HV138。

2. 打开蜡球管汇阀门HV140进行投堵塞球操作。

3. 关闭蜡球管汇阀门HV140。

4. 打开蜡球管汇阀门HV137、HV139。

5. 启动1#泵车，设定挡位和转速，调节流量进行送球操作。

6. 根据设计参数设置混砂车"阶段设定"数据。

7. 依次执行步骤七、八、九。

◎配 套 资 料
◎压 裂 工 程
◎技 术 精 讲
◎学 习 社 区

"码"上对话
AI技术实操专家

模块十四　蜡球选择性压裂操作

一、准备工作

1. 检查所有阀门处于关闭状态。

2. 检查所有急停开关处于旋出状态。

3. 检查泵车和混砂车发动机熄火旋钮处于电源状态。

4. 检查泵车和混砂车仪表电源处于打开状态。

5. 混砂车就地盘台手/自动开关全都处于自动状态，旋钮归零，左、右绞龙处于正转、合并状态，上液泵处于停止状态。

二、启动混砂车

1. 打开交联剂进混砂车阀门HV101。

2. 打开压裂液进混砂车阀门HV102。

3. 打开并罐管汇出口阀门HV104、HV105、HV106。

4. 打开混砂车去高低压管汇阀门HV113、HV114、HV115。

5. 在混砂车"参数设定"页面中设置基液管汇压力、排出管汇压力、混砂罐液位、密度设定等参数（在设置混砂罐液位上、下限参数时，应先设置上限，再设置下限）（图6.14.1）。

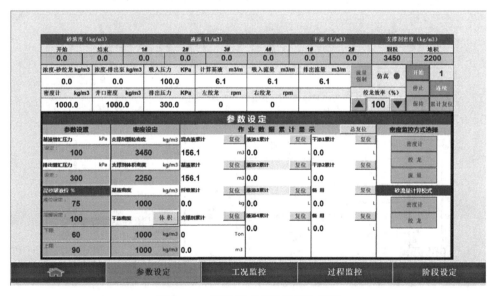

图6.14.1　混砂车"参数设定"界面

6. 在混砂车"阶段设定"页面中根据设计泵注程序设定参数。可点击左侧上、下按钮进行翻页，软件支持最多20段泵注（图6.14.2）。

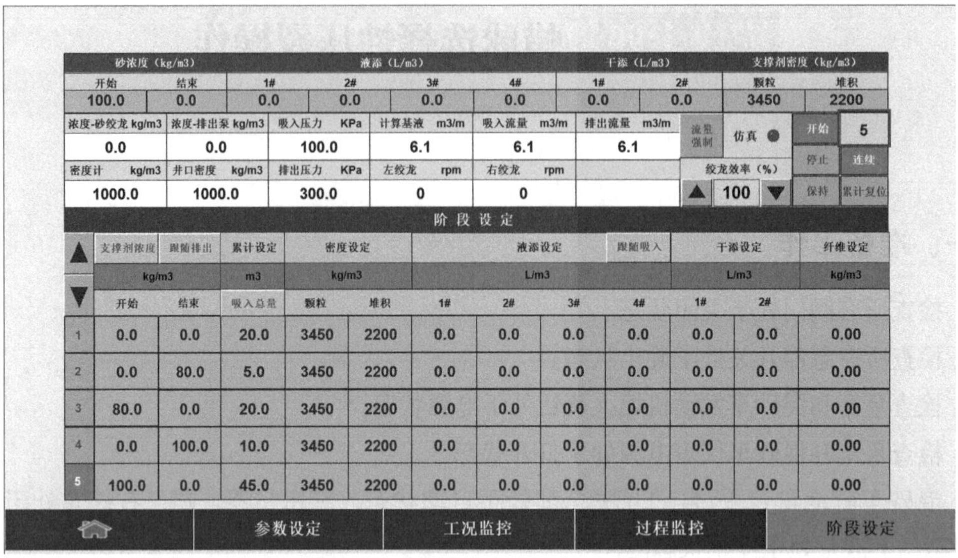

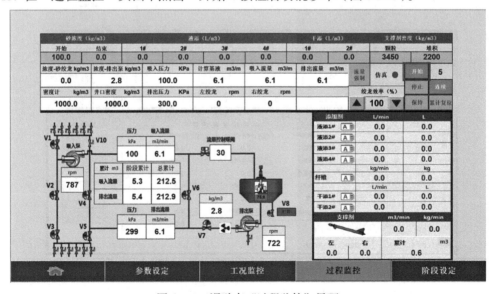

图6.14.2 混砂车泵注程序设定界面

7. 混砂车就地盘台将吸入泵切至手动位置。

8. 混砂车就地盘台将流量控制阀切至手动位置。

9. 混砂车就地盘台设定吸入泵转速至20 rpm。

10. 混砂车就地盘台设定流量控制阀开度至20%，向混砂罐充液。

11. 当混砂罐液位高于下限后，关闭流量控制阀，吸入泵转速归零。

12. 将吸入泵和流量控制阀切至自动位置（如液位高于上限，可至"过程监控"页面中打开V8阀门排液）。

13. 在"过程监控"页面中点击"开始"按钮启动混砂车（图6.14.3）。

图6.14.3 混砂车"过程监控"界面

三、1#泵车操作

1. 打开1#泵车进出口阀门VA116、VA119。

2. 当吸入压力大于0.1 MPa后，点击"启动"按钮启动1#泵车。

3. 点击"怠速/空挡"按钮，并点击"确定"按钮，将1#泵车设置为怠速/空挡状态（图6.14.4）。

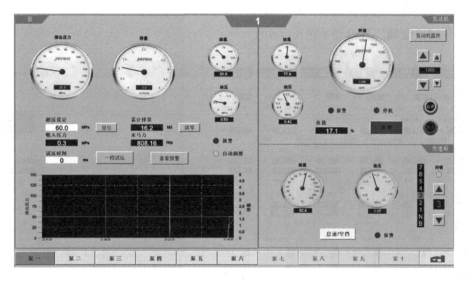

图6.14.4　1#泵车操作界面

四、2～6#泵车操作

根据设计排量确定启动泵车数量，依次启动泵车，其启动方法同1#泵车（先开进出口阀门，再启动泵车）（图6.14.5）。

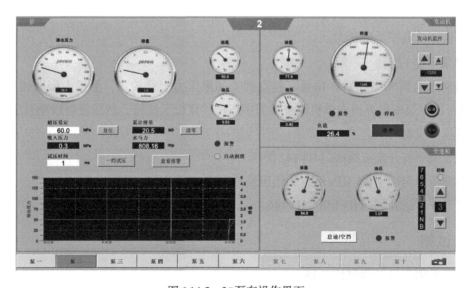

图6.14.5　2#泵车操作界面

五、循环

1. 打开阀门HV138、HV141、HV142。

2. 1#泵车挂1挡。

3. 当废液线有水稳定流出后，1#泵车挂空挡（N挡）。

4. 2～6#泵车挂1挡。

5. 当废液线有水稳定流出后，2～6#泵车挂空挡（N挡）。

6. 关闭废液线阀门HV142（图6.14.6）。

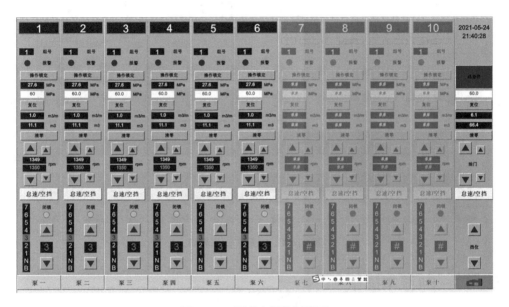

图6.14.6　泵车中枢控制界面

六、试压

1. 确认井口处于关闭状态。

2. 1#泵车挂1挡。

3. 当油压达到50 MPa后，1#泵车挂空挡（如果压力上升较快，触发上限联锁导致泵车熄火，则可以在泵车组界面或单机泵车界面中点击"复位"按钮，然后重新启动泵车即可）。

4. 试压一段时间。

5. 试压完毕打开废液线阀门HV142泄压。

6. 当油压降至小于0.1 MPa后，关闭废液线阀门HV142。

7. 打开井口进井阀门HV143、HV146。

七、试挤

1. 打开平衡车进井阀门HV148。

2. 1#泵车挂挡，设定转速，调节流量进行试挤。

3. 根据需要启停平衡车，给套管打压。

4. 当发现油压曲线有下降趋势时，表示可以继续压裂。

八、压裂

1. 根据设计泵注程序调节泵车的挡位和转速进行提流量操作（图6.14.7）。

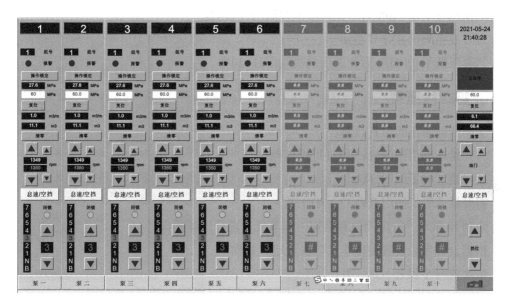

图6.14.7　泵车中枢控制界面

2. 在混砂车"阶段设定"页面中将阶段值设为1（图6.14.8）。

图6.14.8　混砂车泵注程序设定界面

3. 程序根据设定泵注参数自动运行。当阶段值变回0时，表示泵注结束。

4. 泵注过程中根据需要启停平衡车。

九、停泵泄压

1. 泵注结束后停所有仍在运行的泵车。

2. 打开废液线阀门HV142泄压。

3. 当油压低于0.1 MPa后，关闭废液线阀门HV142。

4. 打开放喷阀门HV147泄压。

5. 当套压低于0.1 MPa后，关闭放喷阀门HV147。

十、第二段压裂

1. 关闭蜡球管汇阀门HV138。

2. 打开蜡球管汇阀门HV140进行投球操作。

3. 关闭蜡球管汇阀门HV140。

4. 打开蜡球管汇阀门HV137、HV139。

5. 启动1#泵车，设定挡位和转速，调节流量进行送球操作。

6. 根据设计参数设置混砂车"阶段设定"数据。

7. 依次执行步骤七、八、九。

◎ 配 套 资 料
◎ 压 裂 工 程
◎ 技 术 精 讲
◎ 学 习 社 区

"码"上对话
AI技术实操专家

<h1>模块十五　限流法压裂操作</h1>

一、准备工作

1. 检查所有阀门处于关闭状态。

2. 检查所有急停开关处于旋出状态。

3. 检查泵车和混砂车发动机熄火旋钮处于电源状态。

4. 检查泵车和混砂车仪表电源处于打开状态。

5. 混砂车就地盘台手/自动开关全都处于自动状态，旋钮归零，左、右绞龙处于正转、合并状态，上液泵处于停止状态。

二、启动混砂车

1. 打开交联剂进混砂车阀门HV101。

2. 打开压裂液进混砂车阀门HV102。

3. 打开并罐管汇出口阀门HV104、HV105、HV106。

4. 打开混砂车去高低压管汇阀门HV113、HV114、HV115。

5. 在混砂车"参数设定"页面中设置基液管汇压力、排出管汇压力、混砂罐液位、密度设定等参数（在设置混砂罐液位上、下限参数时，应先设置上限，再设置下限）（图6.15.1）。

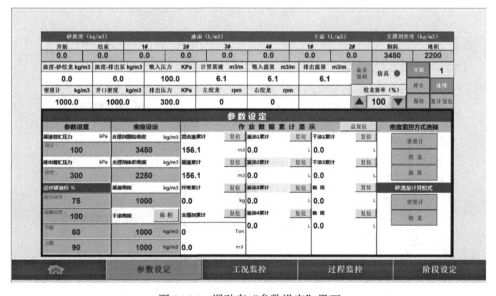

图6.15.1　混砂车"参数设定"界面

6. 在混砂车"阶段设定"页面中根据设计泵注程序设定参数。可点击左侧上、下按钮进行翻页，软件支持最多20段泵注（图6.15.2）。

图6.15.2 混砂车泵注程序设定界面中显示的参数界面：

砂浓度（kg/m3）				液添（L/m3）		干添（L/m3）		支撑剂密度（kg/m3）	
开始	结束	1#	2#	3#	4#	1#	2#	颗粒	堆积
100.0	0.0	0.0	0.0	0.0	0.0	0.0	0.0	3450	2200

浓度-砂绞龙 kg/m3	浓度-排出泵 kg/m3	吸入压力 KPa	计算基液 m3/m	吸入流量 m3/m	排出流量 m3/m
0.0	0.0	100.0	6.1	6.1	6.1

流量强制　仿真　开始 5　停止　连续

密度计 kg/m3	井口密度 kg/m3	排出压力 KPa	左绞龙 rpm	右绞龙 rpm
1000.0	1000.0	300.0	0	

绞龙效率（%）▲ 100 ▼　保持　累计复位

阶段设定

	支撑剂浓度 kg/m3 开始	结束	跟随排出 累计设定 m3 吸入总泵	密度设定 kg/m3 颗粒	堆积	液添设定 L/m3 1#	2#	3#	4#	跟随吸入 干添设定 L/m3 1#	2#	纤维设定 kg/m3
1	0.0	0.0	20.0	3450	2200	0.0	0.0	0.0	0.0	0.0	0.0	0.00
2	0.0	80.0	5.0	3450	2200	0.0	0.0	0.0	0.0	0.0	0.0	0.00
3	80.0	0.0	20.0	3450	2200	0.0	0.0	0.0	0.0	0.0	0.0	0.00
4	0.0	100.0	10.0	3450	2200	0.0	0.0	0.0	0.0	0.0	0.0	0.00
5	100.0	0.0	45.0	3450	2200	0.0	0.0	0.0	0.0	0.0	0.0	0.00

参数设定　工况监控　过程监控　阶段设定

图6.15.2 混砂车泵注程序设定界面

7. 混砂车就地盘台将吸入泵切至手动位置。

8. 混砂车就地盘台将流量控制阀切至手动位置。

9. 混砂车就地盘台设定吸入泵转速至20 rpm。

10. 混砂车就地盘台设定流量控制阀开度至20%，向混砂罐充液。

11. 当混砂罐液位高于下限后，关闭流量控制阀，吸入泵转速归零。

12. 将吸入泵和流量控制阀切至自动位置（如液位高于上限，可至"过程监控"页面中打开V8阀门排液）。

13. 在"过程监控"页面中点击"开始"按钮启动混砂车（图6.15.3）。

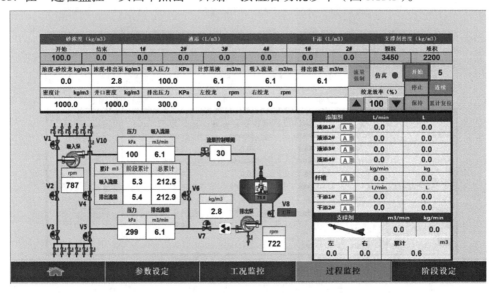

图6.15.3 混砂车"过程监控"界面

三、1#泵车操作

1. 打开1#泵车进出口阀门VA116、VA119。

2. 当吸入压力大于0.1 MPa后，点击"启动"按钮启动1#泵车。

3. 点击"怠速/空挡"按钮，并点击"确定"按钮，将1#泵车设置为怠速/空挡状态（图6.15.4）。

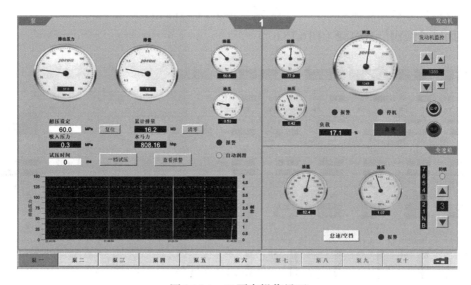

图6.15.4　1#泵车操作界面

四、2～6#泵车操作

根据设计排量确定启动泵车数量，依次启动泵车，其启动方法同1#泵车（先开进出口阀门，再启动泵车）（图6.15.5）。

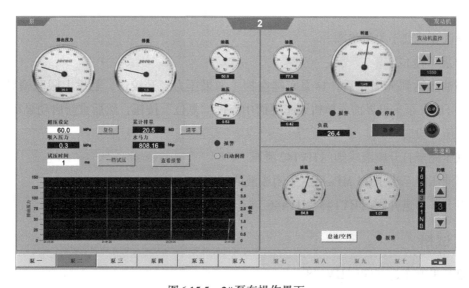

图6.15.5　2#泵车操作界面

五、循环

1. 打开阀门HV138、HV141、HV142。

2. 1#泵车挂1挡。

3. 当废液线有水稳定流出后，1#泵车挂空挡（N挡）。

4. 2～6#泵车挂1挡。

5. 当废液线有水稳定流出后，2～6#泵车挂空挡（N挡）。

6. 关闭废液线阀门HV142（图6.15.6）。

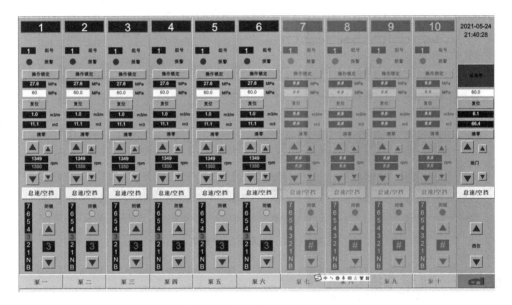

图6.15.6　泵车中枢控制界面

六、试压

1. 确认井口处于关闭状态。

2. 1#泵车挂1挡。

3. 当油压达到50 MPa后，1#泵车挂空挡（如果压力上升较快，触发上限联锁导致泵车熄火，则可以在泵车组界面或单机泵车界面中点击"复位"按钮，然后重新启动泵车即可）。

4. 试压一段时间。

5. 试压完毕打开废液线阀门HV142泄压。

6. 当油压降至小于0.1 MPa后，关闭废液线阀门HV142。

7. 打开井口进井阀门HV143、HV146。

七、试挤

1. 打开平衡车进井阀门HV148。

2. 1#泵车挂挡，设定转速，调节流量进行试挤。

3. 根据需要启停平衡车，给套管打压。

4. 当发现油压曲线有下降趋势时，表示可以继续压裂。

八、压裂

1. 根据设计泵注程序调节泵车的挡位和转速进行提流量操作（图6.15.7）。

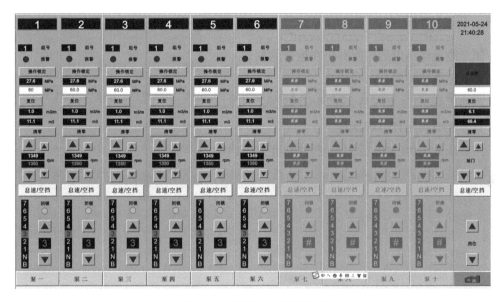

图6.15.7 泵车中枢控制界面

2. 在混砂车"阶段设定"页面中将阶段值设为1（图6.15.8）。

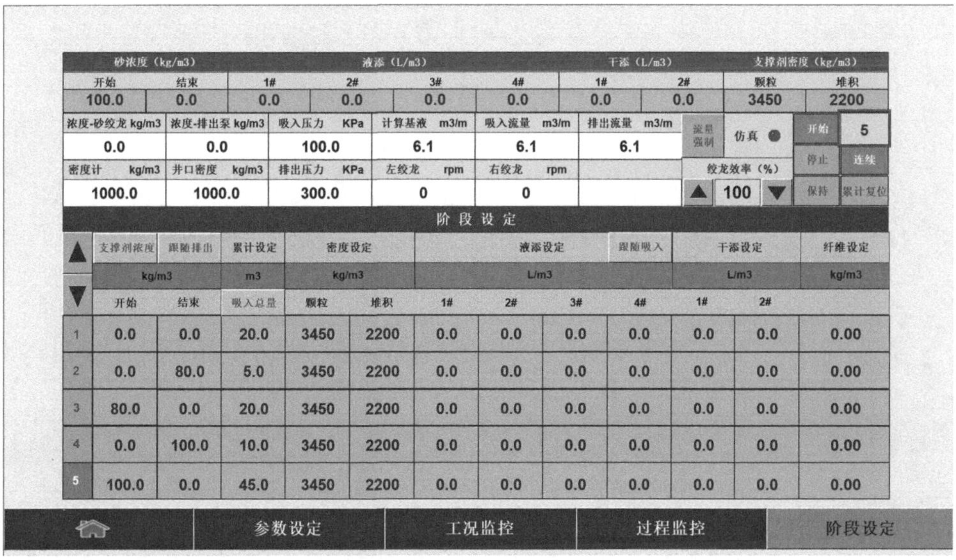

图6.15.8 混砂车泵注程序设定界面

3. 程序根据设定泵注参数自动运行。当阶段值变回0时，表示泵注结束。

4. 泵注过程中根据需要启停平衡车。

九、第二段压裂

1. 泵注结束后增大排量进行第二段压裂操作。

2. 在混砂车"阶段设定"页面中将阶段值设为1。

十、停泵泄压

1. 第二段泵注结束后停所有仍在运行的泵车。

2. 打开废液线阀门HV142泄压。

3. 当油压低于0.1 MPa后，关闭废液线阀门HV142。

4. 打开放喷阀门HV147泄压。

5. 当套压低于0.1 MPa后，关闭放喷阀门HV147。

模块十六　端部脱砂操作

一、准备工作

1. 检查所有阀门处于关闭状态。

2. 检查所有急停开关处于旋出状态。

3. 检查泵车和混砂车发动机熄火旋钮处于电源状态。

4. 检查泵车和混砂车仪表电源处于打开状态。

5. 混砂车就地盘台手/自动开关全都处于自动状态，旋钮归零，左、右绞龙处于正转、合并状态，上液泵处于停止状态。

二、启动混砂车

1. 打开交联剂进混砂车阀门HV101。

2. 打开压裂液进混砂车阀门HV102。

3. 打开并罐管汇出口阀门HV104、HV105、HV106。

4. 打开混砂车去高低压管汇阀门HV113、HV114、HV115。

5. 在混砂车"参数设定"页面中设置基液管汇压力、排出管汇压力、混砂罐液位、密度设定等参数（在设置混砂罐液位上、下限参数时，应先设置上限，再设置下限）（图6.16.1）。

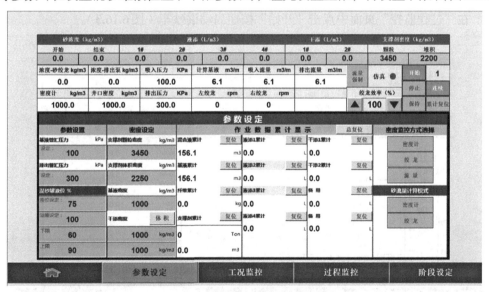

图6.16.1　混砂车"参数设定"界面

6. 在混砂车"阶段设定"页面中根据设计泵注程序设定参数。可点击左侧上、下按钮进

行翻页，软件支持最多20段泵注（图6.16.2）。

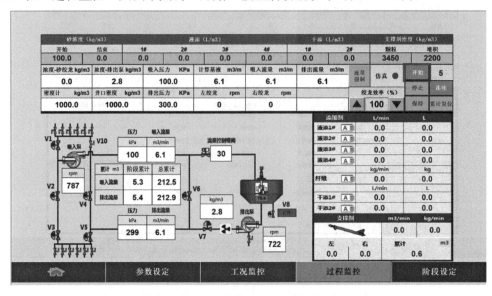

图6.16.2　混砂车泵注程序设定界面

7. 混砂车就地盘台将吸入泵切至手动位置。

8. 混砂车就地盘台将流量控制阀切至手动位置。

9. 混砂车就地盘台设定吸入泵转速至20 rpm。

10. 混砂车就地盘台设定流量控制阀开度至20%，向混砂罐充液。

11. 当混砂罐液位高于下限后，关闭流量控制阀，吸入泵转速归0。

12. 将吸入泵和流量控制阀切至自动位置（如液位高于上限，可至"过程监控"页面中打开V8阀门排液）。

13. 在"过程监控"页面中点击"开始"按钮启动混砂车（图6.16.3）。

图6.16.3　混砂车"过程监控"界面

三、1#泵车操作

1. 打开1#泵车进出口阀门VA116、VA119。

2. 当吸入压力大于0.1 MPa后，点击"启动"按钮启动1#泵车。

3. 点击"怠速/空挡"按钮，并点击"确定"按钮，将1#泵车设置为怠速/空挡状态（图6.16.4）。

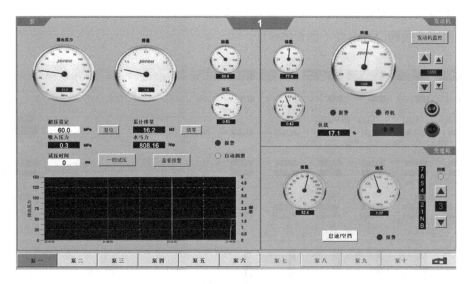

图6.16.4　1#泵车操作界面

四、2～6#泵车操作

根据设计排量确定启动泵车数量，依次启动泵车，其启动方法同1#泵车（先开进出口阀门，再启动泵车）（图6.16.5）。

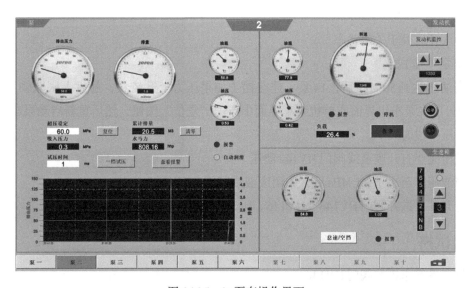

图6.16.5　2#泵车操作界面

五、循环

1. 打开阀门HV138、HV141、HV142。

2. 1#泵车挂1挡。

3. 当废液线有水稳定流出后，1#泵车挂空挡（N挡）。

4. 2～6#泵车挂1挡。

5. 当废液线有水稳定流出后，2～6#泵车挂空挡（N挡）。

6. 关闭废液线阀门HV142（图6.16.6）。

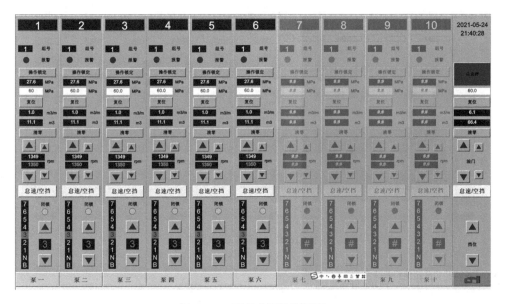

图6.16.6 泵车中枢控制界面

六、试压

1. 确认井口处于关闭状态。

2. 1#泵车挂1挡。

3. 当油压达到50 MPa后，1#泵车挂空挡（如果压力上升较快，触发上限联锁导致泵车熄火，则可以在泵车组界面或单机泵车界面中点击"复位"按钮，然后重新启动泵车即可）。

4. 试压一段时间。

5. 试压完毕打开废液线阀门HV142泄压。

6. 当油压降至小于0.1 MPa后，关闭废液线阀门HV142。

7. 打开井口进井阀门HV143、HV146。

七、试挤

1. 打开平衡车进井阀门HV148。

2. 1#泵车挂挡，设定转速，调节流量进行试挤。

3. 根据需要启停平衡车，给套管打压。

4. 当发现油压曲线有下降趋势时，表示可以继续压裂。

八、压裂

1. 根据设计泵注程序调节泵车的挡位和转速进行提流量操作（图6.16.7）。

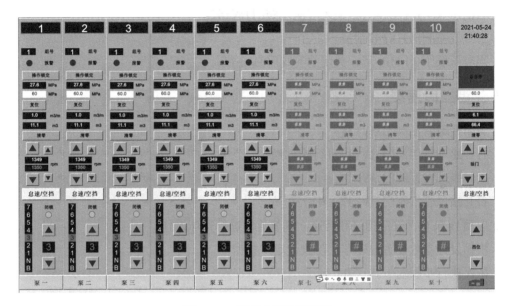

图6.16.7　泵车中枢控制界面

2. 在混砂车"阶段设定"页面中将阶段值设为1（图6.16.8）。

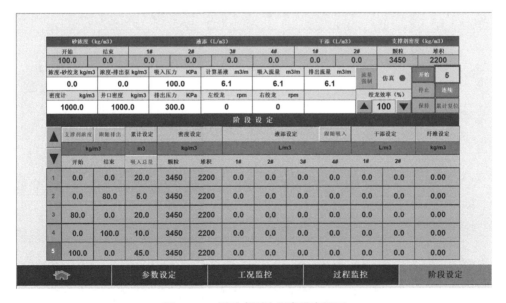

图6.16.8　混砂车泵注程序设定界面

3. 程序根据设定泵注参数自动运行。当阶段值变回0时，表示泵注结束。

4. 泵注过程中根据需要启停平衡车。

九、停泵泄压

1. 泵注结束后停所有仍在运行的泵车。

2. 打开废液线阀门HV142泄压。

3. 当油压低于0.1 MPa后，关闭废液线阀门HV142。

4. 打开放喷阀门HV147泄压。

5. 当套压低于0.1 MPa后，关闭放喷阀门HV147。

十、第二段压裂

1. 关闭蜡球管汇阀门HV138。

2. 打开蜡球管汇阀门HV140进行投球操作。

3. 关闭蜡球管汇阀门HV140。

4. 打开蜡球管汇阀门HV137、HV139。

5. 启动1#泵车，设定挡位和转速，调节流量进行送球操作。

6. 根据设计参数设置混砂车"阶段设定"数据。

7. 依次执行步骤七、八、九。

模块十七　泵送桥塞水平井分段压裂整体操作

一、第一段射孔

进入"流程监控"页面，点击"第一段射孔"按钮（图6.17.1）。

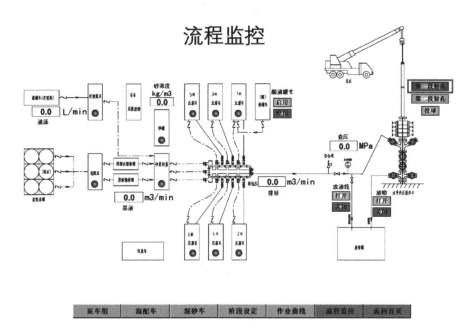

图6.17.1　射孔"流程监控"界面

二、启动混配车

1. 设定混配车控制液位。

2. 设定配液浓度。

3. 设定流量。

4. 设定总配液量。

5. 如果有液添则设定液添（注意：这里液添的设定不是指流量，而是指比例）。

6. 根据需要启用干添。

7. 点击"作业开始"按钮开始作业（图6.17.2）。

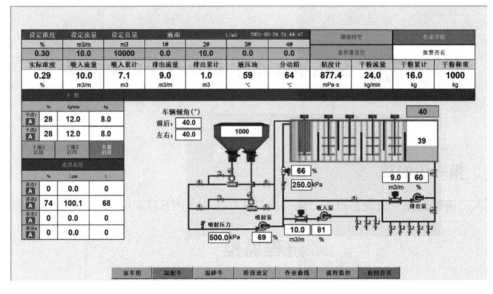

图6.17.2　混配车"流程监控"界面

三、启动混砂车

1. 混砂罐液位设定为75%。

2. 在混砂车"阶段设定"页面中根据设计泵注程序设定参数。可点击左侧上、下按钮进行翻页，软件支持最多20段泵注（图6.17.3）。

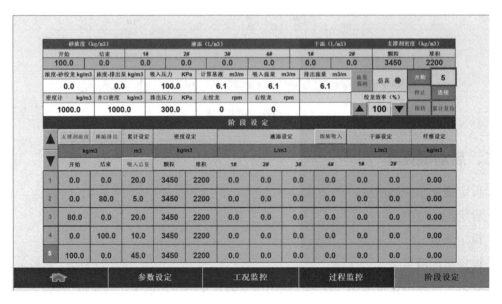

图6.17.3　混砂车泵注程序设定界面

3. 点击"开始"按钮运行混砂车（图6.17.4）。

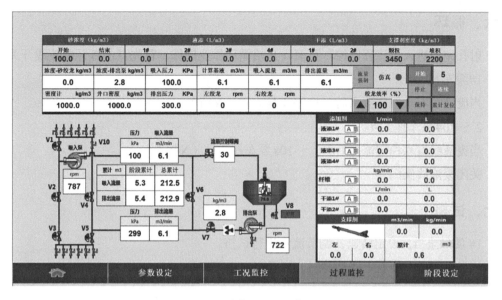

图6.17.4　混砂车"过程监控"界面

四、单机泵车

当吸入压力大于0.1 MPa后，点击"启动"按钮启动1#泵车（图6.17.5）。

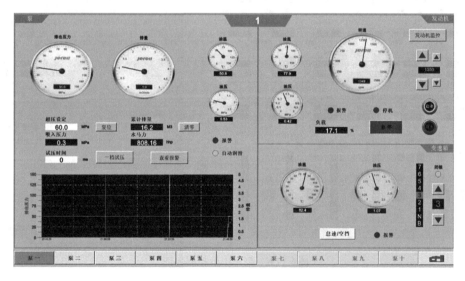

图6.17.5　1#泵车操作界面

五、压裂泵车组

1. 点击2～10#泵车的"启动"按钮启动泵车。

2. 点击右侧总的"怠速/空挡"按钮，并点击"确定"按钮将泵车设置为怠速/空挡状态。

六、循环

1. 射孔完毕进入"流程监控"页面，开始循环作业操作，首先点击打开废液线开关。

2. 1#泵车挂1挡。

3. 当废液线有水稳定流出后，1#泵车挂空挡（N挡）。

4. 2 ~ 10#泵车挂1挡。

5. 当废液线有水稳定流出后，2 ~ 10#泵车挂空挡（N挡）。

6. 关闭废液线阀门。

七、试挤

1. 1#泵车挂挡，设定转速，调节流量进行试挤。

2. 当发现套压曲线有下降趋势时，表示可以继续压裂。

八、压裂

1. 根据设计泵注程序调节泵车的挡位和转速进行提流量操作（图6.17.6）。

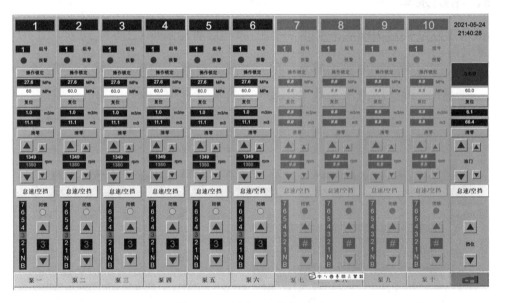

图6.17.6　泵车中枢控制界面

2. 在混砂车"阶段设定"页面中将阶段值设为1（图6.17.7）。

3. 程序根据设定泵注参数自动运行。当阶段值变回0时，表示泵注结束。

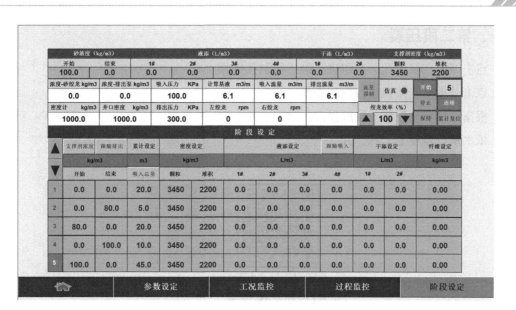

图6.17.7 混砂车泵注程序设定界面

九、停泵泄压

1. 泵注结束后停所有仍在运行的泵车。

2. 在"流程监控"页面中打开废液线阀门泄压。

3. 当套压低于0.1 MPa时泄压完毕，然后关闭废液线开关（图6.17.8）。

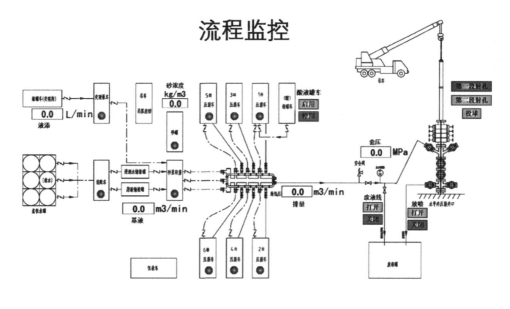

图6.17.8 射孔"流程监控"界面

十、第二段压裂

1. 点击"第二段射孔"按钮进行第二段射孔操作。

2. 点击"投球"按钮进行投球操作。

3. 根据设计参数设置"阶段设定"数据。

4. 依次执行步骤七、八、九。

◎配 套 资 料
◎压 裂 工 程
◎技 术 精 讲
◎学 习 社 区

"码"上对话
AI技术实操专家

模块十八 封隔器水平井分段压裂整体操作

一、流程切至射孔流程

1. 在"流程监控"页面中点击"第一段坐封"按钮进行坐封操作。

2. 点击"走连管"按钮（图6.18.1）。

3. 打开节流管汇。

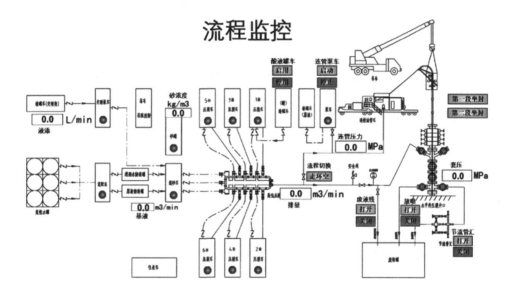

图6.18.1 走连管"流程监控"界面

二、启动混配车

1. 设定混配车控制液位。

2. 设定配液浓度。

3. 设定流量。

4. 设定总配液量。

5. 如果有液添则设定液添（注意：这里液添的设定不是指流量，而是指比例）。

6. 根据需要启用干添。

7. 点击"作业开始"按钮开始作业（图6.18.2）。

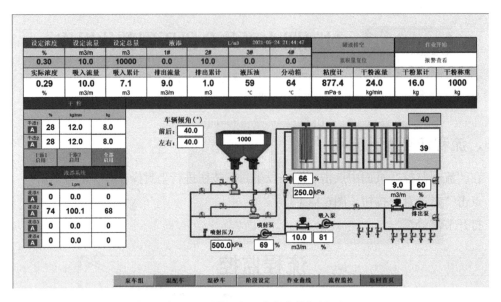

图6.18.2 混配车"流程监控"界面

三、启动混砂车

1. 混砂罐液位设定为75%。

2. 在"阶段设定"页面中根据设计泵注程序设定参数。可点击左侧上、下按钮进行翻页，软件支持最多20段泵注（图6.18.3）。

图6.18.3 混砂车泵注程序设定界面

3. 点击"开始"按钮运行混砂车（图6.18.4）。

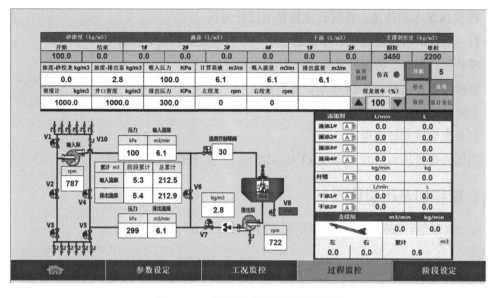

图6.18.4 混砂车"过程监控"界面

四、单机泵车

1. 当吸入压力大于0.1 MPa后，点击"启动"按钮启动1#泵车。

2. 点击"怠速/空挡"按钮，并点击"确定"按钮，将1#泵车设置为怠速/空挡状态（图6.18.5）。

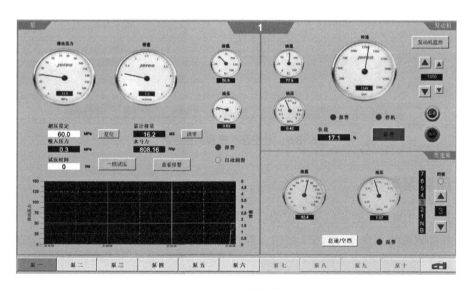

图6.18.5 1#泵车操作界面

五、喷砂射孔

1. 将1#泵车挂至2挡（喷砂射孔时挡位不应高于2挡，以免压力达不到）。

2. 调节1#泵车的转速，将射孔流量调至设计流量。

3. 打一定量的液以后在混砂车界面设定结束砂浓度进行加砂操作。

4. 喷砂射孔完毕，将混砂车界面结束砂浓度置0。

5. 将砂全部替出后，将1#泵车设为空挡。

6. 关闭节流管汇。

7. 打开废液线或放喷泄压。

8. 当压力连管压力和套压降至0.1 MPa以下后，关闭废液线和放喷。

六、流程切至压裂流程

点击"走环空"按钮将流程切至压裂流程（图6.18.6）。

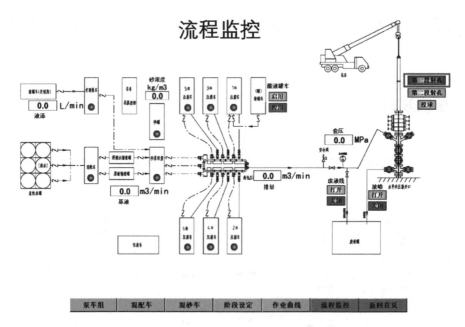

图6.18.6　走连管"流程监控"界面

七、压裂泵车组

1. 点击2～10#泵车的"启动"按钮启动泵车。

2. 点击右侧总的"怠速/空挡"按钮，并点击"确定"按钮，将泵车设置为怠速/空挡状态（图6.18.7）。

八、试挤

1. 在"流程监控"页面中启动连管泵车。

2. 1#泵车挂挡，设定转速，调节流量进行试挤。

3. 当发现套压曲线有下降趋势时，表示可以继续压裂。

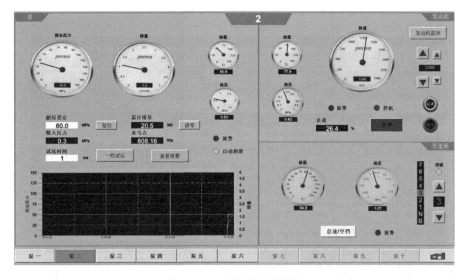

图6.18.7　2#泵车操作界面

九、压裂

1. 根据设计泵注程序调节泵车的挡位和转速进行提流量操作（图6.18.8）。

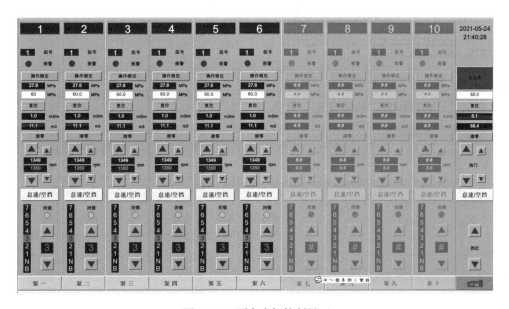

图6.18.8　泵车中枢控制界面

2. 在混砂车"阶段设定"页面中将阶段值设为1（图6.18.9）。

3. 程序根据设定泵注参数自动运行。当阶段值变回0时，表示泵注结束。

十、停泵泄压

1. 泵注结束后停所有仍在运行的泵车。

图6.18.9　混砂车泵注程序设定界面

2. 停连管泵车。

3. 打开放喷阀门泄压。

4. 当套压低于0.1 MPa后，关闭放喷阀门。

十一、第二段压裂

1. 在"流程监控"页面中点击"第二段坐封"按钮进行第二段坐封操作。

2. 根据设计参数设置"阶段设定"数据。

3. 依次执行步骤四至十。

模块十九 低压替酸操作

"码"上对话
AI技术实操专家
◎配套资料
◎压裂工程
◎技术精讲
◎学习社区

一、准备工作

1. 检查所有阀门处于关闭状态。

2. 检查所有急停开关处于旋出状态。

3. 检查泵车和混砂车发动机熄火旋钮处于电源状态。

4. 检查泵车和混砂车仪表电源处于打开状态。

5. 混砂车就地盘台手/自动开关全都处于自动状态，旋钮归零，左、右绞龙处于正转、合并状态，上液泵处于停止状态。

二、启动混砂车

1. 打开交联剂进混砂车阀门HV101。

2. 打开压裂液进混砂车阀门HV102。

3. 打开并罐管汇出口阀门HV104、HV105、HV106。

4. 打开混砂车去高低压管汇阀门HV113、HV114、HV115。

5. 在混砂车"参数设定"页面中设置基液管汇压力、排出管汇压力、混砂罐液位、密度设定等参数（在设置混砂罐液位上、下限参数时，应先设置上限，再设置下限）（图6.19.1）。

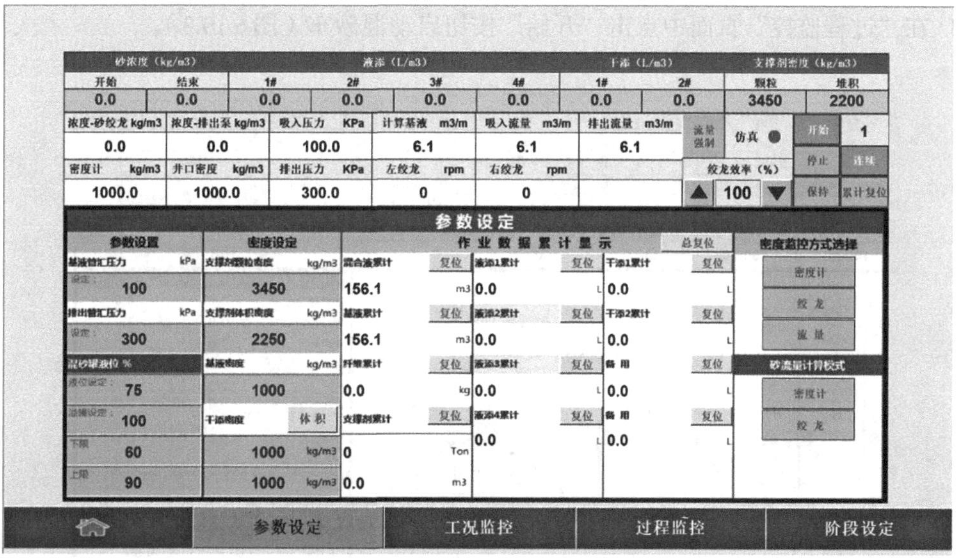

图6.19.1 混砂车"参数设定"界面

6. 在混砂车"阶段设定"页面中根据设计泵注程序设定参数。可点击左侧上、下按钮进

行翻页，软件支持最多20段泵注（图6.19.2）。

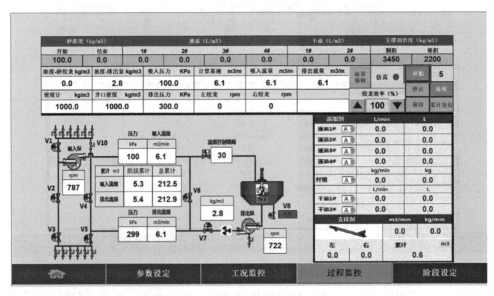

图6.19.2　混砂车泵注程序设定界面

7. 混砂车就地盘台将吸入泵切至手动位置。

8. 混砂车就地盘台将流量控制阀切至手动位置。

9. 混砂车就地盘台设定吸入泵转速至20 rpm。

10. 混砂车就地盘台设定流量控制阀开度至20%，向混砂罐充液。

11. 当混砂罐液位高于下限后，关闭流量控制阀，吸入泵转速归零。

12. 将吸入泵和流量控制阀切至自动位置（如液位高于上限，可至"过程监控"页面中打开V8阀门排液）。

13. 在"过程监控"页面中点击"开始"按钮启动混砂车（图6.19.3）。

图6.19.3　混砂车"过程监控"界面

三、1#泵车操作

1. 打开1#泵车进出口阀门VA116、VA119。

2. 当吸入压力大于0.1 MPa后，点击"启动"按钮启动1#泵车。

3. 点击"怠速/空挡"按钮，并点击"确定"按钮，将1#泵车设置为怠速/空挡状态（图6.19.4）。

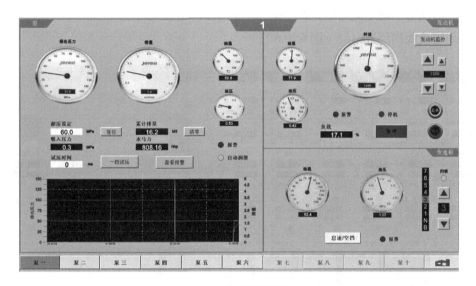

图6.19.4　1#泵车操作界面

四、2～6#泵车操作

根据设计排量确定启动泵车数量，依次启动泵车，其启动方法同1#泵车（先开进出口阀门，再启动泵车）（图6.19.5）。

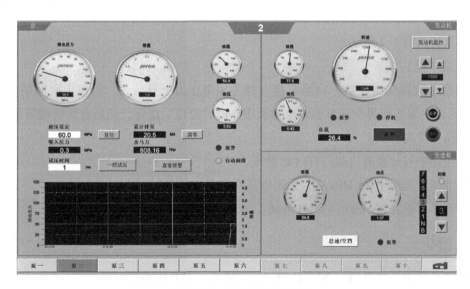

图6.19.5　2#泵车操作界面

五、循环

1. 打开阀门HV138、HV141、HV142。

2. 1#泵车挂1挡。

3. 当废液线有水稳定流出后,1#泵车挂空挡(N挡)。

4. 2～6#泵车挂1挡。

5. 当废液线有水稳定流出后,2～6#泵车挂空挡(N挡)。

6. 关闭废液线阀门HV142(图6.19.6)。

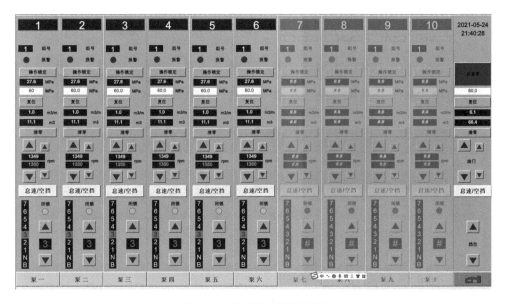

图6.19.6　泵车中枢控制界面

六、试压

1. 确认井口处于关闭状态。

2. 1#泵车挂1挡。

3. 当油压达到50 MPa后,1#泵车挂空挡(如果压力上升较快,触发上限联锁导致泵车熄火,则可以在泵车组界面或单机泵车界面中点击"复位"按钮,然后重新启动泵车即可)。

4. 试压一段时间。

5. 试压完毕打开废液线阀门HV142泄压。

6. 当油压降至小于0.1 MPa后,关闭废液线阀门HV142。

7. 打开井口进井阀门HV143、HV146。

七、酸化

1. 根据设计酸化排量给1#泵车挂挡,设定转速,向井内打液。

2. 当达到设计液量后，打开阀门HV118启用酸液罐。

3. 可通过混砂车页面或者泵车页面的累积量来监控排量。

4. 可以点击"清零"按钮将累积量清零。

5. 当达到设计酸量后，关闭阀门HV118停用酸液罐，并继续打液，将酸液挤进地层。

6. 当挤液量达到设计液量后，将1#泵车设为空挡。

7. 关闭井口进井阀门HV143、HV146进行酸浸。

8. 打开放喷阀门HV147。

9. 启动1#泵车进行替酸。

模块二十　高压泵注操作

一、准备工作

1. 检查所有阀门处于关闭状态。

2. 检查所有急停开关处于旋出状态。

3. 检查泵车和混砂车发动机熄火旋钮处于电源状态。

4. 检查泵车和混砂车仪表电源处于打开状态。

5. 混砂车就地盘台手/自动开关全都处于自动状态，旋钮归零，左、右绞龙处于正转、合并状态，上液泵处于停止状态。

二、启动混砂车

1. 打开交联剂进混砂车阀门HV101。

2. 打开压裂液进混砂车阀门HV102。

3. 打开并罐管汇出口阀门HV104、HV105、HV106。

4. 打开混砂车去高低压管汇阀门HV113、HV114、HV115。

5. 在混砂车"参数设定"页面中设置基液管汇压力、排出管汇压力、混砂罐液位、密度设定等参数（在设置混砂罐液位上、下限参数时，应先设置上限，再设置下限）(图6.20.1)。

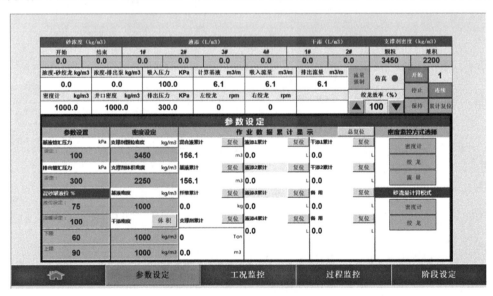

图6.20.1　混砂车"参数设定"界面

6. 在混砂车"阶段设定"页面中根据设计泵注程序设定参数。可点击左侧上、下按钮进

行翻页，软件在支持最多20段泵注（6.20.2）。

砂浓度（kg/m3）				液添（L/m3）			干添（L/m3）		支撑剂密度（kg/m3）	
开始	结束	1#	2#	3#	4#		1#	2#	颗粒	堆积
100.0	0.0	0.0	0.0	0.0	0.0		0.0	0.0	3450	2200

浓度-砂绞龙 kg/m3	浓度-排出泵 kg/m3	吸入压力 KPa	计算基液 m3/m	吸入流量 m3/m	排出流量 m3/m	流量强制	仿真 ●	开始	5
0.0	100.0		6.1	6.1	6.1			停止	连续

密度计 kg/m3	井口密度 kg/m3	排出压力 KPa	左绞龙 rpm	右绞龙 rpm	绞龙效率（%）		
1000.0	1000.0	300.0			▲ 100 ▼	保持	累计复位

阶 段 设 定

	支撑剂浓度	跟随排出	累计设定	密度设定		液添设定				跟随吸入	干添设定		纤维设定
	kg/m3		m3	kg/m3		L/m3					L/m3		
	开始	结束	吸入总量	颗粒	堆积	1#	2#	3#	4#		1#	2#	
1	0.0	0.0	20.0	3450	2200	0.0	0.0	0.0	0.0		0.0	0.0	0.00
2	0.0	80.0	5.0	3450	2200	0.0	0.0	0.0	0.0		0.0	0.0	0.00
3	80.0	0.0	20.0	3450	2200	0.0	0.0	0.0	0.0		0.0	0.0	0.00
4	0.0	100.0	10.0	3450	2200	0.0	0.0	0.0	0.0		0.0	0.0	0.00
5	100.0	0.0	45.0	3450	2200	0.0	0.0	0.0	0.0		0.0	0.0	0.00

参数设定	工况监控	过程监控	阶段设定

图 6.20.2　混砂车泵注程序设定界面

7. 混砂车就地盘台将吸入泵切至手动位置。

8. 混砂车就地盘台将流量控制阀切至手动位置。

9. 混砂车就地盘台设定吸入泵转速至20 rpm。

10. 混砂车就地盘台设定流量控制阀开度至20%，向混砂罐充液。

11. 当混砂罐液位高于下限后，关闭流量控制阀，吸入泵转速归零。

12. 将吸入泵和流量控制阀切至自动位置（如液位高于上限，可至"过程监控"页面中打开V8阀门排液）。

13. 在"过程监控"页面中点击"开始"按钮启动混砂车（图6.20.3）。

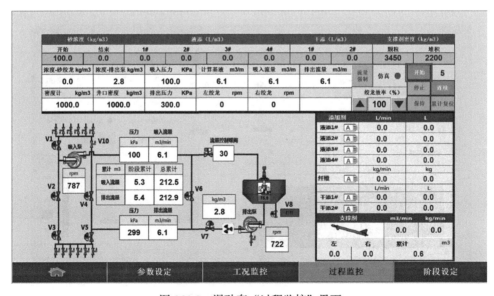

图 6.20.3　混砂车"过程监控"界面

三、1#泵车操作

1. 打开1#泵车进出口阀门VA116、VA119。

2. 当吸入压力大于0.1 MPa后，点击"启动"按钮启动1#泵车。

3. 点击"怠速/空挡"按钮，并点击"确定"按钮，将1#泵车设置为怠速/空挡状态（图6.20.4）。

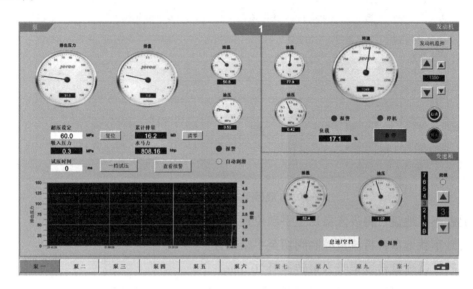

图6.20.4　1#泵车操作界面

四、2～6#泵车操作

根据设计排量确定启动泵车数量，依次启动泵车，其启动方法同1#泵车（先开进出口阀门，再启动泵车）（图6.20.5）。

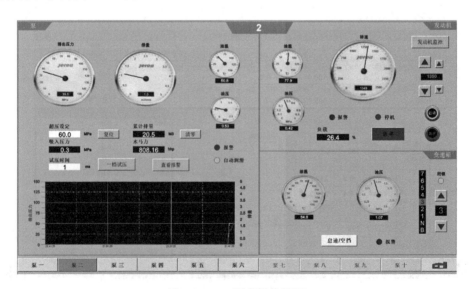

图6.20.5　2#泵车操作界面

五、循环

1. 打开阀门HV138、HV141、HV142。

2. 1#泵车挂1挡。

3. 当废液线有水稳定流出后，1#泵车挂空挡（N挡）。

4. 2～6#泵车挂1挡。

5. 当废液线有水稳定流出后，2～6#泵车挂空挡（N挡）。

6. 关闭废液线阀门HV142（图6.20.6）。

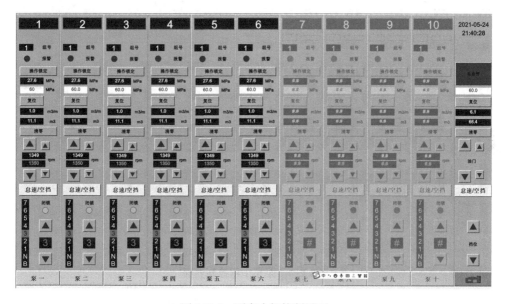

图6.20.6 泵车中枢控制界面

六、试压

1. 确认井口处于关闭状态。

2. 1#泵车挂1挡。

3. 当油压达到50 MPa后，1#泵车挂空挡（如果压力上升较快，触发上限联锁导致泵车熄火，则可以在泵车组界面或单机泵车界面中点击"复位"按钮，然后重新启动泵车即可）。

4. 试压一段时间。

5. 试压完毕打开废液线阀门HV142泄压。

6. 当油压降至小于0.1 MPa后，关闭废液线阀门HV142。

7. 打开井口进井阀门HV143、HV146。

七、试挤

1. 打开平衡车进井阀门HV148。

2. 1#泵车挂挡，设定转速，调节流量进行试挤。

3. 根据需要启停平衡车，给套管打压。

4. 当发现油压曲线有下降趋势时，表示可以继续压裂。

八、压裂

1. 根据设计泵注程序调节泵车的挡位和转速进行提流量操作（图6.20.7）。

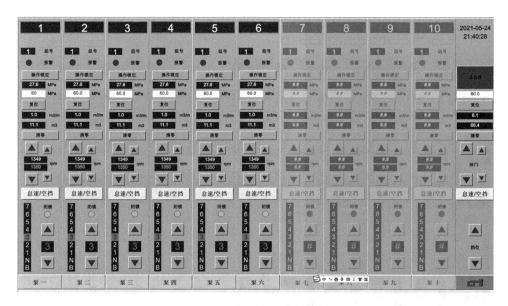

图6.20.7　泵车中枢控制界面

2. 在混砂车"阶段设定"页面中将阶段值设为1（图6.20.8）。

图6.20.8　混砂车泵注程序设定界面

3. 程序根据设定泵注参数自动运行。当阶段值变回0时，表示泵注结束。

4. 泵注过程中根据需要启停平衡车。

九、停泵泄压

1. 泵注结束后停所有仍在运行的泵车。

2. 打开废液线阀门HV142泄压。

3. 当油压低于0.1 MPa后，关闭废液线阀门HV142。

4. 打开放喷阀门HV147泄压。

5. 当套压低于0.1 MPa后，关闭放喷阀门HV147。

"码"上对话
AI技术实操专家
◎配　套　资　料
◎压　裂　工　程
◎技　术　精　讲
◎学　习　社　区

模块二十一　酸化压裂整体操作

一、准备工作

1. 检查所有阀门处于关闭状态。

2. 检查所有急停开关处于旋出状态。

3. 检查泵车和混砂车发动机熄火旋钮处于电源状态。

4. 检查泵车和混砂车仪表电源处于打开状态。

5. 混砂车就地盘台手/自动开关全都处于自动状态，旋钮归零，左、右绞龙处于正转、合并状态，上液泵处于停止状态。

二、启动混砂车

1. 打开交联剂进混砂车阀门HV101。

2. 打开压裂液进混砂车阀门HV102。

3. 打开并罐管汇出口阀门HV104、HV105、HV106。

4. 打开混砂车去高低压管汇阀门HV113、HV114、HV115。

5. 在混砂车"参数设定"页面中设置基液管汇压力、排出管汇压力、混砂罐液位、密度设定等参数（在设置混砂罐液位上、下限参数时，应先设置上限，再设置下限）(图6.21.1)。

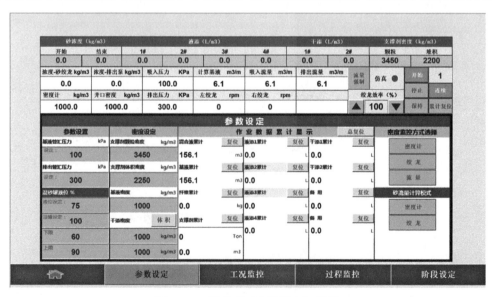

图6.21.1　混砂车"参数设定"界面

6. 在混砂车"阶段设定"页面中根据设计泵注程序设定参数。可点击左侧上、下按钮进

行翻页，软件支持最多20段泵注（图6.21.2）。

砂浓度(kg/m3)		液添(L/m3)				干添(L/m3)		支撑剂密度(kg/m3)	
开始	结束	1#	2#	3#	4#	1#	2#	颗粒	堆积
100.0	0.0	0.0	0.0	0.0	0.0	0.0	0.0	3450	2200

浓度-砂绞龙 kg/m3	浓度-排出泵 kg/m3	吸入压力 KPa	计算基液 m3/m	吸入流量 m3/m	排出流量 m3/m
0.0	0.0	100.0	6.1	6.1	6.1

密度计 kg/m3	井口密度 kg/m3	排出压力 KPa	左绞龙 rpm	右绞龙 rpm
1000.0	1000.0	300.0	0	0

流量强制　仿真　开始　5　停止　连续　绞龙效率(%)　▲ 100 ▼　保持　累计复位

阶段设定

	支撑剂浓度		累计设定	密度设定		液添设定				干添设定		纤维设定
	跟随排出 kg/m3		m3	kg/m3		跟随吸入 L/m3				L/m3		kg/m3
	开始	结束	吸入总量	颗粒	堆积	1#	2#	3#	4#	1#	2#	
1	0.0	0.0	20.0	3450	2200	0.0	0.0	0.0	0.0	0.0	0.0	0.00
2	0.0	80.0	5.0	3450	2200	0.0	0.0	0.0	0.0	0.0	0.0	0.00
3	80.0	0.0	20.0	3450	2200	0.0	0.0	0.0	0.0	0.0	0.0	0.00
4	0.0	100.0	10.0	3450	2200	0.0	0.0	0.0	0.0	0.0	0.0	0.00
5	100.0	0.0	45.0	3450	2200	0.0	0.0	0.0	0.0	0.0	0.0	0.00

参数设定　工况监控　过程监控　阶段设定

图6.21.2　混砂车泵注程序设定界面

7. 混砂车就地盘台将吸入泵切至手动位置。

8. 混砂车就地盘台将流量控制阀切至手动位置。

9. 混砂车就地盘台设定吸入泵转速至20 rpm。

10. 混砂车就地盘台设定流量控制阀开度至20%，向混砂罐充液。

11. 当混砂罐液位高于下限后，关闭流量控制阀，吸入泵转速归零。

12. 将吸入泵和流量控制阀切至自动位置（如液位高于上限，可至"过程监控"页面中打开V8阀门排液）。

13. 在"过程监控"页面中点击"开始"按钮启动混砂车（图6.21.3）。

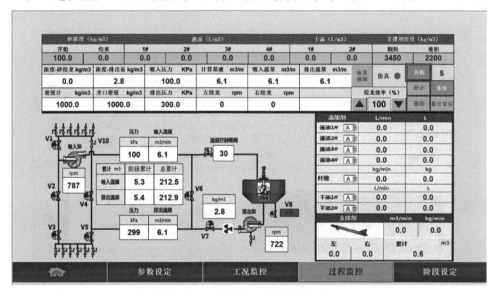

图6.21.3　混砂车"过程监控"界面

三、1#泵车操作

1. 打开1#泵车进出口阀门VA116、VA119。

2. 当吸入压力大于0.1 MPa后，点击"启动"按钮启动1#泵车。

3. 点击"怠速/空挡"按钮，并点击"确定"按钮，将1#泵车设置为怠速/空挡状态（图6.21.4）。

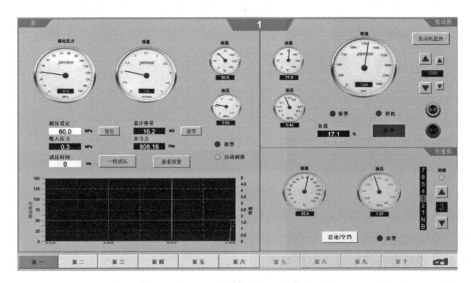

图6.21.4　1#泵车操作界面

四、2～6#泵车操作

根据设计排量确定启动泵车数量，依次启动泵车，其启动方法同1#泵车（先开进出口阀门，再启动泵车）（图6.21.5）。

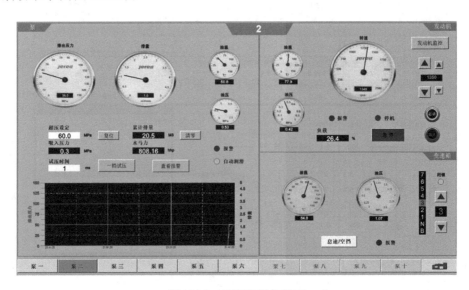

图6.21.5　2#泵车操作界面

五、循环

1. 打开阀门 HV138、HV141、HV142。

2. 1#泵车挂 1 挡。

3. 当废液线有水稳定流出后，1#泵车挂空挡（N 挡）。

4. 2～6#泵车挂 1 挡。

5. 当废液线有水稳定流出后，2～6#泵车挂空挡（N 挡）。

6. 关闭废液线阀门 HV142（图 6.21.6）。

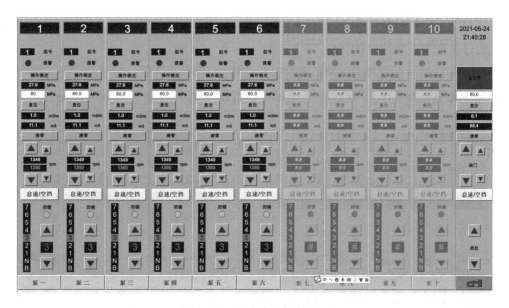

图 6.21.6 泵车中枢控制界面

六、试压

1. 确认井口处于关闭状态。

2. 1#泵车挂 1 挡。

3. 当油压达到 50 MPa 后，1#泵车挂空挡（如果压力上升较快，触发上限联锁导致泵车熄火，则可以在泵车组界面或单机泵车界面中点击"复位"按钮，然后重新启动泵车即可）。

4. 试压一段时间。

5. 试压完毕打开废液线阀门 HV142 泄压。

6. 当油压降至小于 0.1 MPa 后，关闭废液线阀门 HV142。

7. 打开井口进井阀门 HV143、HV146。

七、酸化

1. 根据设计酸化排量给 1#泵车挂挡，设定转速，向井内打液。

2. 当达到设计液量后，打开阀门HV118启用酸液罐。

3. 可通过混砂车页面或者泵车页面的累积量来监控排量。

4. 可以点击"清零"按钮将累积量清零。

5. 当达到设计酸量后，关闭阀门HV118停用酸液罐，并继续打液，将酸液挤进地层。

6. 当挤液量达到设计液量后，将1#泵车设为空挡。

7. 关闭井口进井阀门HV143、HV146进行酸浸。

八、试挤

1. 酸浸结束后打开井口进井阀门HV143、HV146。

2. 打开平衡车进井阀门HV148。

3. 1#泵车挂挡，设定转速，调节流量进行试挤。

4. 当发现油压曲线有下降趋势时，表示可以继续压裂。

九、压裂

1. 根据设计泵注程序调节泵车的挡位和转速进行提流量操作（图6.21.7）。

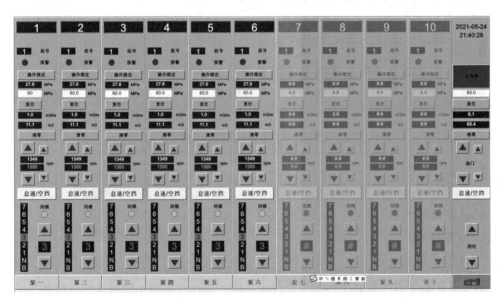

图6.21.7　泵车中枢控制界面

2. 在混砂车"阶段设定"页面中将阶段值设为1（图6.21.8）。

3. 程序根据设定泵注参数自动运行。当阶段值变回0时，表示泵注结束。

4. 泵注过程中根据需要启停平衡车。

十、停泵泄压

1. 泵注结束后停所有仍在运行的泵车。

砂浓度（kg/m3）		液添（L/m3）				干添（L/m3）		支撑剂密度（kg/m3）	
开始	结束	1#	2#	3#	4#	1#	2#	颗粒	堆积
100.0	0.0	0.0	0.0	0.0	0.0	0.0	0.0	3450	2200

浓度-砂绞龙 kg/m3	浓度-排出泵 kg/m3	吸入压力　KPa	计算基液　m3/m	吸入流量　m3/m	排出流量　m3/m	流量强制	仿真 ●	开始	5
0.0	0.0	100.0	6.1	6.1	6.1			停止	连续

密度计　kg/m3	井口密度　kg/m3	排出压力　KPa	左绞龙　rpm	右绞龙　rpm		绞龙效率（%）	▲ 100 ▼	保持	累计复位
1000.0	1000.0	300.0	0	0					

阶 段 设 定

	支撑剂浓度		跟随排出	累计设定	密度设定		液添设定				跟随吸入	干添设定		纤维设定
▲	kg/m3			m3	kg/m3				L/m3				L/m3	
▼	开始	结束	吸入总量		颗粒	堆积	1#	2#	3#	4#		1#	2#	
1	0.0	0.0	20.0		3450	2200	0.0	0.0	0.0	0.0		0.0	0.0	0.00
2	0.0	80.0	5.0		3450	2200	0.0	0.0	0.0	0.0		0.0	0.0	0.00
3	80.0	0.0	20.0		3450	2200	0.0	0.0	0.0	0.0		0.0	0.0	0.00
4	0.0	100.0	10.0		3450	2200	0.0	0.0	0.0	0.0		0.0	0.0	0.00
5	100.0	0.0	45.0		3450	2200	0.0	0.0	0.0	0.0		0.0	0.0	0.00

🏠	参数设定	工况监控	过程监控	阶段设定

图6.21.8　混砂车泵注程序设定界面

2. 打开废液线阀门HV142泄压。

3. 当油压低于0.1 MPa后，关闭废液线阀门HV142。

4. 打开放喷阀门HV147泄压。

5. 当套压低于0.1 MPa后，关闭放喷阀门HV147。

十一、第二段压裂

1. 关闭蜡球管汇阀门HV138。

2. 打开蜡球管汇阀门HV140进行投球操作。

3. 关闭蜡球管汇阀门HV140。

4. 打开蜡球管汇阀门HV137、HV139。

5. 启动1#泵车，设定挡位和转速，调节流量进行送球操作。

6. 根据设计参数设置混砂车"阶段设定"数据。

7. 依次执行步骤八、九、十。

模块二十二　施 工 展 示

　　DCS软件界面首页点击"酸洗施工展示""基质酸化施工展示""标准压裂施工展示""标准酸化施工展示""裂缝生成过程展示""裂缝延伸过程展示"按钮打开裂缝延伸过程展示动画（图6.22.1）。

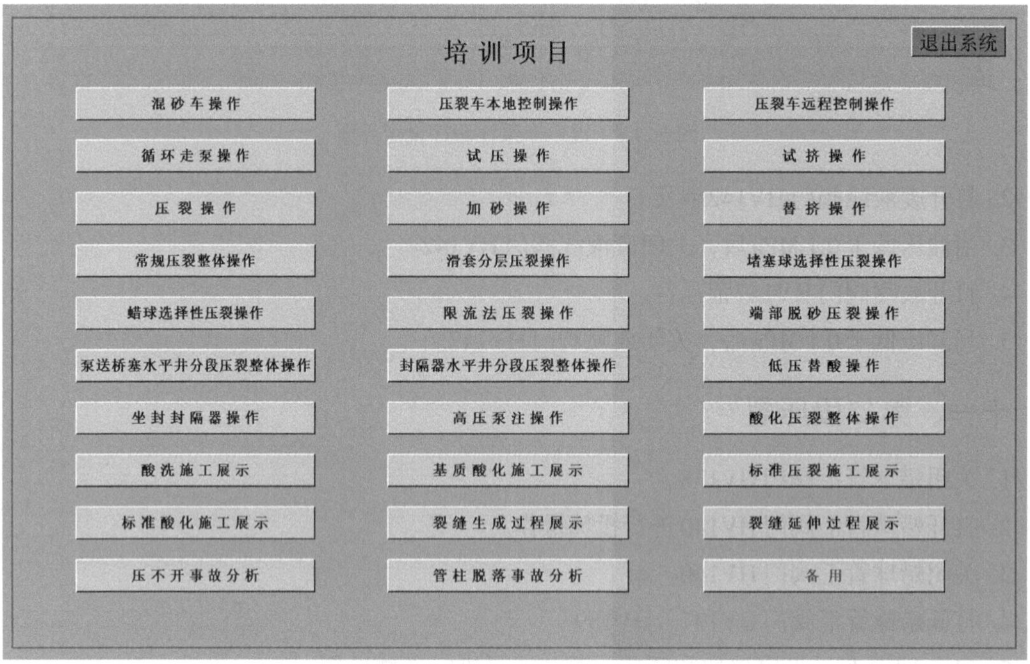

培训项目		退出系统
混砂车操作	压裂车本地控制操作	压裂车远程控制操作
循环走泵操作	试压操作	试挤操作
压裂操作	加砂操作	替挤操作
常规压裂整体操作	滑套分层压裂操作	堵塞球选择性压裂操作
蜡球选择性压裂操作	限流法压裂操作	端部脱砂压裂操作
泵送桥塞水平井分段压裂整体操作	封隔器水平井分段压裂整体操作	低压替酸操作
坐封封隔器操作	高压泵注操作	酸化压裂整体操作
酸洗施工展示	基质酸化施工展示	标准压裂施工展示
标准酸化施工展示	裂缝生成过程展示	裂缝延伸过程展示
压不开事故分析	管柱脱落事故分析	备用

图6.22.1　施工展示截面图

◎学习社区　◎技术精讲　◎压裂工程　◎配套资料

"码"上对话
AI技术实操专家

模块二十三　设计规程及泵注程序

一、油管压裂设计规程（直井）（分层压裂，一封两压）

1. 循环试压。

循环：水—混砂车—压裂泵车—废液罐（目的是给泵车充满水）。

试压：关废液线，关井口，启泵升压，查看管线密封情况。

①关井口，开废液线。

②启动混砂车（水）。

③启动压裂泵车打循环。

④停压裂泵车。

⑤关废液线。

⑥启动压裂泵车，把压力升到一定值。

⑦停压裂泵车，查看管线密封情况，观察压力变化情况。

⑧打开废液线泄压。

2. 打酸：启动混砂车，启动1#泵车打酸（将酸挤到地层里）。

①关闭废液线。

②打开井口。

③启动1#泵车向井里打酸。

3. 挤酸：停酸罐（通过射孔往地层里挤酸）。

1#泵车打酸到一定量后，关闭酸液罐出口，用1#泵车挤酸。

4. 关井酸浸。

①挤酸到一定量后，停1#泵车，关井酸浸。

②停混砂车。

5. 将工作液体切换为交联和原液，然后启动混砂车；随后启动平衡车打压。

6. 启动泵车到设计排量（前置液）。

7. 启用平衡车补压。

8. 按设计流程加砂（携砂液）。

9. 顶替：停砂、停交联。

10. 停泵、关阀、泄压。

①停压裂泵车。

②停混砂车。

③关闭井口保护器。

④打开废液线泄地面管线压力。

⑤打开放喷管线泄套管和平衡车压力。

11. 投球打开滑套喷砂器并封堵封隔器。

12. 送球：启动一辆压裂车，打原液。

①关闭放喷管线。

②关闭废液线。

③打开井口。

④启动混砂车。

⑤启动泵车打原液。

13. 将工作液体切换为交联和原液，然后启动混砂车；随后启动平衡车打压。

14. 启动泵车到设计排量（前置液）。

15. 启用平衡车补压。

16. 按设计流程加砂（携砂液）。

17. 顶替：停砂、停交联。

18. 停泵、关阀、泄压。

二、油管压裂设计规程（直井）（投球压裂）

1. 循环试压。

循环：水—混砂车—压裂泵车—废液罐（目的是给泵车充满水）。

试压：关废液线，关井口，启泵升压，查看管线密封情况。

①关井口，开废液线。

②启动混砂车（水）。

③启动压裂泵车打循环。

④停压裂泵车。

⑤关废液线。

⑥启动压裂泵车，把压力升到一定值。

⑦停压裂泵车，查看管线密封情况，观察压力变化情况。

⑧打开废液线泄压。

2. 打酸：启动混砂车，启动1#泵车打酸（将酸挤到地层里）。

①关闭废液线。

②打开井口。

③启动1#泵车向井里打酸。

3. 挤酸：停酸罐（通过射孔往地层里挤）。

1#泵车打酸到一定量后，关闭酸液罐出口，用1#泵车挤酸。

4. 关井酸浸。

①挤酸到一定量后，停1#泵车，关井酸浸。

②停混砂车。

5. 将工作液体切换为交联和原液，然后启动混砂车；随后启动平衡车打压。

6. 启动泵车到设计排量（前置液）。

7. 启用平衡车补压。

8. 按设计流程加砂（携砂液）。

9. 顶替：停砂、停交联。

10. 停泵、关阀、泄压。

①停压裂泵车。

②停混砂车。

③关闭井口保护器。

④打开废液线泄地面管线压力。

⑤打开放喷管线泄套管和平衡车压力。

11. 投暂堵球封堵射孔。

12. 送球：启一辆压裂车，打原液。

①关闭放喷管线。

②关闭废液线。

③打开井口。

④启动混砂车。

⑤启动泵车打原液。

13. 将工作液体切换为交联和原液，然后启动混砂车；随后启动平衡车打压。

14. 启动泵车到设计排量（前置液）。

15. 启用平衡车补压。

16. 按设计流程加砂（携砂液）。

17. 顶替：停砂、停交联。

18. 停泵、关阀、泄压。

三、套管压裂—水平井—桥塞坐封—设计规程

1. 下射孔枪，射孔，第1簇、提枪（第一段用连续油管下射孔枪）。

2. 试挤：滑溜水—混砂车—泵车—套管。

3. 启泵：导原液，启泵（前置液），提流量。

4. 根据设计加砂（用滑溜水时不加交联剂）。

5. 携砂液：切原液，打交联，加砂。

229

6. 顶替：停砂，停交联。

7. 停泵，泄压。

8. 下工具串至坐封点。

9. 坐封、提工具串至射孔点、射孔（第二簇）、提枪、投球。

10. 启动混砂车、泵车，打滑溜水，送球。

11. 试挤：滑溜水—混砂车—泵车—套管。

12. 启泵：导原液，启泵（前置液），提流量。

13. 根据设计加砂（用滑溜水时不加交联剂）。

14. 携砂液：切原液，打交联，加砂。

15. 顶替：停砂，停交联。

16. 停泵，泄压。

四、环空压裂—水平井—连续油管压裂—喷砂射孔—设计规程

1. 射孔：原液—混砂—1辆泵车（压裂泵车）—开节流管汇—进连管—加砂（粗砂）—射孔—停砂—排砂—停泵—导流程（切至连管用泵车）—关节流。

2. 启泵，提排量：滑溜水—混砂车—启泵—套管。

3. 前置液：根据设计确定。

①切原液，开交联。

②停交联，切滑溜水，按设计加砂。

③停砂，切原液，加交联。

4. 携砂液：按设计加砂。

5. 顶替：停砂，停交联。

6. 停泵，关阀，停连管，泄压。

7. 第二段坐封（连管带着工具串，每一段压裂重复一样的过程：下到位置，坐封，射孔，倒流程，试挤，压裂，停泵，解封，上提，坐封，射孔……）。

8. 启泵，提排量：滑溜水—混砂车—启泵—套管。

9. 前置液：根据设计确定。

①切原液，开交联。

②停交联，切滑溜水，按设计加砂。

③停砂，切原液，加交联。

10. 携砂液：按设计加砂。

11. 顶替：停砂，停交联。

12. 停泵，关阀，停连管，泄压。

五、油管压裂泵注程序（分层压裂／投球压裂）

1. 油管压裂泵注程序井数据见表6.23.1。

表6.23.1 油管压裂泵注程序井数据

井斜	直井	备注
套管底部	1264.7	
套管内径	12.43	
油管底部	1100	
油管外径	7.3	
油管内径	6.2	
第一段射孔顶部	1116	
第一段射孔底部	1140	
第二段射孔顶部	1194	
第二段射孔底部	1220	
设计作业排量	3	
闭合应力	跟岩层有关	
孔隙度	0.15	
体积因子	3	
滤失因子	2	
开缝因子	1	
压裂管柱体积	4.7	取最大值

2. 油管压裂泵注程序见表6.23.2。

表6.23.2 油管压裂泵注程序

序号	作业内容		排量/ ($m^3 \cdot min^{-1}$)	泵压/ MPa	砂比/ %	砂浓度/ ($kg \cdot m^{-3}$)	砂量/ m^3	用液量/ m^3	泵注时间/min	备注
1	地面管线循环		—					—	—	原液
2	地面管线试压		—					—	—	原液
3	井口试压		1.0					5	5	原液
4	打酸（可选）		1.0					5	5	原液、酸液
5	挤酸（可选）		1.0					5	5	原液
6	酸浸（可选）									
7	前置液	原液	1～3	35～55	—	—	—	20	7	
8		原液（段塞）	3		3.6	80	0.18	5	1.67	40/70目砂粒
9		原液	3		—	—	—	20	6.67	
10		原液（段塞）	3		4.5	100	0.45	10	3.33	40/70目砂粒
11		原液	3		—	—	—	45	15	

序号	作业内容		排量/ (m³·min⁻¹)	泵压/ MPa	砂比/ %	砂浓度/ (kg·m⁻³)	砂量/ m³	用液量/ m³	泵注时间/min	备注
12		冻胶	3		—	—	—	5	1.67	
13		冻胶	3		6.7	150	1	15	5	
14		冻胶	3		10	225	2.5	25	8.33	
15	携砂液	冻胶	3	35～55	13.3	300	5.3	40	13.33	20/40目 砂粒，交联比（100∶1）
16		冻胶	3		16.7	375	7.5	45	15	
17		冻胶	3		20	450	6	30	10	
18		冻胶	3		23.3	525	3.5	15	5	
19		冻胶	3		26.7	600	2.67	10	3.33	
20	顶替液	冻胶	3	35～55				5	1.67	
21		原液	3					10	3.33	
22		总计			9.7		29.1	300	100	

3. 油管压裂泵注程序阶段设定见表6.23.3。

表6.23.3 油管压裂泵注程序阶段设定

序号	说明	支撑剂浓度		净液体积	砂密度		液添				干添		纤维
		开始	结束		颗粒	堆积	1#	2#	3#	4#	1#	2#	
0	循环、试压、酸洗	0	0	0	3450	2250	0	0	0	0	0	0	0
1	前置液	0	0	20	3450	2200	0	0	0	0	0	0	0
2	前置液	0	80	5	3450	2200	0	0	0	0	0	0	0
3	前置液	80	0	20	3450	2200	0	0	0	0	0	0	0
4	前置液	0	100	10	3450	2200	0	0	0	0	0	0	0
5	前置液	100	0	45	3450	2200	0	0	0	0	0	0	0
6	前置液	0	0	5	3450	2250	0	10	0	0	0	0	0
7	携砂液	0	150	15	3450	2250	0	10	0	0	0	0	0
8	携砂液	150	225	25	3450	2250	0	10	0	0	0	0	0
9	携砂液	225	300	40	3450	2250	0	10	0	0	0	0	0
10	携砂液	300	375	45	3450	2250	0	10	0	0	0	0	0
11	携砂液	375	450	30	3450	2250	0	10	0	0	0	0	0
12	携砂液	450	525	15	3450	2250	0	10	0	0	0	0	0

续表

序号	说明	支撑剂浓度		净液体积	砂密度		液添				干添		纤维
		开始	结束		颗粒	堆积	1#	2#	3#	4#	1#	2#	
13	携砂液	525	600	10	3450	2250	0	10	0	0	0	0	0
14	顶替液	0	0	5	3450	2250	0	10	0	0	0	0	0
15	顶替液	0	0	10	3450	2250	0	0	0	0	0	0	0
16	—	—	—	0	—	—	—	—	—	—	—	—	—

六、套管压裂泵注程序

1. 套管压裂泵注程序井数据见表6.23.4。

表6.23.4　套管压裂泵注程序井数据

井斜	水平井一 水平井二	备注
套管底部	1821	
套管内径	12.43	
第一段射孔顶部	1744	
第一段射孔底部	1770	
第二段射孔顶部	1655	
第二段射孔底部	1689	
设计作业排量	10	
闭合应力	跟岩层有关	
孔隙度	0.15	
体积因子	3	
滤失因子	2	
开缝因子	1	
第一段射孔段TVD中值	跟井斜有关	
第二段射孔段TVD中值	跟井斜有关	
压裂管柱体积	21.2	取最大值

2. 套管压裂泵注程序见表6.23.5。

表6.23.5　套管压裂泵注程序

序号	作业内容		排量/(m³·min⁻¹)	泵压/MPa	砂比/%	砂浓度/(kg·m⁻³)	砂量/m³	用液量/m³	泵注时间/min	备注
1	下射孔枪，射孔，提枪									
2	试挤		1.0					5	5	滑溜水
3	前置液	滑溜水	1～10		—	—	—	40	10	
4		滑溜水（段塞）	10		3.6	80	0.73	20	2	40/70目砂粒
5		滑溜水	10	35～55	—	—	—	80	8	
6		滑溜水（段塞）	10		4.5	100	1.82	40	4	40/70目砂粒
7		滑溜水	10		—	—	—	100	10	
8		冻胶	10		—	—	—	50	5	
9	携砂液	冻胶	10		6.7	150	3.33	50	5	
10		冻胶	10		10	225	7.50	75	7.5	
11		冻胶	10		13.3	300	13.34	100	10	20/40目砂粒，交联比（100∶1）
12		冻胶	10	35～55	16.7	375	20.00	120	12	
13		冻胶	10		20	450	31.00	155	15.5	
14		冻胶	10		23.3	525	18.67	80	8	
15		冻胶	10		26.7	600	13.33	50	5	
16	顶替液	冻胶	10		—	—	—	10	1	
17		原液	10	35～55	—	—	—	10	1	
18		滑溜水	10		—	—	—	20	2	
19	总计				10.97		109.72	1000	100	

3. 套管压裂泵注程序阶段设定见表6.23.6。

表6.23.6　套管压裂泵注程序阶段设定

序号	说明	支撑剂浓度		净液体积	砂密度		液添				干添		纤维
		开始	结束		颗粒	堆积	1#	2#	3#	4#	1#	2#	
0	循环、试压、酸洗	0	0	0	0	0	0	0	0	0	0	0	0
1	前置液	0	0	40	0	0	0	0	0	0	0	0	0
2	前置液	0	80	20	3450	2200	0	0	0	0	0	0	0
3	前置液	80	0	80	0	0	0	0	0	0	0	0	0
4	前置液	0	100	40	3450	2200	0	0	0	0	0	0	0

序号	说明	支撑剂浓度		净液体积	砂密度		液添				干添		纤维
		开始	结束		颗粒	堆积	1#	2#	3#	4#	1#	2#	
5	前置液	100	0	100	0	0	0	0	0	0	0	0	0
6	前置液	0	0	50	0	0	0	0	10	0	0	0	0
7	携砂液	0	150	50	3450	2250	0	0	10	0	0	0	0
8	携砂液	150	225	75	3450	2250	0	0	10	0	0	0	0
9	携砂液	225	300	100	3450	2250	0	0	10	0	0	0	0
10	携砂液	300	375	120	3450	2250	0	0	10	0	0	0	0
11	携砂液	375	450	155	3450	2250	0	0	10	0	0	0	0
12	携砂液	450	525	80	3450	2250	0	0	10	0	0	0	0
13	携砂液	525	600	50	3450	2250	0	0	10	0	0	0	0
14	顶替液	0	0	10	0	0	0	0	10	0	0	0	0
15	顶替液	0	0	10	0	0	0	0	0	0	0	0	0
16	顶替液	0	0	20	0	0	0	0	0	0	0	0	0
17	—	—	—	0	—	—	—	—	—	—	—	—	—

七、环空压裂泵注程序

1. 环空压裂井数据见表6.23.7。

表6.23.7　环空压裂井数据

井斜	水平井一 水平井二	备注
套管底部	1348	
套管内径	12.43	
油管底部	1280	
油管外径	7.3	
油管内径	6.2	
第一段射孔顶部	1268	
第一段射孔底部	1296	
第二段射孔顶部	1180	
第二段射孔底部	1212	
设计作业排量	5	
闭合应力	跟岩层有关	备注
孔隙度	0.15	

井斜	水平井一 水平井二	备注
体积因子	3	
滤失因子	2	
开缝因子	1	
第一段射孔段TVD中值	跟井斜有关	
第二段射孔段TVD中值	跟井斜有关	
压裂管柱体积	10.1	取最大值

2. 环空压裂泵注程序见表6.23.8。

表6.23.8　环空压裂泵注程序

序号	作业内容		排量/ (m³·min⁻¹)	泵压/ MPa	砂比/ %	砂浓度/ (kg·m⁻³)	砂量/ m³	用液量/ m³	泵注时间/min	备注
1	下射孔工具串									
2	射孔		0.7					10	14.28	滑溜水，20/40目砂粒
3	射孔		0.7		8.9	100	0.62	7	10	滑溜水，20/40目砂粒
4	顶替		0.7					15	21.43	滑溜水
5	切压裂流程									
6	试挤		0.7					5	7.14	滑溜水
7	前置液	滑溜水	0~5	35～55	—	—	—	20	4	
8		滑溜水（段塞）	5		4.5	100	0.91	20	4	40/70目砂粒
9		滑溜水	5		—	—	—	20	4	
10		滑溜水（段塞）	5		5.7	125	2.84	50	10	40/70目砂粒
11		滑溜水	5		—	—	—	30	6	
12		冻胶	5		—	—	—	20	4	
13	携砂液	冻胶	5	35～55	6.7	150	2	30	6	20/40目砂粒，交联比（100:1）
14		冻胶	5		10	225	4	40	8	
15		冻胶	5		13.3	300	7.33	55	11	
16		冻胶	5		16.7	375	11.67	70	14	
17		冻胶	5		20	450	11	55	11	
18		冻胶	5		23.3	525	10.5	45	9	

序号	作业内容		排量/ (m³·min⁻¹)	泵压/ MPa	砂比/ %	砂浓度/ (kg·m⁻³)	砂量/ m³	用液量/ m³	泵注时 间/min	备注
19		冻胶	5		26.7	600	5.33	20	4	
20	顶替液	冻胶	5	35 ～ 55	—	—	—	5	1	
21		原液	5		—	—	—	5	1	
22		滑溜水	5		—	—	—	15	3	
23		总计			11.12		55.58	500	100	

3. 环空压裂泵注程序阶段设定见表6.23.9。

表6.23.9 环空压裂泵注程序阶段设定

序号	说明	支撑剂浓度		净液 体积	砂密度		液添				干添		纤维
		开始	结束		颗粒	堆积	1#	2#	3#	4#	1#	2#	
0	循环、试压、酸洗	0	0	0	0	0	0	0	0	0	0	0	0
1	前置液	0	0	20	0	0	0	0	0	0	0	0	0
2	前置液	0	80	20	3450	2200	0	0	0	0	0	0	0
3	前置液	80	0	20	0	0	0	0	0	0	0	0	0
4	前置液	0	100	50	3450	2200	0	0	0	0	0	0	0
5	前置液	100	0	30	0	0	0	0	0	0	0	0	0
6	前置液	0	0	20	0	0	0	0	10	0	0	0	0
7	携砂液	0	150	30	3450	2250	0	0	10	0	0	0	0
8	携砂液	150	225	40	3450	2250	0	0	10	0	0	0	0
9	携砂液	225	300	55	3450	2250	0	0	10	0	0	0	0
10	携砂液	300	375	70	3450	2250	0	0	10	0	0	0	0
11	携砂液	375	450	55	3450	2250	0	0	10	0	0	0	0
12	携砂液	450	525	45	3450	2250	0	0	10	0	0	0	0
13	携砂液	525	600	20	3450	2250	0	0	10	0	0	0	0
14	顶替液	0	0	5	0	0	0	0	10	0	0	0	0
15	顶替液	0	0	5	0	0	0	0	0	0	0	0	0
16	顶替液	0	0	15	0	0	0	0	0	0	0	0	0
17	—	—	—	0	—	—	—	—	—	—	—	—	—

思考题

1. 油管压裂泵注程序应如何设计？
2. 简述混砂车操作注意事项。
3. 简述压裂车操作注意事项。
4. 简述水平井分段压裂的操作方法。

项目七　压裂施工常见问题及处理

模块一　常见事故及处理

一、地层压不开

压不开是指压裂施工中，在最高允许压力下，反复多次憋放，地层无注入量、无破裂显示的异常施工现象。

1. 原因分析

①地层因素：地层致密，地层物性较差，进液困难，在地面设备及井下工具所承受的压力范围内无法把地层压开，形成裂缝。

②地层堵塞严重：近井地层污染严重，新井泥浆替喷不彻底，因钻井液在近井地带造成污染伤害导致堵塞。

③井筒与压裂层连通性不好：压裂管柱工具有误，造成压不开；射孔质量问题，射孔枪身、射孔发射率未达标。

④管柱内堵塞：有落物等会造成入井管柱内堵塞。

⑤作业失误：施工管柱深度有差错，使封隔器卡在未射孔井段等。

2. 现场处理措施

①磁定位校验深度。深度无差错则挤酸处理地层，解除近井污染后再压裂。深度若有差错，则调整准确后再压裂。

②磁定位时，根据下井仪器的遇阻深度判断管柱是否堵塞。

③管柱无堵塞且深度准确，仍压不开则起出压裂管柱，检查喷砂器凡尔是否卡死。如凡尔卡死则换喷砂器等工具，重下压裂管柱再压裂。

④如深度准确、无堵塞、喷砂器均正常，则与采油厂协商，进行扩层改层压裂，针对性解堵降低施工压力或放弃对该层压裂。

二、压窜

压窜是指在压裂施工中，压裂液由某一异常通道返至第一级封隔器以上油套环空，使地面套压持续升高的现象。

1. 原因分析

①管外窜：地层窜、水泥环窜。

②管柱问题：封隔器不坐封、封隔器胶筒破裂、油管破裂、油管接箍短脱、管柱深度错误。

2. 现场处理措施

①停泵，套管放空，反复2～3次。

②仍有窜显示则用磁性定位校验卡点深度。

③深度无差错则上提管柱至未射孔井段，验封。

④验封仍有窜显示则起出管柱，检查油管和封隔器破损情况。

⑤验封没有窜显示则说明是地层窜，应放弃对该层压裂。

三、施工压力持续上升

1. 主要原因分析

①裂缝延伸困难，地层非均质性造成裂缝规模受限等。

②裂缝缝宽不足，液体滤失量大，排量不足，缝高失控等。

③受微裂缝多裂缝影响，液体滤失，未形成主裂缝，加砂困难。

④压裂液携砂性能不足，在井筒或缝内脱砂。

2. 应对措施

①提高排量，增加缝内净压力。

②增加液体黏度，降低液体滤失，增加液体携砂性能。

③降低砂比，减小因缝宽不够造成的加砂困难，降低施工风险。

④停砂顶替，防止砂堵。

四、加砂困难

1. 加砂困难原因分析

①储层非均质性强、天然裂缝发育、滤失大。

②钻进过程中泥浆污染，堵塞严重，施工压力高。

③地层渗透率低，储层物性差。

④埋藏深，温度高，储层致密，岩性变化大。

⑤页岩油储层特征决定其压裂施工难度非常大。

2. 应对措施

①各种降滤失技术叠加粉砂、油陶及段塞打磨，综合提高液体效率。

②酸预处理，对近井地带解堵，降低破裂压力。

③采用耐高温等各项性能优良的液体配方。

④针对页岩油气，采用多段少簇、分级压裂、多尺度充填及控压工艺。

⑤优选滑溜水及乳液体系配方，优化设计参数，最大限度地改造储层。

⑥强化工艺技术及压裂设备攻关，完善页岩油气开发技术及提升压裂装备。

"码"上对话
AI技术实操专家
◎配　套　资　料
◎压　裂　工　程
◎技　术　精　讲
◎学　习　社　区

模块二　砂　堵

由于对地层认识不足，工艺技术选择不合理，以及井筒自身原因，压裂设备及工程条件的限制，经常会出现地层加砂困难、压不开地层、砂堵或高压刺漏发生导致施工失败，对储层压裂改造达不到预期效果。本模块主要对压裂施工中出现的部分问题进行分析，提出预防和处理措施。

一、形成砂堵原因分析

1. 压裂液性能

①压裂液滤失量过大，会大幅度降低前置液在裂缝中的利用效率，使裂缝几何尺寸达不到设计的规模。

②加砂过程中，压裂液黏度突然变低，导致携砂能力变差也是发生砂堵的主要原因。

③压裂液稳定性差，会造成携砂液进入地层以前已经破胶，支撑剂在近井筒附近地层沉积形成砂桥而堵井。

2. 地层及工艺因素

①有断层的地层容易造成砂堵，储层砂体的非均质性如岩性尖灭等会导致裂缝的规模受限形成砂堵，天然裂缝发育或微裂缝多裂缝易造成砂堵。

②在施工中压力的上升导致其他层被压开，或者储层与上下遮挡层应力差小导致缝高失控，裂缝宽度及缝长上有所减少，在加砂时缝宽达不到要求而形成砂堵。

③地层原因不能采取大排量施工，受到上下隔层的限制，裂缝的宽度有限而造成砂堵。

④射孔不完善，压开的裂缝由于近井地带弯曲效应及污染等因素使排量较低而造成砂堵。

⑤主裂缝宽度难以保证高砂比进入地层而形成砂堵。

3. 施工操作和设备问题

①前置液太少，动态缝宽不够，易造成砂堵。

②压裂过程中设备出现故障、停车修理等造成沉砂堵井。

③砂比提升过快，容易形成砂堵。

二、预防砂堵对策

①一种方法是采用多级变排量启泵措施控制裂缝高度。在前置液阶段，低排量启泵压开地层，形成较小的缝高，再逐步提高施工排量，人为控制缝高的延伸，相应地提高了液体在缝宽及缝长上的利用率。该技术在很多施工井上运用并取得很好的效果。另一种方法是通

过前置液注入轻质上浮或重质下沉暂堵剂及液体转向剂等使其聚集在裂缝的顶部或底部，形成一块压实的低渗区，形成人工隔层来限制裂缝向上或向下延伸。此外，还可以通过冷却地层降低破裂压力的方法控制缝高。这种方法是先低排量注入预制液冷却地层，降低地层应力后，将注入压力提高到造缝压力，进而采用控制排量和压力的方法控制缝高的延伸。

②在压裂施工前或者前置液阶段往地层内注入气体，形成一定的屏障从而减少压裂液的滤失。将液氮或者液态二氧化碳注入地层内，也可配以一定比例的防膨液，形成一定干度的泡沫，泡沫占据孔隙空间，避免了水基压裂液与地层流体的直接接触，起到了隔离作用。同时在压裂施工的全过程也伴注液氮，这对降低压裂液的初滤失和综合滤失系数都有积极的作用。

③在前置液阶段可采用加入油溶性粉陶、柴油加互溶剂、粉陶段塞等综合降滤技术形成屏障降低滤失量，从而提高压裂液的造缝性能。油溶性粉陶既能对储层微裂缝起到封堵作用，又可在储层条件下在原油中慢慢溶解且随原油采出而不会伤害储层。柴油互溶技术可以增加油与水的相互溶解度；柴油还具有降低初滤失量、减小综合滤失系数、稳定黏土和保护储层的作用。此技术适用于地层滤失较大、泥质含量较高，压裂液与地层流体配伍性不好的压裂层改造。由于地层微裂缝发育可采取前置液段加入粉陶进行堵塞来减少滤失量。粉陶粒径小，能够进入许多微裂缝形成堵塞，可以减少压裂液向这些裂缝的滤失，但是粉陶对地层可形成永久性伤害。

④在多层、薄厚互层施工中快速大排量启泵确保各层都被压开，在地层条件允许下采用大排量施工，确保形成的主裂缝有一定的宽度可使高砂比进入地层。另外在前置液阶段施工压力呈缓慢下降状态时，可适当提高排量来平衡地层滤失。异常高压井可以提前进行酸洗解除近井地带的污染来降低施工压力。针对压裂液及设备造成的砂堵，要对压裂材料性能进行检测确保合格。加强设备维护保养使压裂设备正常运转，避免由于机械引起的砂堵现象。

⑤造成压裂砂堵的因素很多，压裂施工首先应搞好压裂设计，准确预测出地层参数，它是压裂能否成功的先决条件。目前还不能完全人为地控制裂缝在地层中的延伸状态，但可以人为地根据前期施工经验及预测的储层裂缝长度、宽度，裂缝的导流能力、缝高、方位、形状等来选择适当的压裂工艺，以及压裂液、支撑剂等压裂材料的类型、数量、泵入速度等提高压裂施工的成功率和有效性，达到油藏增产目的。

三、处理方法

常规井砂堵一般采取放喷后，起出油管进行探冲砂处理。水平井砂堵会耽误工期，处置方式比较麻烦。它很难完全避免砂堵，砂堵后判断砂堵时机类型，结合现场，采取合理手段解堵。针对水平井压裂砂堵提出以下处置方式。

1. 低排量试挤

观察压力变化情况，如果在小排量下有吸收量，建议稳定一定排量把井筒内的沉砂及高黏液挤入地层，再缓慢提排量冲洗井筒。

2. 挤酸

如地层有吸收量，建议挤酸到地层内，溶蚀近井带酸溶矿物，达到降低压力、提高试挤排量的目的。

3. 压力及设备许可下提高限压

提高施工限压，尽可能建立稳定的排量，或者重新压开新裂缝。

4. 放喷解堵

在试挤无效的情况下，大排量放喷，带出井筒内的沉砂，通过形成较大的压力激动，改变近井地带状态，疏通裂缝，建立进液通道。其关键是掌握好放喷的排量达到能够把沉砂携带出来的目的。

5. 连油冲砂

上述方法无效的情况下，进行连油冲砂作业。该解堵手段周期长，是在最后采用的手段。砂堵后如果试挤吸收量很小，则建议尽快进行放喷解堵处理，一般放喷液量超过1.5倍井筒且出液口砂量很少后再进行试挤。

模块三 桥塞遇阻处理

水平井桥塞分段压裂是页岩油气开发主体技术,但施工当中受到对储层特征的认识差异及施工期间的决策等因素影响,会产生异常情况耽误施工,如泵送桥塞中途坐封、射孔枪不响、遇阻拔脱后上连油处理复杂、地层原因引起的套变、地面设备原因产生的中途停泵导致遇阻遇卡。下面从地面设备及地层井筒因素分析遇阻原因及处理方式。

一、原因分析

1. 地面原因

①闸门开关问题:闸门开关显示到位,而里面闸门没有完全到位。

②打备压问题:地面流程闸门复杂,关闭不严或者误操作导致下桥塞井口突然串压发生上顶断脱。

③泵送车组问题:供液不稳使泵车供液发生变化导致压力突然异常,从而使张力发生突变导致断脱或遇卡。

④仪表计量问题:仪表计量偏大,没有及时核对泵效情况,导致过顶液量偏少。

⑤防喷控制头砂卡:主要是压裂液携带的纤维造成的阻流管中的砂和电缆发生卡阻。

⑥电缆跳丝造成控制头遇卡:电缆质量原因及使用不当造成的跳丝。

2. 井筒原因

①顶替液量不够造成井筒处理不彻底导致遇阻:没有考虑不同组合套管会形成液体流速变化。若遇阻点发生变化,说明井筒处理不彻底。具体表现为泵送过程中张力逐步降低、接箍长度变长或消失、在排量不变的情况下压力上涨,遇阻后上提张力有轻微遇卡显示。

②直斜井问题:直斜井压完后当天没有进行泵送作业,第二天入井有时遇阻遇卡。

③套管变形问题:套管变形通不过变形点,或者卡在变形处。套管变形造成遇阻,表现为张力突降、CCL信号消失,上提遇卡概率大,若上提未遇卡,再次泵送时遇阻点不变。

④套管破损问题:套管破损液体分流,导致泵送不到位。

⑤井眼轨迹问题:井眼轨迹变化大,狗腿度多,压裂时形成砂子沉积,在泵送中推动砂子运移遇阻遇卡;或者井筒轨迹变化大,工具串刚性长度长造成遇阻。

⑥井口有台阶造成的遇阻遇卡:套管头、四通、压裂井口等井口装置与套管的尺寸不一致,安装时没有对台阶进行倒角处理,导致入井时遇阻。

⑦井口结冰问题:冬季施工造成冰卡。

3. 其他原因

①桥塞质量问题：桥塞上面物件在下井过程中脱落导致遇卡遇阻。

②施工人员问题：同台多口井交替压裂泵送，人员业务素质低导致操作配合失误，井口闸门开关错误导致电缆断脱落井。

③施工指挥问题：指挥人员对地面需要富余量及支撑剂滞后现象没有考虑周全，顶替液量不够，有少部分悬浮砂没有全部进入地层。

④等停过长问题：压裂完成后由于其他因素耽误时间过长，没有进行洗井直接下桥基可能有悬浮物沉降导致遇阻遇卡。

二、处理措施

遇到复杂问题处理时，应采用成功经验尽快处理，尽可能不使问题复杂化。以下经验措施可以在工作中进行借鉴参考。

①井筒轨迹变化大造成的遇阻处置：工具串中使用柔性短接，缩短刚性长度，提高通过性。

②顶替液量充分考虑到地面高低压流程及支撑剂滞后和井筒轨迹因素，进行过顶确保井筒干净。

③遇阻后缓慢上提电缆，再次泵送，在遇阻点前提高排量$0.2 \sim 0.4 \ m^3/min$：若通过遇阻点则正常泵送。若通过遇阻点后再次遇阻，说明井筒有沉砂或者套管壁不清洁，应及时停泵，建议起出后清理井筒。

④若为套管变形因素，则需要更换小直径桥塞射孔工具串。若泵送通过，则正常进行下一段压裂施工。若泵送小直径桥塞遇卡，原地坐封可溶桥塞，起出工具串后，注入酸及KCl溶液浸泡处理桥塞。

⑤压裂后顶替量一定要足够，减少井筒内悬浮砂：泵送及平衡压的管线流程必须干净不能有砂及落物；使用的液体也要清洁。

⑥泵送排量必须平稳，及时核对仪表确保各项参数正确。

⑦中间等停时间过长需要重新洗井确保井筒干净。

⑧发现异常后，缓慢泵送，井口压力高、泵送压力高时，用低速泵送，一旦井口张力减小，工具串停止则必须马上停泵。

⑨有遇阻遇卡显示时，禁止直接大力上提电缆。应综合全面分析，谨慎操作，防止直接卡死现象发生。

⑩每次施工完将泵送曲线与之前曲线进行对比分析，在施工中密切关注套管磁定位信号，发现可能的套变点，并制定详细的应对措施。

由于压裂与泵送桥塞作业属于交叉作业，它们相辅相成，相互影响施工进度和质量，属于两个作业但是需要双方密切配合完成。针对水平井泵送桥塞作业，有以下几点要求。

井筒要求：每次加砂作业完成后，因各种原因未能立刻进行后续泵送作业时，等候时间如超过6h，建议在泵送作业前，应以最大排量冲洗井筒（推荐大于2倍井筒容积的减阻水）。

设备要求：压裂配合设备完好且有富余量。测井入井作业期间禁止操作井口闸门或者压裂分流头。

泵送作业：在泵送过程中，泵车操作人员按照泵送指令进行开泵、加减排量、停泵等操作时，排量提升过程应快速、平稳，工具串到达预定深度后，应先停泵再停绞车。

"码"上对话
AI技术实操专家
◎配 套 资 料
◎压 裂 工 程
◎技 术 精 讲
◎学 习 社 区

模块四 高压刺漏处理

在进行压裂施工作业各工序的过程中，应严格按照《井下作业安全规程》（SY/T 5727–2000）和各石油公司《井下作业井控技术规程》加强井控安全意识，做好压裂施工过程中全方位的井控工作。高压管件刺漏事件处理是压裂在井控方面非常重要的一项工作。高压管件刺漏事件是指压裂高压管线、弯头、泵车液力端、井口及地面闸门旋塞等高压管件在压裂施工过程中，受到液体冲蚀磨损造成管壁变薄刺漏，长时间持续振动会发生密封件失效渗漏，更为严重的是会发生高压管件爆裂事件，如果处理不及时会发生严重的后果。

压裂施工应按照以下事项做好井控工作。

①严格按压裂设计要求安装好检验合格的井口，用专用支架或其他方式固定井口采气树，防止采气树在高压施工过程中剧烈摆动损伤井口及地面流程。

②高压作业施工的管汇和高压管线，应按设计要求试压合格，各阀门应灵活好用，高压管汇应有泄压阀门和泄压管线，高压管线应固定牢固。

③保证管线和井口装置密封良好，不刺漏，每根地面管线按照规范进行固定。

④井口装置及压裂管汇要求使用经过探伤检测合格的设备，承压不低于设计的试压值。

⑤施工泵压应小于设备额定最高工作压力，设备和管线泄漏时，应停泵、泄压后方可检修。泵车所配带的高压管线、弯头按规定进行探伤、测厚检查。

⑥高压作业中，施工的最高压力不能超过套管、工具、井口等设施中最薄弱者允许的最大许可压力。关井套压不得超过井控装置额定工作压力和套管抗内压强度的80%。

⑦压裂井口每使用1井次，应由具有检测资质的井控车间、生产厂家进行维护、检修；使用满3井次由检测部门或生产厂家进行全面拆检，检测合格并出具合格报告后方可继续使用。

⑧压裂施工前，新安装压裂井口四通与下部套管头（法兰）或套管双公短节连接部位应试压合格，试压值应根据设计要求，满足打平衡套压或空井筒压裂需求；整套压裂井口及其配套压裂管汇、放喷管汇的现场试压值，应满足最高施工限压、关井及放喷时的承压要求。

一、地面高压刺漏

针对发生刺漏的不同部位及刺漏的程度，采取针对性处置。如果不能尽快控制刺漏，则可能会引起井控风险，如关闭闸门时间长刺坏闸门或者人员无法靠近关闭井口时，会造成井口失控事件发生。需高度重视刺漏处置，按照各自地区处置方案快速有效地处置刺漏事件。针对刺漏发生的时机、不同部位及刺漏大小可参考以下原则进行。

1. 泵车液力端发生刺漏

①单车停车。

②如果安装有液动闸门，则关闭该车旋塞。

③在没有液动闸门的情况下，停泵后还继续渗漏，则全部停车。

④通知关闭井口闸门。

⑤打开放压闸门放压至0。

⑥关闭单车手动旋塞或者把单车高压端进行隔断处理。

⑦试压合格后继续施工。

2. 泵车液力端与管汇之间发生刺漏，其间井筒内没有支撑剂

①单车停车。

②安装有液动闸门则远程控制关闭闸门后继续施工。

③在没有液动闸门的情况下，通知全部停车。

④停泵后关闭井口闸门。

⑤打开放压闸门放压至0。

⑥对管件及密封圈进行更换或者做隔断处理。

⑦试压合格后继续施工。

3. 泵车液力端与管汇之间发生刺漏，刺漏发生在压裂加砂阶段

①单车停车。

②安装有液动闸门则远程控制关闭闸门后继续施工。

③在没有液动闸门的情况下，通知关闭井口闸门。根据现场刺漏情况合理判定关闭井口时间。

④低渗，则顶替完毕后再停泵。

⑤停泵后关闭井口闸门。

⑥打开放压闸门放压至0。

⑦对管件及密封圈进行更换或者做隔断处理。

⑧试压合格后继续施工。

4. 泵车液力端与管汇之间发生刺漏，刺漏发生在压裂加砂阶段且较大

①单车停车。

②安装有液动闸门则远程控制关闭闸门后继续施工。

③在没有液动闸门的情况下，且单车停车后继续刺漏则全部停车。

④通知关闭井口闸门。

⑤打开放压闸门放压至0。

⑥对管件及密封圈进行更换或者做隔断处理。

⑦试压合格后继续施工。

5. 刺漏发生在分流头到井口之间

①全部停车。

②通知关闭井口闸门。

③打开放压闸门放压至0。

④对管件及密封圈进行更换或者做隔断处理。

⑤试压合格后继续施工。

6. 管线崩裂

①全部停车。

②通知关闭井口闸门。

③打开放压闸门放压至0。

④对管件及密封圈进行更换或者做隔断处理。

⑤试压合格后继续施工。

二、井口闸门刺漏

压裂井口泄漏风险主要有法兰密封失效泄漏、阀门内漏、注脂阀泄漏、油管头顶丝泄漏等4类，其中$1^\#$、$2^\#$、$3^\#$阀泄漏的后果较严重。井口闸门标识见图7.4.1井口装置示意图。

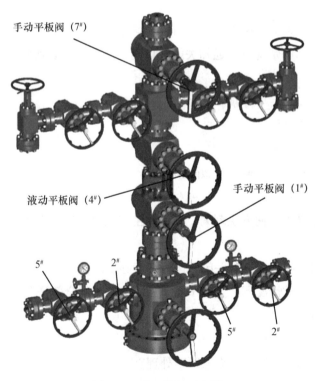

图7.4.1 井口装置示意图

1. 1#阀与油管头连接法兰密封失效，或1#阀内漏，或油管头顶丝密封失效

①用电设备断电、柴油压裂装备熄火。

②在条件允许满足人员站位下，开启环空侧翼，通过测试管线快速放喷降压。

③电缆或连油组下2支全封桥塞坐封至距井口2 000 m封堵井筒。

④泄桥塞上部压力观察压力情况。

⑤连续油管在桥塞顶界处打水泥塞200 m，更换1#阀。

⑥下堵塞器对1#阀与油管头连接处的法兰试压。

⑦连续油管钻扫水泥塞及桥塞。

⑧转入正常施工。

⑨若外泄严重或不满足下桥塞条件，泄压后采用直推法泥浆（或连油循环泥浆）压井。

2. 2#、3#阀与油管头之间连接的法兰密封失效，或2#、3#阀内漏

①用电设备断电、柴油压裂装备熄火。

②通过测试管线控制泄压。

③电缆（连油）组下2支全封桥塞坐封至距井口2 000 m封堵井筒。

④泄压观察。

⑤连续油管在桥塞顶界处打水泥塞200 m。

⑥更换2#、3#阀。

⑦对2#、3#阀与油管头连接处的法兰试压。

⑧连续油管钻扫水泥塞及桥塞。

⑨转入正常施工。

⑩若外泄严重或不满足下桥塞，泄压后采用直推法泥浆（或连油循环泥浆）压井。

3. 4#、5#、6#闸门以外漏

①车组停泵熄火。

②关闭4#阀，若刺漏点断流，则判断关井成功；若刺漏点仍有返液，但喷势减小，则关闭1#主阀，刺漏点断流判断关井成功。该处需要特别注意的是，在关闭井口闸门时，只能是先关闭4#闸再关闭1#闸，不能两个闸门同时关闭，更不能更换关闭顺序，否则有井口失控的风险。

③如果是5#、6#闸门以外部位刺漏，则关闭泄漏一侧的闸门。

④当刺漏点不再返液后，更换刺漏点部件。

⑤整改合格后转入下步施工。

4. 1#闸门至4#闸门之间漏

①车组停泵熄火。

②关闭1#主阀。

③观察1#、4#阀之间的刺漏点是否返液。

④当刺漏点不再返液后，更换上部刺漏点部件。

⑤重新试压合格后转入下步施工。

5. 2#至5#闸门、3#至6#闸门之间漏

①车组停泵熄火。

②判断刺漏情况，做好准备。

③快速关闭2#闸门和3#闸门。

④刺漏点不出液后，更换刺漏部件。

⑤重新试压合格后转入下步施工。

注意：最大可能保证井口1#、2#、3#闸门能够快速实现关闭。

6. 重点要求事项

①要求压裂作业前由总包方成立现场应急小组，负责压裂井口装置应急处置。现场应急小组人员由总包方、项目建设单位及各相关作业单位构成。压裂作业前应由总包方确认相关应急物资。应急物资包括但不限于：实心可钻式桥塞、连续油管设备、电缆设备、备用井口阀门、消防车、压井泥浆。

②井口刺漏处置问题由现场应急小组组长统一协调，根据情况及时上报上级部门，组织制定应急处置方案。

③压裂作业前对井口装置进行检查，检查合格后才能进行压裂施工。检查内容包括但不限于：

a.压裂井口装置符合设计要求，合格证件齐全，包括但不限于：井口装置合格证、有资质的第三方出具的试压报告及气密封检测报告。

b.井口闸门必须有液动闸门，液动闸阀控制系统工作正常。

c.每个闸阀安装后均应按设计试压并有试压记录。

d.核实闸阀处于全开或全关状态时所需的圈数，每次闸门开关确认闸阀处于全开或全关状态。

e.应采用扭矩扳手核实井口装置闸阀及法兰盘连接螺栓的扭矩值，并进行注脂保养。

f.每段压裂结束后，对闸阀和控制系统进行巡检；各工区按照各自的管理办法执行。

④压裂期间充分利用高科技手段，全方位架设高清视频监控系统，能有效监控压裂井口及其他装置。压裂泵注过程中，指挥仪表车上专人利用视频监控系统监控井口装置及高压管汇情况，确保第一时间发现刺漏，并及时向压裂指挥人员汇报。压裂指挥人员指挥停泵、通知现场总指挥和相关方，根据刺漏情况进行相应的应急处置。

⑤施工期间现场设置瞭望哨进行观察，要求及时向仪表车施工员汇报现场发现的安全异常情况，严格执行早发现、早停泵、早处理的应急处置方针，杜绝井口失控发生。

⑥其他情况：如发现火情或者大的设备故障等风险时，迅速报告施工指挥，现场施工人员展开应急处置工作，启动相应应急处置方案。组织现场人员进行初期抢险处置工作，同时上报应急指挥小组，报告现场事态及采取的措施，根据情况请求上级各方救援。

模块五　应急处置方案

一、施工风险分析

压裂施工涉及高压、高温、长时间连续作业，存在发生火灾爆炸，高压设备设施刺漏爆裂，砂堵放喷，刺漏引发井喷，交通事故，有毒有害气体、危险化学品泄漏，意外人身伤害，环境污染等风险。针对风险发生的可能性及危害程度，特列出以下几种风险及其应急响应程序和应急处置，便于指导现场紧急处理（表7.5.1）。

表7.5.1　压裂施工主要风险分析

序号	事故类型	事故发生区域、地点或装置	时间、危害程度及影响范围	事故前可能出现的征兆
1	高压管件刺漏	施工井场、高压管件	施工过程中/人身伤害、环境污染	高压管件不合格、施工压力高
2	火灾、爆炸	车场、施工井场、车辆、工房、库房	施工、作业过程中/中毒与窒息，灼伤；设备损坏、报废	违规操作；未经批准使用明火作业、禁烟区吸烟
3	人身伤害	施工井场、作业现场	施工、作业过程中/人身伤害	巡回检查不认真；违章操作、违章指挥
4	危险化学品泄漏	施工井场、道路	运输及施工过程中/人身伤害	闸门或管线损坏、闸门关闭不严
5	机械设备事故	液压管线、液压卡瓦、动力源	施工过程中/人身伤害、设备损坏	液压管线刺漏、老化；违规使用机械设备；未按时检查
6	交通事故	道路、车辆	车辆行驶过程中/人身伤害	违章驾驶；车辆故障
7	环境污染事件	施工区域、厂区	施工、作业期间/环境污染	危险化学品或压裂液、酸液泄漏

二、应急响应程序

应急响应程序见图7.5.1。

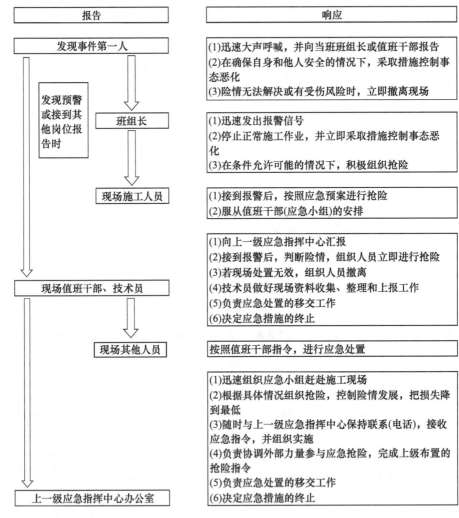

图7.5.1　应急响应程序

三、应急处置程序

1. 高压管件刺漏事故应急处置程序（表7.5.2）

表7.5.2　高压管件刺漏事故应急处置程序（三种工况）

工况原因	现象			负责人
	处置			
	施工前试压	压裂施工中	施工结束串泵	
发生高压管件刺漏	操作人员发现高压管件刺漏，应连续大声呼喊，并迅速报告带队干部			发现人
	带队干部立即发出报警信号，并通知现场施工人员展开应急处置工作			带队干部
	带队干部在组织应急处置的同时，及时向基层队应急处置小组报告，并向上一级应急处置办公室报告			带队干部

续表

工况原因	现象			负责人
	处置			
	施工前试压	压裂施工中	施工结束串泵	
发生高压管件刺漏	立即停泵	用清水将压裂液顶替进入井筒后停泵	立即停泵	带队干部
	放压整改	放压整改	进行整改	带队干部
	发现高压管件刺漏后，立即停止施工			带队干部 现场人员
	用清水顶替高压流程中的压裂液进井，关闭井口，停泵放压，切断刺漏点前后闸门			带队干部 现场人员
	检查刺漏点位置、原因，判断可否现场进行整改			带队干部
	对刺漏点的高压管件密封圈进行更换，必要时对高压管件进行更换			现场人员
	同时由穿戴好劳保用品的人员对刺漏出的压裂液进行控制，防止污染面积加大			现场人员
	现场处理完毕后，连接高压管线，用清水进行试压，检查漏点			现场人员
	确认试压合格无刺漏后，组织恢复正常施工			带队干部 现场人员
现场有人员受伤	发现人员受伤后，应连续大声呼喊，并迅速报告带队干部			发现人
	带队干部应立即组织救援，并向上一级应急处置办公室报告，同时拨打120急救电话			带队干部
	组织现场与抢险无关的人员（含施工人员）进行疏散，划定警戒范围，用隔离带隔离			应急人员
	将受伤人员转移至安全地带，进行现场急救和紧急处理，并派专人出井场迎接120专业医疗救护人员			应急人员
	等待120专业医疗救护人员到达现场后，将受伤人员转移至急救中心进行抢救			应急人员
备注	注意事项：（1）应急小组人员劳保用品、安全帽穿戴齐全 （2）现场指挥人员必须配有明显标识 （3）人员疏散应根据风向标指示，撤离至上风口的紧急集合点，并清点人数			

2. 火灾突发事件应急处置程序（表7.5.3）

表7.5.3　火灾突发事件应急处置程序（三种工况）

工况原因	现象			负责人
	处置			
	用电设备着火	易燃物着火	车辆设备着火	
	发现火情后立即向当班班组长或值班领导报告，并连续大声呼喊			发现人
	接警后，根据火势情况立即拨打119和120请求救援			带队干部
	值班领导向上一级应急办公室报告情况			带队干部
	切断电源	确认哪种易燃物起火	停止施工	带队干部

工况原因	现象			负责人
	处置			
	用电设备着火	易燃物着火	车辆设备着火	
	控制起火点	根据易燃物选择灭火器种类控制火源	判断起火点对火源进行控制	带队干部
	通知其他岗位人员增援，组织应急救援			带队干部
	切断火灾发生源，并控制现场火势，搬离现场火灾附近的易燃物（若可能）			现场人员
	组织现场与抢险无关的人员（含施工人员）进行撤离，并划定警戒区域，同时派专人接引119消防救援车辆			应急人员
	根据火灾类型选择灭火方法，若油品着火禁止用水进行灭火，使用泡沫或干粉灭火器等消防器材进行灭火			应急人员
	检查确认残留火种是否已全部扑灭			应急人员
	清扫现场，固体废物放进工业垃圾桶，液体废物进行专门回收			现场人员
	确认现场无火情，在现场清理结束后，应急响应终止			带队干部
若火情较为严重，灭火器无法控制	值班干部立即向上一级应急办公室报告情况，拨打119请求救援			带队干部
	搬离现场火灾附近的易燃物（若可能）			现场人员
	建立相应警戒区，非应急人员撤离、禁止非现场应急车辆进入警戒区，同时派专人接引119消防救援车辆			应急人员
	等待119专业消防人员到达现场后，移交指挥权，服从指挥			应急人员
	火势扑灭后，检查是否还有残留火种。清扫现场，固体废物放进工业垃圾桶，液体废物进行专门回收			应急人员
	确认现场无火情，在现场清理结束后，应急响应终止			带队干部
若出现伤员	发现人员受伤后，应连续大声呼喊，并迅速报告带队干部			发现人
	带队干部应立即组织救援并向上一级应急处置办公室报告，同时拨打120急救电话			带队干部
	组织现场与抢险无关的人员（含施工人员）进行疏散，划定警戒范围，用隔离带隔离			应急人员
	将受伤人员转移至安全地带，进行现场急救和紧急处理，并派专人出井场迎接120专业医疗救护人员			应急人员
	等待120专业医疗救护人员到达现场后，将受伤人员转移至急救中心进行抢救			应急人员
备注	注意事项：（1）现场配备足够的消防器材 （2）报警时，须讲明着火地点、着火介质、火势、人员伤亡等情况			

3. 人身伤害应急处置程序（表7.5.4）

表7.5.4　人身伤害应急处置程序

工况原因	现象	负责人
	处置	
人身伤害应急处置	发现有人受伤，发现者应连续大声呼救（喊），争取其他人员的帮助，并迅速报告当班班组长或带班值班干部	发现人
	班组长应立即发出人员伤害报警信号，通知现场作业人员停止作业，展开应急处置工作	班组长
	在组织应急处置的同时，及时向120急救中心、上一级应急值班调度、甲方监督报告，报告内容：原因、地点、人员伤亡情况	值班干部
	接到指令，停止施工作业	施工人员
	发生机械伤害，发现者应立即切断设备动力，尽快对现场受伤人员进行施救	施工人员
	组织人员对伤者进行救助。抢救前先使伤员安静平躺，判断全身情况和受伤程度，外部出血应立即采取止血措施，防止失血过多而休克；外观无伤，但呈现休克状态，神志不清或昏迷，要考虑胸腹部内脏或脑部受伤的可能性	施工人员
	若伤势较轻，可对伤者进行简易包扎和止血等操作后送往就近医院；若伤势较重或伤势不明，为防止二次伤害，应对伤者受伤部位进行简单止血处理后等待医护人员救护	施工人员
	疏散现场与应急无关人员	现场施工人员
	到路口接应120急救中心救援力量	现场施工人员
	划定警戒范围，保护好事故现场	安全监督
	确认应急处置结束，向上一级应急值班调度报告应急处置情况	带班干部
	若确认应急处置无效，应立即报告上一级应急值班调度请求救援，电话说明物资、人员等需求	带班干部
	查清事故原因，搞好预防措施，确认无安全隐患，按标准正常施工	带班干部
备注	上一级应急指挥小组到达现场后，移交指挥权，服从指挥	

4. 危险化学品泄漏事故应急处置程序（表7.5.5）

表7.5.5　危险化学品泄漏事故应急处置程序

工况原因	现象	负责人
	处置	
危险化学品泄漏	（1）发生危险化学品泄漏事故，第一发现人应连续大声呼喊，并迅速报告带队干部 （2）队长立即发出危险化学品泄漏事故报警信号，并拨打120/119电话救援 （3）队长通知应急人员穿戴好劳动防护用品进行增援，组织应急救援，启动应急程序 （4）队长立即向上一级应急指挥中心值班室报告，报告内容：事故原因、时间、地点、人员伤害情况等	第一发现人、队长
	（1）设备熄火、切断不防爆的电源 （2）应急人员检查泄漏点和泄漏原因，然后对症施救；同时应急人员对泄漏出的危险化学品用清水进行冲洗和清理，然后将污染物收集到回收容器内运到指定地点集中处理 （3）若有人员受伤，立即将受伤人员转移到安全地带，应用现场救护知识施行急救	安全员、班长、副班长

工况原因	现象	负责人
	处置	
危险化学品泄漏	划定警戒范围，用隔离带隔离	应急人员
	若有人受伤，转移并对受伤人员实施救助，同时启动人身伤害事故应急处置方案	应急人员
	安排人员到路口接应救援力量	应急人员
	疏散现场与应急无关人员	应急人员
	（1）队长确认应急处置结束，向上一级应急指挥中心报告应急处置情况 （2）如超出应急能力或队长确认现场应急处置无效，报告上一级应急指挥中心值班调度请求外部救援，包括物资、人员等信息	队长、班长
	回收泄漏的危险化学品，用清水冲洗将场地清扫干净	应急人员
	泄漏的危险化学品处理好后必须按规定进行检测，直至符合标准为止。处理合格后恢复正常生产	副班长
备注	注意事项：（1）进入现场应急小组人员须掌握现场救护知识 （2）抢救时，应保证现场秩序，不得妨碍现场救治 （3）组织人员给120救护车指引方向，给现场救护赢得时间 （4）应急人员保持通信畅通，服从指挥，应急过程有问有答 （5）现场急救药品、设备齐全完好，保证在有效期内	

5. 机械伤害应急处置程序（表7.5.6）

表7.5.6　机械伤害应急处置程序（两种工况）

工况原因	现象		负责人
	处置		
	现场施工	设备维护	
发生机械伤害事故	发生机械伤害事故，事故现场人员应大声呼喊，并迅速向带队干部报告		发现人
	带队干部发出报警信号，通知现场作业人员停止作业，展开应急处置工作		带队干部
	带队干部拨打紧急医疗救援电话120，并向队长及上一级应急办公室报告事故情况		带队干部
	立即停止施工	立即停止所有工作	现场人员
	对受伤人员进行救援	对受伤人员进行救援	现场人员
	由带队干部指挥开展应急救援，立即切断设备动力源，防止对受伤人员进行二次伤害		带队干部 应急人员
	如果受伤人员被设备挤/咬住，立即组织人员对设备进行破解		应急人员
	组织人员对伤者进行救助，首先将受伤人员撤离到安全地带，对其进行紧急救治。若伤者伤势较轻，可对伤者进行简单止血处理后，等待应急救援人员到来		应急人员
	若伤者受伤较重或伤势不明，应对伤者受伤部位进行简单处理后，原地等待医护人员救护		应急人员
	疏散现场与应急救援无关人员撤离现场，并划定警戒范围，保护好事故现场		应急人员

续表

工况原因	现象		负责人
	处置		
	现场施工	设备维护	
发生机械伤害事故	安排专人到路口接应120急救中心救援力量		应急人员
	专业医疗救护人员到达现场后，安排专人陪同将受伤人员送至医院进行救治		应急人员
	受伤人员送至医院后，应急响应结束，带队干部安排恢复生产		带队干部
备注	注意事项：（1）报告时，须讲明事故地点、事故状况，人员受伤情况 （2）安排留好联系电话，保持通信通畅 （3）对受伤人员的现场救治，需有相应的救护知识。在无救护知识的情况下，应等待专业人员进行处理		

6. 交通事故应急处置程序（表7.5.7）

表7.5.7 交通事故应急处置程序（两种工况）

工况原因	现象		负责人
	处置		
	行车途中	施工现场	
发生交通事故	发生交通事故，事故现场人员应迅速向带队干部报告		现场人员
	拨打120急救电话和122交通事故报警电话，报告事故发生的时间、地点、有无人员伤亡等情况		现场人员
	带队干部立即向上一级应急办公室报告		带队干部
	立即停止施工	—	现场人员
	下车查看有无伤员并报警	—	现场人员
	打开车辆双闪警示灯，应先将三角警示牌放置于车辆后方（普通道路为100 m，高速公路为150 m）		现场人员
	在保证个人安全的情况下，下车查看事故情况、车辆损伤情况、有无人员受伤		现场人员
	若无人员受伤，拍摄事故现场照片，为下一步交警处理事故留下证据		现场人员
	在事故现场寻找安全地点，确保自身安全，等待应急救援小组和交警前来处理事故		现场人员
若事故现场有人受伤	事故现场人员大声呼救，争取其他人员的帮助，检查人员受伤情况		现场人员
	在应急救援人员到来之前，立即对受伤人员进行救助		现场人员
	若伤者较轻，可对伤者进行简单止血处理后，到安全地点等待应急救援人员到来		现场人员
	若伤者受伤较重或伤势不明，为防止二次伤害，对伤者受伤部位进行简单处理后原地等待医护人员救护		现场人员
	应急人员赶到现场后，应服从应急人员指挥，协助应急人员保护现场，设立警戒线，控制事故蔓延		应急人员
	应急人员应疏散现场无关人员，并安排专门人员到交通要道路口迎接120和122等救援车辆		应急人员

续表

工况原因	现象		负责人
	处置		
	行车途中	施工现场	
若事故现场有人受伤	等待120、122救援人员赶到后，带队干部安排专人陪护赶往医院，并配合交警进行事故处理		应急人员
备注	注意事项：（1）报警时，须讲明事故地点、事故状况、人员受伤情况 （2）安排专人接应，留好联系电话，保持通信畅通 （3）对受伤人员的现场救治，需有相应的救护知识，在没有救护知识的情况下，应等待专业人员进行处理		

7. 环境污染事故应急处置程序（表7.5.8）

表7.5.8　环境污染事故应急处置程序（三种工况）

工况原因	现象			负责人
	处置			
	施工前试压	压裂施工中	混砂车冒罐	
发生压裂液泄漏	操作人员发现压裂液泄漏，应连续大声呼喊，并迅速报告带队干部			发现人
	带队干部立即发出报警信号，并通知现场施工人员展开应急处置工作			带队干部
	带队干部在组织应急处置的同时，及时向基层队应急处置小组报告，并向上一级应急处置办公室报告			带队干部
	立即停泵	用清水将压裂液顶替进入井筒后停泵	立即停泵	带队干部
	放压整改	放压整改	放压后进行整改	带队干部
	发现压裂液泄漏后，立即停止施工			带队干部、现场人员
	用清水顶替高压流程中的压裂液进井，关闭井口，停泵放压，切断刺漏管线闸门			带队干部、现场人员
	疏散现场与应急救援无关人员撤离现场，并划定警戒范围，防止无关人员进入现场			带队干部、现场人员
	检查刺漏点位置、原因，判断可否现场进行整改			应急人员
	对刺漏点的低压管线密封圈进行更换（必要时对低压管件进行更换）			应急人员
	同时由穿戴好劳保用品的人员对刺漏出的压裂液进行控制，防止污染面积加大			应急人员
	现场处理完毕后，重新连接低压管线，打开闸门检查是否有泄漏			带队干部、现场人员
	确认压裂液无泄漏后，组织恢复正常施工			带队干部、现场人员
	施工结束后安排专门的罐车对泄漏压裂液进行回收，防止造成污染			带队干部、现场人员
备注	注意事项：（1）进入井场的应急小组人员须穿防护服 （2）现场指挥人员必须配有明显标识 （3）人员疏散应根据风向标指示，撤离至上风口的紧急集合点，并清点人数 （4）施工结束后需要将压裂液进行回收，防止出现污染			

思考题

1. 简述地层压不开的解决方法。

2. 简述砂堵的原因和预防对策。

3. 简述桥塞遇阻的原因和预防对策。

4. 简述地面高压刺漏的原因和预防对策。

参 考 文 献

[1] 蹇铁成. 压裂酸化作业[M]. 北京：中国石化出版社，2023.

[2] 愈绍诚. 水力压裂技术手册[M]. 北京：石油工业出版社，2010.

[3] 朱国文，兰中孝. 压裂施工技术能手[M]. 北京：石油工业出版社，2010.

[4] 中国石油天然气集团公司人事部. 井下作业技师培训教程[M]. 北京：石油工业出版社，2011.

[5] 中国石油天然气集团公司工程技术分公司. 井下作业专业酸化压裂部分[M]. 东营：中国石油大学出版社，2010.

[6] 何骁，桑宇，郭建春，等. 页岩气水平井压裂技术[M]. 北京：石油工业出版社，2021.

[7] 欧治林，赵洪涛，耿周梅，等. 压裂酸化改造新技术[M]. 北京：石油工业出版社，2021.

[8] 万仁溥，罗英俊. 采油技术手册[M]. 北京：石油工业出版社，1998.

[9] 刘希圣，黄醒汉，王治同，等. 石油技术辞典[M]. 北京：石油工业出版社，1996.

[10] 万仁溥. 采油工程手册[M]. 北京：石油工业出版社,2000.

[11] 米卡尔 J. 埃克诺米斯，肯尼斯 G. 诺尔特. 油藏增产措施[M]. 北京：石油工业出版社，2002.

读 书 笔 记

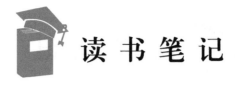

读 书 笔 记